U0121915

·普通高等教育"十一五"规划教材·

Visual FoxPro 面向对象程序设计教程

（第二版）

黎升洪　杨　波　沈　波　编著

徐升华　主审

科学出版社

北京

版权所有，侵权必究

举报电话：010-64030229；010-64034315；13501151303

内容简介

本书是 Visual FoxPro 的初、中级教程，分为 11 章及关键字索引等部分。内容涵盖关系数据库、结构化程序编写和面向对象编程三部分的基础知识。针对非计算机专业学生的特点，本书以"教学管理"为应用背景，从简单实例出发，强调对 Visual FoxPro 操作的同时，更注重概念的严谨、清晰，将看似深奥难懂的问题以读者容易理解的方式阐述。本书例题丰富，通俗易懂，便于自学。

本书可供高校或培训班用作非计算机类学生关系数据库教材，也可作为 Visual FoxPro 计算机等级考试的参考资料，或供计算机爱好者自学使用。

图书在版编目（CIP）数据

Visual FoxPro 面向对象程序设计教程/黎升洪，杨波，沈波编著. —2 版.
—北京：科学出版社，2007
（普通高等教育"十一五"规划教材）
ISBN 978-7-03-019724-5

Ⅰ.V… Ⅱ.①黎…②杨…③沈… Ⅲ. 关系数据库 – 数据库管理系统，
Visual FoxPro – 程序设计 – 高等学校 – 教材 Ⅳ.TP311.138

中国版本图书馆 CIP 数据核字（2007）第 129387 号

责任编辑：杨瑰玉/责任校对：王望容
责任印制：彭 超/封面设计：苏 波

科学出版社出版

北京东黄城根北街 16 号
邮政编码：100717
http://www.sciencep.com

武汉科利德印务有限公司印刷

科学出版社发行 各地新华书店经销

*

2007 年 8 月第 二 版 开本：787×1092 1/16
2009 年 1 月第六次印刷 印张：20 1/2
印数：27 001—32 000 字数：500 000

定价：**35.00 元**
（如有印装质量问题，我社负责调换）

第二版前言

社会信息化迅速发展和计算机网络的普及，要求学生对关系数据库的概念、工作原理和编程知识等重要的核心概念能够深入理解，并能够使用常见的关系数据库软件和编程语言。Visual FoxPro 是一种易用的关系数据库系统，它将数据库管理和结构化、面向对象编程语言有机结合，提供了开发信息系统所需要的所有功能。Visual FoxPro 的这些特点使其具有使用简单、起点低的特性，是国内目前流行的关系数据库入门语言，也是全国计算机等级考试的可选语言之一。

针对 Visual FoxPro 教学中存在的问题，我们对第一版做了较大的修改和调整，但原书的基本宗旨和风格不变，以基本概念、示例为引导，同时介绍这些背景后面的含义。第二版主要修改是：

(1) 以拼音为序，新增关键字索引部分，并按主题将索引关键字分类，这样便于自学。

(2) 增加"Visual FoxPro 教学设计"部分，对书中每章的核心概念及其联系，相应的重点、难点进行说明。

(3) 对习题进行扩展和修改。

(4) 修改原书中叙述不精确和错误的地方。

此外，为便于自学及教学，可访问本教程配套网站 http://sit.jxufe.cn/jpkc/db_app/index.html。网站包括 PPT 格式的教学课件、数据库实例、原书所有程序和动画演示等。

本教程主要特色：

(1) 以学生熟悉的"教学管理数据库"为贯串全书的线索，便于学生的理解，符合非计算机专业学生的特点。数据库操作、SQL 语句的编写和编程部分例题丰富翔实，有利于学生对关系数据库和面向对象编程语言的理解。本教材不仅仅关注 Visual FoxPro 的具体知识传授，更致力于将关系数据库和面向对象编程语言中的最基本思维方式以直观形式突显出来，引导学生在认识这种思维方法的基础上，进一步尝试应用这种思维方法去解决实际问题。

(2) 阐述面向对象概念时，一般教材中难以看到对象的状态性和自治性描述；本教程对面向对象的编程思想是从构造类、类实例化对象、编写对象间交互的三步走的角度描述，面向对象程序的阅读方式在"Visual FoxPro 教学设计"描述。教材尽可能反映国内外关于面向对象研究的先进成果。

(3) 在数据库描述中引入实体完整性和参照完整性的概念，便于学生理解大型关系数据库所具有的特性。采用基于模式的 SQL 语句的描述方式，引入数据库导航概念使学生能够从原理和模式的角度来编写 SQL 语句。这种描述方式有利于激发学生的学习兴趣。

(4) 不同于常规的方法，采用先描述数据库查询，后描述数据库建立的方式。好处是：① 给定原始数据表的数据和数据表查询操作试题后，通过对预期结果的展望可以加强对关系操作的理解。教学实践表明，正确理解关系概念，即可实现先查询关系后建立关系。② 如果学生自己输入数据，由于各自输入数据记录的不同，对查询正确结果的判断不易掌握。而且学生建立的数据表和输入的数据由于没有施加主、外键约束，不能够保证数据的正确性，数据库具备自身约束特性是教学中必须灌输的。③ 数据库中更多的是查询操作，而不是建立操作。

(5) 本教程第一版获"江西省普通高等学校第二届优秀教材二等奖"。

本教程的第 8 至 11 章由杨波编写；第 2，4 章由沈波编写；第 1，3，5，6，7 章、附录、索引由黎升洪编写，全书由黎升洪统稿，徐升华主审。

本教程在编写过程中得到了江西财经大学信息管理学院各位老师的大力支持，我们向在本教程编写和出版过程中给予帮助的同志表示衷心感谢。特别是万常选、凌传繁教授，他们为本教程的编写提出了许多宝贵的意见和建议，在此表示深深的敬意和感谢。

虽然，本教程是关于 Visual FoxPro 的教材，但在编写本教程过程中，力图反映大型数据库技术具备的特性，力求反映数据库新技术，以保持本教程的先进性和实用性。由于编者水平有限，必有许多不足之处，恳请同行专家和广大读者批评指正。

编 者

2007 年 7 月

第一版前言

随着当今科技的迅猛发展，网络化、数字化等各种信息技术的变化层出不穷，21 世纪将是以信息为基础的知识经济时代。掌握计算机知识和应用无疑是现代大学生应该具备的基本技能。本书是 Visual FoxPro 6.0 的初、中级教程，介绍了关于数据、信息、关系数据库、结构化程序编程和面向对象编程的基本概念、知识。本书针对非计算机专业学生的特点，以应用为目的，从简单实例出发，强调对 Visual FoxPro 操作的实用性。本书试图注重概念的严谨和清晰，同时又注意采用读者容易理解的方法阐明看似深奥难懂的问题，力图做到例题丰富，通俗易懂，便于自学。书中不但举了许多小例子，而且以教学管理为贯穿全书的实例。

全书总共分 11 章。第一章介绍数据库的基本概念和基础知识，包括关系、数据库的概念，数据库的应用模式等基础知识。第二章介绍 Visual FoxPro 安装、使用界面和项目管理器的使用。第三章介绍了 Visual FoxPro 6.0 有关常量、变量、函数和表达式的基础知识。第四章以教学管理数据库为样本，介绍如何对数据库进行检索、创建索引以及如何建立数据库和数据表等操作，介绍了"表设计器"、"数据库设计器"等操作方法。第五章对 SQL 中关于 SELECT 语句进行了详细的介绍，在介绍数据库多表操作和数据库模式上有独到的例子，同时介绍了数据操纵语言以及"查询设计器"编写 SQL 中 SELECT 和 VIEW 的方法。第六章介绍了程序设计的流程和流程图等基本概念，重点介绍了在 Visual FoxPro 中编写结构化程序的方法，同时给出了过程和子程序等编程实例，并通过实例介绍了程序调试方法。第七章介绍面向对象中的核心概念，给出了 Visual FoxPro 中所提供的对象及如何引用这些对象的属性和方法，通过实例展示面向对象编程一次编写多次使用的优点。第八章介绍了 Visual FoxPro 中图形化界面下的程序设计方法，介绍 Visual FoxPro 6.0 "表单设计器"和常见的控件使用方法及实例。第九章介绍了在 Visual FoxPro 下设计菜单系统的方法。第十章介绍在 Visual FoxPro 下利用"报表设计器"设计报表的方法。第十一章结合教学管理数据库，给出了一个应用系统的开发全过程。

本书根据作者多年从事计算机应用基础教学、研究和 Visual FoxPro 软件开发实践的经验编写而成。杨波编写了第 8，9，10，11 章；沈波编写了第 2，4 章；黎升洪完成了本书初始的规划，并编写了第 1，3，5，6，7 章及附录，最后对全书进行统稿。本书荣幸地由徐升华教授担任主审，徐教授对本书初稿提出了许多宝贵的意见和建议。同时感谢万常选教授对本书编写提出了许多有益的建议；江腾姣、罗清胜等对本书的编写给予了大力的支持和帮助。本书所有例子均有电子文档，有需要者请与 lish@jxufe.edu.cn 联系。

本书可供高校或培训班用作非计算机类学生教材，也可作为 Visual FoxPro 计算机等级考试的参考资料，或供广大计算机爱好者自学用。

由于编者水平有限，书中难免有许多不足或疏漏之处，恳请专家和广大读者批评指正。

编　者

2004 年 11 月

目　录

第一章 数据库系统概论

随着计算机技术的蓬勃发展，计算机应用已经涉足到人们日常生活、工作的各个领域。尤其在当今信息社会，计算机已成为人们日常工作中处理数据的得力助手和工具。数据处理、科学计算、过程控制和辅助设计是计算机四大应用，而数据处理的主要技术是数据库技术。本章讲解数据库技术的基本知识和概念，重点是关系数据库的概念和数据库模式的概念。

1.1 数据库技术

在信息社会中，信息是一种资源。对企业来说，各种必须的信息是其赖以生存和发展的命根子；对一个国家来说，信息决定其如何建设和发展；对一个人来说，信息是其决定如何发展才能适应社会的基本要素。信息是维持生产活动、经济活动和社会活动必不可少的基本资源，它是有价值的，是构成客观世界的三大要素(信息、能源和材料)之一。因此，人们为了获取有价值的信息用于决策，就需要对信息和用于表示信息的数据进行处理和管理。人们用计算机对数据进行处理的应用系统称为计算机信息系统，而计算机信息系统的核心是数据库。

1.1.1 信息与数据

信息和数据是数据处理中的两个基本概念。在一些不是很严格的场合下，对它们没有做严格的区分，甚至当作同义词来使用。这里，数据是记录现实世界中各种信息并可以识别的物理符号，是信息的载体，是信息的具体表现形式。数据的表示形式不仅仅只是数字，还包括字符(文字和符号)、图表(图形、图像和表格)及声音等形式。数据以格式化的形式来表示事实和概念，这种形式有助于通信、解释和处理。数据有两方面的特征：一是客体属性的反映，这是数据的内容；二是记录信息的符号，这是数据的形式。

信息是数据所包含的意义。信息具有如下重要特征：

(1) 信息具有表征性。它能够表达事物的属性、运动特性及状态。

(2) 信息具有可传播性。信息可以进行获取、存储、传递、共享。

(3) 信息具有可处理性。信息可以进行压缩、加工、再生。

(4) 信息具有可用性、可增值性、可替代性。

数据与信息是密切关联的。信息是向人们提供有关现实事物的知识，数据则是载荷信息的物理符号；二者是不可分离而又有一定区别的两个相关的概念。信息可以用不同形式的数据来表示，也不随它的数据形式不同而改变。例如，张平同学的高考成绩总分为 630 分。这里符号 630 就是数据；630 解释为高考成绩总分，表示的是 630 的含义——即信息。

总之，数据形式是信息内容的表现方式，信息内容是数据形式的实质，即"数据是信息的载体，信息是数据的内涵"。

1.1.2 数据处理

要使获得的信息能够充分地发挥作用，就必须对其进行处理。这种处理称为信息处理，常常又称为数据处理。严格地说，信息处理中包含了数据处理，而数据处理是信息处理最主要的内容。数据处理实际上是指利用计算机对各种形式的数据进行一系列的存储、加工、计算、分类、检索、传输等处理。如果稍加扩展，就包括数据的采集、整理、编码、输入和输出等数据组织，这一数据组织过程也应属于数据处理的内容，只不过这一过程主要是由人对其进行有效的处理，并把数据组织到计算机中。

1.1.3　数据库系统

一、数据库的概念

在日常工作中，需要处理的数据量往往很大，为便于计算机对其进行有效的处理，我们可以将采集的数据存放在建立于磁盘、光盘等外存媒介的"仓库"中，这个"仓库"就是数据库(database 或 data base，简称 DB)。数据集中存放在数据库中，便于对其进行处理，提炼出对决策有用的数据和信息。这就如同一个工厂生产出产品要先存放在仓库中，既便于管理，又便于分期分批地销售；一个学校采购大量的图书存放在图书馆(书库)，供学生借阅。因此，数据库就是在计算机外部存储器中用于存储数据的仓库。

与货仓、书库需要管理员和一套管理制度一样，数据库的管理也需要一个管理系统，这个管理系统就称为数据库管理系统(database management system，DBMS)。以数据库为核心，并对其进行管理的计算机系统称为数据库系统(data base system，DBS)。

那么，什么是数据库呢？数据库是一个复杂的系统，给它下一个确切的定义是困难的，目前还没有一个公认的、统一的定义。但具体地，对一个特定数据库来说，它是集中、统一地保存、管理着某一单位或某一领域内所有有用信息的系统，这个系统根据数据间的自然联系结构而成，数据较少冗余，且具有较高的数据独立性，能为多种应用服务。

二、数据库的发展

数据管理的发展经历了人工管理、文件系统到数据库系统三个阶段。

在人工管理阶段，由于没有软件系统对数据进行管理和计算机硬件的限制，数据的管理是靠人工进行的，而计算机只能对数据进行计算。当时对数据处理的过程是，先将程序和数据输入计算机，计算机运行结束后，将结果再输出，由人工保存，计算机并不存储数据。

20 世纪 50 年代后期到 60 年代中期，由于计算机外存得到发展，软件又有了操作系统，对数据管理便产生了文件系统。在文件系统阶段，是按照数据文件的形式来存放数据的，在一个文件中包含若干个"记录"，一个记录又包含若干个"数据项"，用户通过对文件的访问实现对记录的存取。这种数据管理方式称为文件管理系统。文件管理系统的一个致命的不足是数据的管理没有实现结构化组织，数据与数据之间没有联系，文件与文件之间没有有机的联系，数据不能脱离建立其数据文件的程序，从而也使文件管理系统中的数据独立性和一致性差，冗余度大，限制了大量数据的共享和有效的应用。

20 世纪 60 年代末期，随着计算机技术的发展，为了克服文件管理系统的缺点，人们对文件系统进行了扩充，研制了一种结构化的数据组织和处理方式，即数据库系统。数据库系统建立了数据与数据之间的有机联系，实现了统一、集中、独立地管理数据，使数据的存取独立于使用数据的程序，实现了数据的共享。从 20 世纪 90 年代至今，数据库技术得到飞速的发展。

三、数据库的特征

作为信息管理中的核心技术，数据库技术在计算机应用中得到迅速的发展。目前，已经成为信息管理的最新、最重要的技术。数据库有以下明显特点：

(1) 数据结构化。数据库中的数据不再像文件系统中的数据那样从属特定的应用，而是按照某种数据模型组织成为一个结构化的数据整体。它不仅描述了数据本身的特性，而且描述了数据与数据之间的种种联系，这使数据库具备了复杂的内部组织结构。

(2) 实现数据共享。这是数据库技术先进性的重要体现。由于数据库中的数据实现了按某种数据模型组织为一个结构化的数据，实现了多个应用程序、多种语言及多个用户能够共享一个库中的数据，甚至在一个单位或更大的范围内共享，大大提高了数据的利用率，提高了工作效率。

(3) 减少数据冗余度。在数据库技术之前，许多应用系统都需要建立各自的数据文件，即使相同的数据也都需要在各自的系统中保留，造成大量的数据重复存储，这一现象称为数据的冗余。由于数据库实现了数据共享，减少了存储数据的重复，节省了存储空间，减少了数据冗余。

(4) 数据独立性。数据库技术中的数据与操作这些数据的应用程序相互独立，互不依赖，不因一方的改变而改变另一方，这大大简化了应用程序设计与维护的工作量，同时数据也不会随应用程序的结束而消失，可长期保留在计算机系统中。

(5) 统一的数据安全保护。数据共享在提供了多个用户共享数据资源的同时，还需解决数据的安全性、一致性和并发性问题。这里安全性是指只有合法授权的用户才能对数据进行操作；一致性是指当多个用户对同一数据操作时不能互相干扰，否则出现操作结果不确定或不一致的情况；在保证一致性的前提下，数据库系统提供并发功能，使多用户同时对数据库的操作有一致的正确结果。

四、数据库的构成

一个数据库系统至少应该包括以下三个部分：

(1) 数据库。一个结构化的相关数据的集合，包括数据本身和数据间的联系。它独立于应用程序而存在，是数据库系统的核心和管理对象。

(2) 物理存储设备。这是保存数据的硬件介质，一般为磁盘等大容量的存储器。

(3) 数据库软件。负责对数据库管理和维护的软件。具体完成对数据定义、描述、操作、维护等功能，接受并完成用户程序及终端命令对数据库的不同请求，并负责保护数据免受各种干扰和破坏。数据库软件的核心是数据库管理系统。

另外，数据库系统需要有专门的人员负责数据库的设计、建立、执行和维护，这些人员称为数据库管理员(database administrator，DBA)。

1.2　数据模型

提到模型我们自然会联想到建筑模型、飞机模型等事物。广义地说，模型是现实世界特征的模拟和抽象。在数据库中，用数据模型(data model)这个工具来对现实世界进行抽象，数据模型是数据库系统中用于提供信息表示和操作手段的形式构架。数据模型应满足三方面要求：一是能比较真实地模拟现实世界；二是容易为人所理解；三是便于在计算机上实现。数据模型要很好地满足这三方面的要求在目前尚很困难。

在数据库系统中针对不同的使用对象和应用目的，采用不同的数据模型。不同的数据模型是提供给我们模型化数据和信息的不同工具。根据模型应用的目的，可以将数据模型分为两种类型：第一类模型是概念模型，也称信息模型，它是独立于计算机之外的模型，如实体-联系模型，这种模型不涉及信息在计算机中如何表示，而是用来描述某一特定范围内人们所关心的信息结构，它是按用户的观点来对数据和信息建模，主要用于数据库设计；另一类模型是数据模型，它是直接面向计算机的，是按计算机系统的观点对数据进行建模，主要用于DBMS的实现，常称为基本数据模型或数据模型，数据库中常用的基本数据模型有网状模型、层次模型和关系模型。

数据模型是数据库系统的核心和基础。各种机器上实现的DBMS软件都是基于某种数据模型的。

图1.1显示了把现实世界中的具体事物抽象、组织为某一DBMS支持的数据模型的过程。在概念上我们常常首先将现实世界抽象为信息模型(也称为概念模型)，然后将信息模型(概念模型)转换为计算机实现的世界。具体来说，现实世界的现实事务经过信息抽象转化为信息模型，信息模型使用实体-联系模型表示，再通过数据抽象，将信息模型转化为计算机实现，这里计算机实现使用数据模型表示。

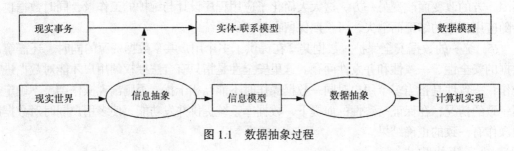

图1.1　数据抽象过程

1.2.1　数据模型的三要素

数据模型是现实世界中的各种事物及其间的联系用数据和数据间的联系来表示的一种方法。一般地讲，数据模型是严格定义的概念的集合，这些概念精确地描述系统的静态特性、动态特性和完整性约束条件。因此，数据模型通常由数据结构、数据操作和完整性约束三部分组成。

一、数据结构

数据结构是所研究对象和对象具有的特性、对象间的联系的集合，它是对数据静态特性的描述。这些对象是数据库的组成部分。如网状模型中的数据项、记录、系型，关系模型中的域、属性、关系等。

在数据库系统中，通常按照数据结构的类型来命名数据模型，如层次结构、网状结构和关系结构的模型分别命名为层次模型、网状模型和关系模型。

二、数据操作

数据操作是指对数据库中各种对象(型)的实例(值)允许执行的操作的集合，包括操作及有关的操作规则。通常对数据库的操作有检索和更新(包括插入、删除和修改)两大类，这些操作反映了数据的动态特性，因为现实世界中的实体及实体间的联系是在不断变化的，数据模型应能反映出这种变化。

三、数据的约束条件

数据的约束条件是完整性规则的集合。完整性规则是给定的数据模型中数据及其联系必须满足给定要求。例如，年龄的数据取值不能大于 150 岁。

1.2.2 概念模型与实体-联系方法

由图 1.1 可以看出，信息模型(概念模型)实际上是现实世界到机器世界的一个中间层次。

概念模型用于信息世界的建模，是现实世界到信息世界的第一层抽象，是数据库设计人员进行数据库设计的有力工具，也是数据库设计人员和用户之间进行交流的语言，因此概念模型一方面应该具有较强的语义表达能力，能够方便、直接地表达应用中的各种语义知识，另一方面它还应该简单、清晰、易于用户理解。

一、信息世界中的基本概念

信息世界涉及的概念主要有：

(1) 实体(entity)。客观存在并可相互区别的事物称为实体。实体可以是具体的人、事、物，也可以是抽象的概念或联系，例如，一个具体学生、一门具体课等都是实体。

(2) 实体集(entity set)，性质相同的同类实体的集合称为"实体集"，也称为实体整体，如所有的(全体)学生、所有的汽车、所有的学校、所有的课程、所有的零件都称为实体集。

(3) 实体型(entity type)。具有相同属性的实体必然具有共同的特征和性质。用实体名及其属性名的集合来抽象和刻画同类实体，称为实体型。例如，学生(学号，姓名，性别，出生年份，系，入学时间)就是一个实体型。

(4) 属性(attribute)。实体所具有的某一特性称为属性。一个实体可以由若干个属性来刻画。例如，学生实体可以由学号、姓名、性别、出生年份、系、入学时间等属性组成。属性有"型"和"值"的区分，如学生实体属性的名称——姓名、性别、年龄等是属性的型，而属性的值是其型的具体内容，如王源、男、18 岁分别是姓名、性别、年龄的值。由此可以看到，事物的若干属性值的集合可表征一个实体，而若干个属性型所组成的集合可表征一个实体的类型，简称为"实体型"。同类型的实体集合组成实体集。

(5) 关键字(key)。能唯一标识实体的属性或属性集称为关键字(或码)。例如，学号是学生实体的关键字(码)。本书将混用关键字和码这两个概念。

(6) 域(domain)。属性的取值范围称为该属性的域。例如，学号的域为 8 位数字符号，年龄的域为小于 128 的整数，性别的域为(男，女)。

(7) 联系(relationship)。在现实世界中，事物内部以及事物之间是有联系的，这些联系在信息世界中反映为实体(型)内部的联系和实体(型)之间的联系。实体内部的联系通常是指组成实体的各属性之间的联系。实体之间的联系通常是指不同实体集之间的联系。

两个实体型之间的联系可以分为三类：

1) 一对一的联系(1:1)。如果实体集 A 中的一个实体至多与实体集 B 中的一个实体相对应(相联系)，反之亦然，则称实体集 A 与实体集 B 的联系为一对一的联系。如一个学校只能有一个校长，一个校长也只能在一个学校任职，则学校与校长的联系即为一对一的联系，还有班长与班、学生与座位之间也都是一对一的联系。

2) 一对多联系(1:n)。如果实体集 A 中的一个实体与实体集 B 中的多个实体相对应(相联系)，反之，实体集 B 中的一个实体至多与实体集 A 中的一个实体相对应(相联系)，则称实体集 A 与实体集 B 的联系为一对多的联系。如一个班级可以有多个学生，而一个学生只会有一个班级，班级与学生的联系即为一对多的联系。

3) 多对多联系(m:n)。如果实体集 A 中的一个实体与实体集 B 中的多个实体相对应(相联系），而实体集 B 中的一个实体也与实体集 A 中的多个实体相对应(相联系)，则称实体集 A 与实体集 B 的联系为多对多的联系。如一门课程可以有多个学生选修，而一个学生同时可以选修多门课程，课程与学生的联系即为多对多的联系。

实际上，一对一联系是一对多联系的特例，而一对多联系又是多对多联系的特例。可以用图形来表示两个实体型之间的这三类联系，如图 1.2 所示。一般地，两个以上的实体型之间也存在着一对一、一对多、多对多联系。

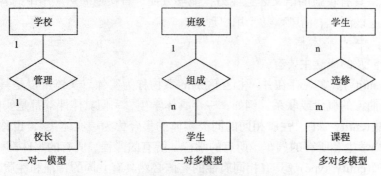

图 1.2　实体间的联系

二、概念模型的表示方法

为了在信息世界中简洁、清晰地描述现实世界的实体模型，通常使用 E-R 图描述，E-R 图是 Peter P.Chen 于 1976 年提出的实体联系模型(entity-relationship model)。E-R 图提供了实体、属性与联系的方法，其图元符号如图 1.3 所示。在 E-R 图中：

图 1.3　E-R 图使用的符号

实体集用矩形框表示，并在矩形框里写上实体名。

属性用椭圆框表示，并在椭圆框里写上属性名。

联系用菱形框表示，并在菱形框里写上联系方式。

在图 1.2 中，分别是学校与校长(一对一)、班级与学生(一对多)、学生与课程(多对多)的 E-R 实体模型图。班级、学生和课程对应的 E-R 图如图 1.4 所示，由于实体班级、学生和课程属性太多，我们这里只画出了部分属性。

1.2.3　数据模型

目前，数据库领域中最常用的数据模型有四种，它们是：

· 层次模型(hierarchical model)

· 网状模型(network model)

· 关系模型(relational model)

· 面向对象模型(object oriented model)

由于关系模型是本章的重点，我们在 1.3 中加以介绍。

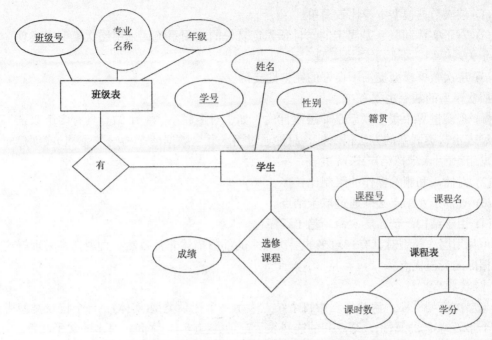

图 1.4 班级、学生和课程对应的 E-R 图(省略了部分属性)

一、层次模型

层次模型用树形结构来表示各类实体以及实体间的联系。现实世界中许多实体之间的联系本来就呈现出一种很自然的层次关系，如行政机构、家族关系等。

在层次模型中，每个结点表示一个记录类型，记录(类型)之间的联系用结点之间的连线(有向边)表示，这种联系是父子之间的一对多的联系。这就使得层次数据库系统只能处理一对多的实体联系。

每个记录类型可包含若干个字段，这里，记录类型描述的是实体，字段描述的是实体的属性。各个记录类型及其字段都必须命名。各个记录类型、同一记录类型中各个字段不能同名。每个记录类型可以定义一个排序字段，也称为码字段，如果定义该排序字段的值是唯一的，则它能唯一地标识一个记录值，如图 1.5 所示为一个层次模型。

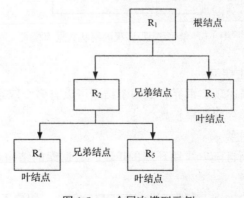

图 1.5 一个层次模型示例

层次模型的优点主要有：

(1) 层次数据模型本身比较简单。

(2) 对于实体间联系是固定的，且预先定义好的应用系统，采用层次模型来实现，其性能优于关系模型，不低于网状模型。

(3) 层次数据模型提供了良好的完整性支持。

层次模型的缺点主要有：

(1) 现实世界中很多联系是非层次性的，如多对多联系、一个结点具有多个双亲等，层次模型表示这类联系的方法很笨拙，只能通过引入冗余数据(易产生不一致性)或创建非自然的数据组织(引入虚拟结点)来解决。

(2) 对插入和删除操作的限制比较多。

(3) 查询子女结点必须通过双亲结点。

(4) 由于结构严密，层次命令趋于程序化。

可见用层次模型对具有一对多的层次关系的部门描述非常自然、直观，容易理解这是层次数据库的突出优点。

二、网状模型

与层次模型一样，网状模型中每个结点表示一个记录类型(实体)，每个记录类型可包含若干个字段(实体的属性)，结点间的连线表示记录类型(实体)之间一对多的父子联系。

层次模型中子女结点与双亲结点的联系是唯一的，而在网状模型中这种联系可以不唯一。因此，要为每个联系命名，并指出与该联系有关的双亲记录和子女记录。两个结点之间有多种联系(称之为复合联系)。因此，网状模型可以更直接地去描述现实世界，而层次模型实际上是网状模型的一个特例。图 1.6 为一个网状数据库模型。

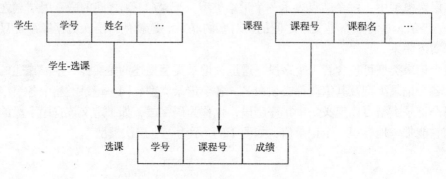

图 1.6　学生/选课/课程的网状数据库模式

网状数据模型的优点主要有：

(1) 能够更为直接地描述现实世界，如一个结点可以有多个双亲。

(2) 具有良好的性能，存取效率较高。

网状数据模型的缺点主要有：

(1) 结构比较复杂，而且随着应用环境的扩大，数据库的结构就变得越来越复杂，不利于最终用户掌握。

(2) 其数据定义语言(DDL)、数据操纵语言(DML)复杂，用户不容易使用。

(3) 由于记录之间联系是通过存取路径实现的，应用程序在访问数据时必须选择适当的存取路径，因此，用户必须了解系统结构的细节，加重了编写应用程序的负担。

三、面向对象模型

面向对象模型中最基本的概念是对象(object)和类(class)。对象是现实世界实体的模型化，与关系模型中记录的概念相似。每个对象都有一个唯一的标识符，把对象的数据(属性的集合)和操作(程序)封装在一起。共享同一属性集合和方法集合的所有对象组合在一起，构成一个类。类的属性定义域可以是任意的类，因此类有嵌套结构。一个类从其类层次中的直接或间接祖先那里继承(inherit)所有的属性和方法。这样，在已有类的基础上定义新的类时，只需定义特殊的属性和方法，而不必重复定义父类已有的东西，这有利于实现可扩充性。具体内容请参见第七章。

面向对象模型不但继承了关系数据库的许多优良的性能，还能处理多媒体数据，并支持面向对象的程序设计。因此，它已成为目前数据库中最有前途和生命力的发展方向。

1.3　关系数据库

1.3.1　关系模型

一、关系模型的基本概念

关系的含义是数据间的联系，例如，学号、姓名、性别、出生日期等组成有意义的学生信息。多条这样的有意义信息组成一个关系，基于这样方式组织信息的技术称为关系数据模型的数据库系统，简称关系数据库。现在普遍使用的数据库管理系统都是关系数据库管理系统。学习 Visual FoxPro，需要理解和掌握有关关系数据库的基本概念。

(1) 关系。一个关系就是一张二维表，通常将一个没有重复行、重复列的二维表看成一个关系，每个关系都有一个关系名。在 Visual FoxPro 中，一个关系对应于一个表文件，其扩展名为 DBF。本书使用的关系模型如图 1.7 所示。

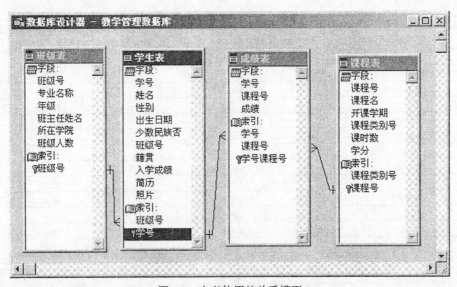

图 1.7　本书使用的关系模型

表 1.1~1.4 给出贯穿本书的四张数据表，它们是"班级表"、"学生表"、"课程表"和"成绩表"。数据实例也与这里列出的相同，没有列出的读者可自行追加数据。

表 1.1　班级表

班级号	专业名称	年级	班主任姓名	所在学院	班级人数
ICS0301	计算机科学技术 2003 - 01 班	2003	李一梅	信息管理学院	0
ICS0302	计算机科学技术 2003 - 02 班	2003	张华	信息管理学院	0
CPA0401	注册会计师 2004 - 01 班	2004	王平	会计学院	0
CPA0502	注册会计师 2005 - 01 班	2005	马晓明	会计学院	0
⋮	⋮	⋮	⋮	⋮	⋮

表 1.2　学生表

学号	姓名	性别	出生日期	少数民族否	班级号	籍贯	入学成绩	简历	照片
0030001	江华	男	04/20/86	.F.	ICS0301	江西赣州	620.0	Memo	Gen
0030002	杨阳	女	12/16/86	.F.	ICS0301	江苏南京	571.0	Memo	Gen
0040003	欧阳思思	女	12/05/87	.F.	ICS0301	湖南岳阳	564.5	memo	gen
0040004	阿里木	男	03/05/85	.T.	ICS0302	新疆喀什	460.0	memo	gen
0040005	李冰晶	女	06/12/87	.F.	ICS0402	江西九江	599.0	memo	gen
0041271	潭莉莉	女	06/06/85	.F.	CPA0401	辽宁沈阳	563.0	memo	gen
0041272	马永强	男	08/28/86	.F.	CPA0401	吉林	626.0	memo	gen
0041273	金明成	男	09/16/84	.T.	CPA0401	吉林	609.0	memo	gen
0052159	李永波	男	09/27/87	.F.	CPA0502	江西南昌	592.0	memo	gen
0052160	李强	男	04/14/87	.F.	CPA0502	黑龙江哈尔滨	611.0	memo	gen
0052161	江海强	男	06/21/88	.T.	CPA0502	云南大理	572.0	memo	gen
⋮	⋮	⋮	⋮	⋮	⋮	⋮	⋮	⋮	⋮

表 1.3　课程表

课程号	课程名	开课学期	课程类别号	课时数	学分
A0101	邓小平理论	1	01	32	2
B1001	计算机应用基础	2	02	64	4
C3004	微机操作	2	02	32	2
⋮	⋮	⋮	⋮	⋮	⋮

表 1.4　成绩表

学号	课程号	成绩
0040001	B1001	67.0
0040004	A0101	87.0
0040001	C3004	76.0
0040001	A0101	95.0
0040002	B1001	75.0
0040003	C3004	85.0
0040004	B1001	46.0
0040005	A0101	100.0
0040002	C3004	81.0
0041271	A0101	86.0
0041271	B1001	66.0
0041271	C3004	78.0
0052161	C3004	45.0
0052161	A0101	66.0
0052160	C3004	88.0
0052160	B1001	78.0
⋮	⋮	⋮

(2) 元组。二维表的每一行在关系中称为元组。在 Visual FoxPro 中，一个元组对应表中一个记录。

(3) 属性。二维表的每一列在关系中称为属性，每个属性都有一个属性名，属性值则是各个元组属性的取值。在 Visual FoxPro 中，一个属性对应表中一个字段，属性名对应字段名，属性值对应于各个记录的字段值。

(4) 域。属性的取值范围称为域。域作为属性值的集合，其类型与范围由属性的性质及其所表示的意义具体确定。同一属性只能在相同域中取值。

(5) 关键字。关系中能唯一区分、确定不同元组的属性或属性组合，称为该关系的一个关键字。单个属性组成的关键字称为单关键字，多个属性组合的关键字称为组合关键字。需要强调的是，关键字的属性值不能取"空值"。所谓空值就是"不知道"或"不确定"的值，因而空值无法唯一地区分、确定元组。

学生表中，"学号"属性可以作为使用单个属性构成的关键字，因为学号不允许重复。而"姓名"及"出生日期"等则不能作为关键字，因为学生中可能出现重名或出生日期相同。但如果所有同名学生的出生日期不同，则可将"姓名"和"出生日期"组合成为组合关键字。

(6) 候选关键字。关系中能够成为关键字的属性或属性组合可能不是唯一的。凡在关系中能够唯一区分、确定不同元组的属性或属性组合，称为候选关键字。

(7) 主关键字(primary key，PK)。在候选关键字中选定一个作为关键字，称为该关系的主关键字。关系中主关键字是唯一的。如图 1.7 中所示的各表中小钥匙表示该表的主键。

(8) 外部关键字(foreign key，FK)。关系中某个属性或属性组合并非关键字，但却是另一个关系的主关键字，称此属性或属性组合为本关系的外部关键字。关系之间的联系是通过外部关键字实现的。

(9) 关系模式。对关系的描述称为关系模式，其格式为：

关系名(属性名 1，属性名 2，…，属性名 n)

关系既可以用二维表格来描述，也可以用数学形式的关系模式来描述。一个关系模式对应一个关系的结构。在 Visual FoxPro 中，也就是表的结构。

如学生表对应的关系模式可以表示为：

学生(学号，姓名，性别，出生日期，少数民族否，班级号，籍贯，入学成绩，简历，照片)

二、关系的基本特点

在关系模型中，关系具有以下基本特点：

(1) 关系必须规范化，属性不可再分割。

规范化是指关系模型中每个关系模式都必须满足一定的要求，最基本的要求是关系必须是一张二维表，每个属性值必须是不可分割的最小数据单元，即表中不能再包含表。

(2) 在同一关系中不允许出现相同的属性名。Visual FoxPro 不允许同一个表中有相同的字段名。

(3) 关系中不允许有完全相同的元组。

(4) 在同一关系中元组的次序无关紧要。也就是说，任意交换两行的位置并不影响数据的实际含义。

(5) 在同一关系中属性的次序无关紧要。任意交换两列的位置也并不影响数据的实际含义，不会改变关系模式。

以上是关系的基本性质，也是衡量一个二维表格是否构成关系的基本要素。在这些基本要素中，有一点是关键，即属性不可再分割，也即表中不能套表。

三、关系的操作

关系作为一张二维表，其可进行的操作包括选择、投影与自然联接。

(1) 选择操作。给定一个关系，从中筛选出满足某种条件的记录(或元组)的过程称为选择。如图 1.8 所示的选择操作是所有少数民族的学生。选择操作的结果是一个新的关系。

投影

学号	姓名	性别	出生日期	少数民族否	班级号	籍贯	入学成绩	简历	照片
0030001	江华	男	04/20/86	.F.	ICS0301	江西赣州	620.0	Memo	Gen
0030002	杨阳	女	12/16/86	.F.	ICS0301	江苏南京	571.0	Memo	Gen
0040003	欧阳思思	女	12/05/87	.F.	ICS0301	湖南岳阳	564.5	memo	gen
0040004	阿里木	男	03/05/85	.T.	ICS0302	新疆喀什	460.0	memo	gen
0040005	李冰晶	女	06/12/87	.F.	ICS0402	江西九江	599.0	memo	gen
0041271	谭莉莉	女	06/06/85	.F.	CPA0401	辽宁沈阳	563.0	memo	gen
0041272	马永强	男	08/28/86	.F.	CPA0401	吉林	626.0	memo	gen
0041273	金明成	男	09/16/84	.T.	CPA0401	吉林	609.0	memo	gen
0052159	李永波	男	09/27/87	.F.	CPA0502	江西南昌	592.0	memo	gen
0052160	李强	男	04/14/87	.F.	CPA0502	黑龙江哈尔滨	611.0	memo	gen
0052161	江海强	男	06/21/88	.T.	CPA0502	云南大理	572.0	memo	gen

选择

图 1.8　学生表关系的选择与投影操作

(2) 投影操作。给定一个关系，从中只检索期望得到的字段(或属性)的过程称为投影。如图 1.8 所示的投影操作是从学生表得到只有三个字段(学号、姓名、入学成绩)的关系。同样投影操作的结果是一个新的关系。

(3) 自然联接操作。与选择、投影操作只需一个关系参与运算不同，自然联接操作要求二个关系参与运算，其结果为一个新的关系。参与自然联接运算的二个关系间有一个公共的属性(称为联接属性)，在一个关系(称为一表)中它是主键，而在另一个关系(称为多表)中它是外键。这样自然联接运算必需的条件。如图 1.7 所示，"班级表"(一表)中主键是班级号，而班级号在"学生表"(多表)中是外键。自然联接操作的结果：在属性上是二个参与运算关系的属性叠加；在元组上是在多表元组的记录基础上，扩展联接属性相同时的一表对应的数据值。如图 1.9 所示[①]。

四、关系模型的优点

关系数据模型具有下列优点：

(1) 关系模型与非关系模型不同，它是建立在严格的数学概念的基础上的。

(2) 关系模型的概念单一，无论实体还是实体之间的联系都用关系表示。对数据的检索结果也是关系(即表)。所以，其数据结构简单、清晰，用户易懂易用。

(3) 关系模型的存取路径对用户透明(用户无需关心数据存放路径)，从而具有更高的数据独立性、更好的安全保密性，也简化了程序员的工作和数据库开发建立的工作。

所以，关系数据模型诞生以后发展迅速，深受用户的喜爱。

---

① 根据关系数据库管理系统不同，有些关系数据库系统不能够将照片属性加入自然联接结果集中。

学号	姓名	性别	出生日期	少数民族否	班级号	籍贯	入学成绩	简历	照片
0030001	江华	男	04/20/86	.F.	ICS0301	江西赣州	620.0	Memo	Gen
0030002	杨阳	女	12/16/86	.F.	ICS0301	江苏南京	571.0	Memo	Gen
0040003	欧阳思思	女	12/05/87	.F.	ICS0301	湖南岳阳	564.5	memo	gen
0040004	阿里木	男	03/05/85	.T.	ICS0302	新疆喀什	460.0	memo	gen
0040005	李冰晶	男	06/12/87	.F.	ICS0402	江西九江	599.0	memo	gen
0041271	潭莉莉	女	06/06/85	.F.	CPA0401	辽宁沈阳	563.0	memo	gen
0041272	马永强	男	08/28/86	.F.	CPA0401	吉林	626.0	memo	gen
0041273	金明成	男	09/16/84	.T.	CPA0401	吉林	609.0	memo	gen
0052159	李永波	男	09/27/87	.F.	CPA0502	江西南昌	592.0	memo	gen
0052160	李强	男	04/14/87	.F.	CPA0502	黑龙江哈尔滨	611.0	memo	gen
0052161	江海强	男	06/21/88	.T.	CPA0502	云南大理	572.0	memo	gen

班级号	专业名称	年级	班主任姓名	所在学院	班级人数
ICS0301	计算机科学技术 2003 - 01 班	2003	李一梅	信息管理学院	0
ICS0302	计算机科学技术 2003 - 02 班	2003	张华	信息管理学院	0
CPA0401	注册会计师 2004 - 01 班	2004	王平	会计学院	0
CPA0502	注册会计师 2005 - 01 班	2005	马晓明	会计学院	0

班级号_a	专业名称	年级	班主任姓名	所在学院	班级人数	学号	姓名	性别	出生日期	少数民族否	班级号_b	籍贯	入学成绩	简历	照片
ICS0302	计算机科学技术2003-02	2003	张华	信息管理学院	0	40001	江华	男	04-20-86	.F.	ICS0302	江西赣州	620	Memo	Gen
ICS0301	计算机科学技术2003-01	2003	李一梅	信息管理学院	0	40002	杨阳	女	12/16/86	.F.	ICS0301	江苏南京	571	Memo	Gen
ICS0301	计算机科学技术2003-01	2003	李一梅	信息管理学院	0	40003	欧阳思思	女	12/05/87	.F.	ICS0301	湖南岳阳	565	memo	gen
ICS0302	计算机科学技术2003-02	2003	张华	信息管理学院	0	40004	阿里木	男	03/05/85	.T.	ICS0302	新疆喀什	460	memo	gen
CPA0401	注册会计师2004-01班	2004	王平	会计学院	0	41271	潭莉莉	女	06/06/85	.F.	CPA0401	辽宁沈阳	563	memo	gen
CPA0401	注册会计师2004-01班	2004	王平	会计学院	0	41272	马永强	男	08/28/86	.F.	CPA0401	吉林	626	memo	gen
CPA0401	注册会计师2004-01班	2004	王平	会计学院	0	41273	金明成	男	09/16/84	.T.	CPA0401	吉林	609	memo	gen
CPA0502	注册会计师2005-01班	2005	马晓明	会计学院	0	42159	李永波	男	09/27/87	.F.	CPA0502	江西南昌	599	memo	gen
CPA0502	注册会计师2005-01班	2005	马晓明	会计学院	0	42160	李强	男	04/14/87	.F.	CPA0502	黑龙江哈尔滨	611	memo	gen
CPA0502	注册会计师2005-01班	2005	马晓明	会计学院	0	42161	江海强	男	06/21/88	.T.	CPA0502	云南大理	572	memo	gen

图 1.9 班级表(一表)和学生表(多表)的自然联接操作

1.3.2 关系完整性约束

关系完整性约束是为保证数据库中数据的正确性和相容性，对关系模型提出的某种约束条件或规则。完整性通常包括实体完整性、参照完整性、域完整性和用户定义完整性，其中实体完整性和参照完整性是关系模型通常必须满足的完整性约束条件。通俗地说，数据库关系完整性约束实际上是定义数据必须满足的基本要求，当数据违反数据库关系完整性约束时，数据库将拒绝违反关系完整性的数据的插入或更新，通过关系完整性可以保证数据库中没有垃圾数据。或者说定义关系的完整性约束，使得数据库有了一定的行为能力。当用户提交那些违背数据库关系完整性约束的数据时，数据库将拒绝用户提交的操作，这样保证数据库中的数据是真实有效的。

一、实体完整性

一个关系对应现实世界中一个实体集，实体完整性是指一个关系中不能存在两个完全相同的记录。实体完整性是通过关系的主关键字(PK)来实现的，这里主关键字不能取"空值"。这是因为现实世界中的实体是可以相互区分、识别的，也即它们应具有某种唯一性标识。在关系模式中，按实体完整性规则要求，主属性不得取空值，如主关键字是多个属性的组合，则所有主属性均不得取空值，否则，表明关系模式中存在着不可标识的实体(因空值是"不确定"的），这与现实世界的实际情况相矛盾，这样的实体就不是一个完整实体。

例如，一个学校的"学生表"中可能存在姓名相同的人，但他们是两个不同的人，因此用"姓名"作为主关键字是不可取的。而"学号"能唯一标识一个学生，因此"学号"是主关键字，这里学号一定不得取空值，否则无法对应某个具体的学生，这样的表格不完整，对应关系不符合实体完整性规则的约束条件。

二、参照完整性

关系数据库中通常都包含多个存在相互联系的关系(表)，关系与关系之间的联系是通过公共属性来实现的。所谓公共属性(联接属性)，它是一个关系 R(称为被参照关系或目标关系，常被称为一表)的主关键字，同时又是另一关系 K(称为参照关系，常被称为多表)的外部关键字。所谓参照完整性是指参照关系 K 中外部关键字的取值必须与被参照关系 R 中某元组主关键字的值相同，否则违法了参照完整性约束。

如图 1.7 中所示的二表之间的连线表示二表之间的参照完整性约束。如果将"成绩表"作为参照关系，"学生表"作为被参照关系，以"学号"作为两个关系进行关联的属性，则"学号"是"学生表"关系的主关键字，是"成绩表"关系的外部关键字。即"成绩表"中的"学号"属性取值必须与"学生表"中的某个"学号"值相同。

总之，参照完整性是定义建立关系之间联系的主关键字与外部关键字引用的约束条件，不严格地说，它通过外键来实现。

三、域完整性

所谓域完整性是指一个或多个列必须满足的约束条件，当用户插入或更新数据时，所插入或更新的数据在指定了域完整性的列上必须满足所施加的约束条件。例如，学生表中的"出生年月"字段，可以对该字段使用域完整性约束，要求年龄在 12~70 岁之间，在此范围之外的年龄数据都违法了域完整性要求，数据库将不允许数据进行插入或更新操作。

四、用户定义完整性

所谓用户定义完整性是指针对某一具体业务规则提出的关系数据库必须满足的约束条件，它反映某一具体应用所涉及的数据必须满足的语义要求。例如，有两个数据表，其中一个数据表 A 的某个属性 X 存放明细内容，另一个数据表 B 存放属性 X 的求和值，则数据表 B 中存放的求和值必须等于数据表 A 中属性 X 的求和值，否则数据表 B 中的求和值就没有意义。用户定义完整性由于涉及一些复杂的应用领域知识的表示问题，在现有数据库系统中实现功能上不是很完美。

1.4 数据库系统应用模式

数据库作为当前信息系统应用的热门软件，有不同的应用模式，目前流行的有客户/服务器模式和浏览器/服务器模式。

一、客户/服务器应用模式(client/server system，C/S)

客户/服务器应用模式是数据库应用所采用的最重要的技术之一，它将安装数据库服务程序的计算机叫做服务器，主要负责数据的存储和关键数据处理，从而提高系统的安全性和可靠性。多台计算机安装负责应用程序界面的客户端程序，称为客户机。服务器与客户机通过计算机网络实现连接。如图 1.10 所示。

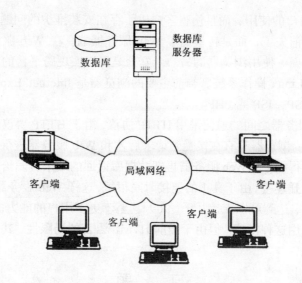

图 1.10 客户/服务器模式示意图

客户/服务器模式的优点：

(1) 便于使数据的保存，网络通讯过程标准化。

(2) 可以同时服务多个客户，实现数据资源的灵活应用。

(3) 可以实现信息数据处理的分散化和在使用上集中化。

客户/服务器模式存在的问题：系统客户方软件安装维护困难，数据库系统无法满足对于成百上千的终端同时联机的需求。由于客户/服务器间的大量数据通信不适合远程连接，使其只能适合于局域网应用。

二、浏览器/服务器应用模式(browser/server system，B/S)

在 Internet/Intranet 领域，浏览器/服务器结构(简称 B/S 结构)是非常流行的。如图 1.11 所示。

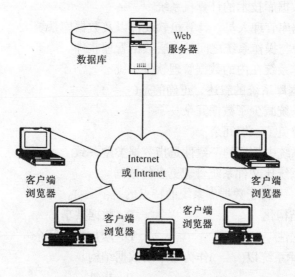

图 1.11 浏览器/服务器模式示意图

这种结构最大的优点是：客户机统一采用浏览器，而服务器端使用 Web 服务器(网页服务器)。这不仅方便用户的使用,而且使得客户机不存在安装维护的问题。当然,软件发布和维护的工作不是自动消失了,而是转移到了 Web 服务器端。在 Web 服务器端,程序员使用脚本语言编写响应页面。使用浏览器的另一个好处是可以实现跨平台的应用,客户机可以是 Windows,UNIX 或 Linux 操作系统。当前主要的浏览器是 Internet Explorer,而服务器端脚本语言的编写使用 ASP,JSP 或 PHP。

客户机同 Web 服务器之间的通信采用 HTTP 协议,由于 HTTP 协议是一种非面向连接的协议,通信原理如下:浏览器只有在接受到请求后才和 Web 服务器进行连接,Web 服务器马上与数据库通信并取得结果,Web 服务器再把数据库返回的结果转发给浏览器,浏览器接收到返回信息后马上断开连接。由于真正的连接时间很短,这样 Web 服务器可以共享系统资源,为更多用户提供服务,达到可以支持几千、几万甚至于更多用户的能力。一般电子商务网站、大型公司企业网多使用这种模式。但由于当前 HTML 语言的局限性,其打印和界面控制不是很理想。

习　题

1. 什么是数据?什么是信息?什么是数据处理?
2. 数据模型的三要素是什么?
3. 单选题

(1) 在有关数据库管理的概念中,数据模型是指(　　)。

    A. 文件的集合   B. 记录的集合

    C. 记录及其联系的集合   D. 网状层次型数据库管理系统

(2) 一个关系型数据库管理系统所应具备的三种基本关系操作是(　　)。

    A. 筛选、投影与连接   B. 编辑、浏览与替换

    C. 插入、删除与修改   D. 排序、索引与查询

(3) 在数据库技术领域中,DBMS 是指(　　)。

    A. 采用了数据库技术的计算机系统

    B. 包括数据库管理人员、计算机软硬件以及数据库系统

    C. 位于用户与操作系统之间的一层数据管理软件

    D. 包含操作系统在内的数据管理软件系统

(4) 下述关于数据库系统的叙述,正确的是(　　)。

    A. 数据库系统减少了数据冗余

    B. 数据库避免了一切冗余

    C. 数据库系统中数据的一致性是指数据类型一致

    D. 数据库系统比文件系统管理更多的数据

(5) 下列选项中,不属于数据库系统的特点的是(　　)。

    A. 数据的结构化   B. 数据共享

    C. 数据独立性   D. 增加数据冗余

(6) 关系型数据库系统以(　　)作为基本的数据结构。

    A. 链表   B. 指针

    C. 二维表   D. DBF 文件

(7) 数据库系统的核心软件是(　　)

A. 数据库应用系统   B. 数据库管理系统

C. 操作系统   D. SQL

(8) E-R 图中用( )表示实体的属性。

A. 矩形框   B. 椭圆框

C. 菱形框   D. 三角框

4. 举例说明实体的一对一、一对多和多对多关系。

5. 试画出现实生活中的一个 E-R 模型。

6. 解释参照完整性的含义，什么是参照关系？什么是被参照关系？

7. 解释选择、投影和自然联接操作的含义，参与自然联接操作的二个关系必须满足什么条件，其生成的结果关系属性满足什么条件，元组满足什么条件。

8. 解释什么是 C/S 结构，什么是 B/S 结构，并分析这两种结构的优缺点。

9. 试研读下列 E-R 模型。

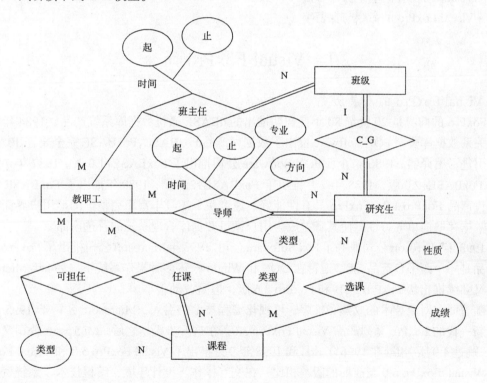

第二章　Visual FoxPro 操作基础

Visual FoxPro 6.0 是 Microsoft 公司 Visual 系列产品之一，是一个功能强大的 32 位关系数据库管理系统(DBMS)。它以功能强、速度快、界面友好等特点赢得了广泛的用户支持。本章从介绍 Visual FoxPro 的发展历史入手，介绍了 Visual FoxPro 的基本功能特点和基本的操作方法。

本章主要介绍以下内容：
- Visual FoxPro 的发展历史与特点
- Visual FoxPro 的基本操作方法
- Visual FoxPro 的命令与保留字

2.1　Visual FoxPro 简介

一、Visual FoxPro 的发展历史

FoxPro 的前身是 20 世纪 80 年代初期推出的 dBASE 微机数据库系统产品。1984 年，美国的关系数据库公司 FOX Software 推出了数据库产品 FoxBASE，FoxBASE 完全兼容 dBASE，而且引进了编译器。1986 年 6 月 FOX Software 公司推出了 FoxBASE+1.0 版，1987 年 7 月推出了 FoxBASE+2.0 版，1988 年 7 月推出了 FoxBASE+2.1 版。1989 年推出了 FoxBASE 的升级换代产品 FoxPro 1.0。FoxPro 具有性能好、速度快、工具丰富而完整、图形用户界面友好以及数据存取简单等特性，使其日益成为用户微机数据库管理系统的首选产品。

1992 年 Microsoft 公司兼并了 Fox Software 公司。1993 年 Microsoft 公司推出了 FoxPro 2.5，该产品是一个跨平台产品，能够运行在 DOS 和 Windows 等多种操作系统下。1994 年 Microsoft 公司又陆续推出了 FoxPro 2.5B 和 FoxPro 2.6 版，但是改动很小。

随着面向对象技术的成熟和推广，可视化编程技术的引入，Microsoft 公司于 1995 年推出了新一代的 FoxPro 系列产品 Visual FoxPro 3.0。在这一步跨越之后，Microsoft 公司又不断完善，跳过 4.0 版，相继在 1996 年 8 月和 1998 年 9 月推出了 Visual FoxPro 5.0 和 Visual FoxPro 6.0。Visual FoxPro 6.0 与前面的版本相比，在交互操作、设计环境、编程技术、系统资源的利用、WWW 数据库的设计、ActiveX 的支持、OLE 支持等方面，又有较大的改进或增强。2001 年和 2002 年 Microsoft 公司分别发布了 Visual FoxPro 7 和 Visual FoxPro 8。

二、Visual FoxPro 的主要特点

(1) 快速的应用程序开发环境。Visual FoxPro 提供多种可视化编程工具，支持面向对象的程序设计，重复使用各种类，可以直观地、创建性地建立应用程序。

(2) 增强的项目及数据库管理。Visual FoxPro 支持真正的数据库，即表的集合，而在 FoxPro 2.x 及以前的版本中，数据库就是指 dbf 文件，即"表"。在 Visual FoxPro 中可以对项目及数据进行更强的控制，能够使用源代码管理产品。数据库可以管理表、视图、连接和存储过程等。

(3) 方便快捷的向导和生成器。除了对已有的几个向导进行了改进之外，Visual FoxPro

还带有新的向导和生成器，帮助用户生成应用程序、创建数据库、在 Web 上发布数据、建立对象模型，以及创建用户自己的向导。

(4) 互操作性和支持 Internet。Microsoft Visual FoxPro 支持 OLE 拖放，可以在 Visual FoxPro 和其他应用程序之间以及在 Visual FoxPro 应用程序内部移动数据。使用 Visual FoxPro 可以很容易地创建与 Internet 一起使用的应用程序，也使得创建与其他基于 Windows 应用程序(如 Microsoft Excel 和 Microsoft Visual Basic)一起使用的应用程序变得很容易。使用 Visual FoxPro 可以创建由 Active Document 宿主程序(如 Internet 浏览器)所包容的 Active Document。在 Visual FoxPro 中，自动服务程序(Automation Server)的功能得到了改进，使得同 Internet、Microsoft Transaction Server 和 Active Desktop 的工作更加协调有效。

(5) 充分利用已有的数据。Visual FoxPro 可以方便地将以前版本的数据进行转换。如果有以前版本的文件，只要打开它们，就会出现转换对话框。如果有电子表格或文本文件中的数据，如 Microsoft Excel 及 Word，使用 Visual FoxPro 可以实现方便的数据共享。

(6) 方便使用的 HTML 帮助系统。HTML Help 是 Microsoft 所提供的用于创建适应 Internet 时代要求的帮助文件的解决方案。Visual Studio 中带有的 HTML Help Workshop，可用于为用户的 Visual FoxPro 应用程序创建和发布 HTML Help 文件。

2.2 Visual FoxPro 的安装与启动

2.2.1 Visual FoxPro 的安装

一、系统配置要求

Visual FoxPro 可以运行在 Windows 98 或更高版本。在 Windows 操作系统中运行 Visual FoxPro 系统的基本要求：

(1) 一台带有 PIII 1.8GHz 处理器(或更高档处理器)的 PC 机。

(2) 128MB 内存。

(3) 用户自定义安装需要 85MB 硬盘空间，完全安装需要 90MB 硬盘空间。

(4) 推荐使用 SVGA 或更高分辨率的监视器。

二、Visual FoxPro 的安装

Visual FoxPro 可以从 CD-ROM 或网络上安装。这里仅介绍从 CD-ROM 安装。Visual FoxPro 的安装过程非常简单，只需要按照安装向导一步一步地操作就可以成功地安装。其操作步骤如下：

(1) 将 Visual FoxPro 6.0 光盘插入 CD-ROM 驱动器。

(2) 安装程序将自动运行安装向导，如果没有自动运行，双击光盘中的"Setup"，这样就启动了"Visual FoxPro 6.0 安装向导"(如图 2.1 所示)。

在这个窗口中有一个"显示 Readme"按钮，主要是介绍关于 Visual FoxPro 6.0 安装的注意事项等内容，建议大家在安装之前阅读一下这个 Readme 文件。

(3) 按屏幕提示依次选择"下一步"按钮，即可完成 Visual FoxPro 的安装。

三、Visual FoxPro 帮助文件的安装

(1) Visual FoxPro 6.0 示例。Visual FoxPro 6.0 示例需要使用"MSDN 安装向导"进行安装。MSDN 包括两张光盘，包括 Visual Studio 98 中所有成员(包括 Visual C++、Visual Basic、

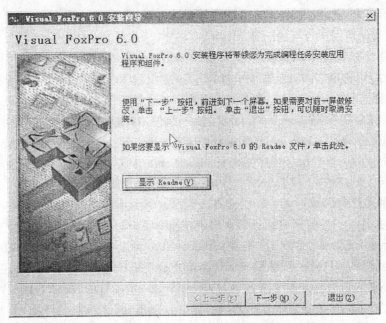

图 2.1 Visual FoxPro 安装向导

Visual FoxPro 等)的帮助文档和示例文件。将 MSDN 的第一张光盘放入光驱，双击 "Setup"
进入 "MSDN" 安装向导。先选取 "自定义" 选项，然后选择 "VFP 产品示例" 复选框。这
些示例将被放置在公用的 MSDN 示例路径下。

(2) 安装联机文档。Visual FoxPro 6.0 联机文档需要使用 "MSDN 安装向导" 进行安装。
先选取 "自定义" 选项，然后选择 "VFP 文档" 复选框。

注意：如果选择 "典型" 选项，Visual FoxPro 将从 MSDN CD 而不从硬盘访问该帮助文
件。Visual FoxPro 帮助文件(包括 Foxhelp.chm)安装于下面的位置：

drive:\Program Files\Microsoft Visual Studio\Msdn98\98vs\1033

当用户在 Visual FoxPro 中按 F1 键、在 "命令" 窗口输入 "HELP" 或使用 "帮助" 菜单
请求帮助时，如果已安装 MSDN，则 Visual FoxPro 的默认行为是调用 Msdnvs98.col。如果该
文件不存在，则将默认使用 Foxhelp.chm。

2.2.2 Visual FoxPro 的启动与退出

一、Visual FoxPro 的启动

Visual FoxPro 作为 Windows 下的一个应用程序，有很多种启动方法。下面介绍几种常用
的方法。

(1) 单击 Windows 的 "开始" 按钮，依次选择 "程序" \ "Microsoft Visual FoxPro 6.0" \
"Microsoft Visual FoxPro 6.0" 菜单项即可。

(2) 打开"我的电脑"或"资源管理器"，找到 Visual FoxPro 的安装目录，一般为"X:\Program
Files\Microsoft Visual Studio\Vfp98"(其中 X 表示安装盘)，直接双击文件 VFP6 即可。

(3) 在桌面建立 Visual FoxPro 的快捷方式，以后只要双击该快捷方式即可进入 Visual
FoxPro。

(4) 打开 "开始" \ "运行"，找到 Visual FoxPro 的运行文件 VFP6.exe，再单击确定即可。

二、Visual FoxPro 的退出

退出 Visual FoxPro 的方法主要有四种，用户可以根据自己习惯任选一种。

(1) 单击 Visual FoxPro 标题栏最右边的关闭窗口按钮。

(2) 在命令窗口输入 QUIT 命令，然后按回车键。

(3) 从"文件"菜单中选择"退出"选项。

(4) 单击主窗口左上方的狐狸图标，从窗口下拉菜单中选择"关闭"，或者直接按 ALT+ F4 键。

2.3   Visual FoxPro 的用户界面

2.3.1   Visual FoxPro 系统主界面

第一次启动 Visual FoxPro 将弹出一个欢迎屏幕，以后每次启动将直接进入系统主界面(如图 2.2 所示)。

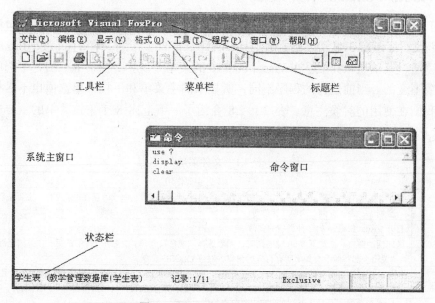

图 2.2   Visual FoxPro 的主界面

(1) 命令窗口：用于显示和输入所要执行的 Visual FoxPro 的命令。

(2) 主窗口：用来显示 Visual FoxPro 的命令或程序的运行情况。一般情况下，Visual FoxPro 的命令的执行结果显示在主窗口中。

(3) 标题栏：标题栏位于窗口的顶部，用于显示窗口的标题。当屏幕上同时打开多个窗口时，可以通过单击某个窗口的标题栏来激活该窗口，而原先的活动窗口就变为非活动窗口。我们也可以拖动某个窗口的标题栏到指定位置，然后释放鼠标来移动窗口。

(4) 菜单栏：菜单栏位于标题栏的下面，菜单栏中的每一项称为菜单项。单击菜单项，可显示一个下拉菜单。从功能上来讲，每个下拉菜单中的选项都用于完成同一类工作，如编辑、文件、程序等。在 Visual FoxPro 的操作中经常需要使用到菜单。

(5) 状态栏：状态栏位于窗口的最下方，用于显示系统或当前文件的状态，如光标所在的行数和列数等。

2.3.2 Visual FoxPro 命令窗口

命令窗口是 Visual FoxPro 的一个重要部件，在该窗口我们可以直接输入 Visual FoxPro 的各种命令，回车后就可以直接执行。例如，我们可以输入 QUIT 退出 Visual FoxPro。与菜单操作相比，命令操作对提高执行的速度和以后编写程序文件都有较大的帮助，但要求用户必须对所用的命令熟悉。已经执行的命令会在窗口中得以保留，如果需要执行一个以前输入过的命令，只要将光标移动到该命令，再次按回车键即可。另外，也可以将光标移动到该命令处，对命令进行修改、删除、剪切、复制和粘贴等操作。

命令窗口可以随时显示和隐藏，一般有以下两种方法：

方法一：单击命令窗口右上角的"关闭"按钮可关闭它，通过"窗口"菜单下的"命令窗口"选项可以重新打开。

方法二：按 Ctrl+F4 组合键隐藏命令窗口，按 Ctrl+F2 组合键显示命令窗口。

2.3.3 Visual FoxPro 系统菜单

Visual FoxPro 主界面顶端的菜单栏实际上是各种操作命令的分类组合，其中包括 8 个下拉菜单项：文件、编辑、显示、格式、工具、程序、窗口、帮助。对 Visual FoxPro 的大多数操作都可以通过菜单项来完成。在 Visual FoxPro 的菜单系统中，各菜单栏的各个选项的内容并不是一成不变的。当前运行的程序不同，所显示的主菜单和下拉菜单选项也不尽相同，这一点需要我们在使用的时候注意。表 2.1~2.8 介绍了一下上述 8 个下拉菜单的主要选项及其作用。

表 2.1　文件菜单

菜单选项	主要作用
新建	显示"新建"对话框，在其中可以使用设计器或向导创建新文件。创建的新程序或文件，主要是新建项目、数据库、表、查询、表单、标签等
打开	打开 Visual FoxPro 的各种类型的文件
关闭	关闭活动窗口。在按下 Shift 键的同时，如果选择"文件"菜单，"关闭"命令将变成"关闭全部"命令。"关闭全部"命令会关闭所有打开的窗口，对应 CLOSE 命令
保存	把修改保存到活动文件中。如果文件还未保存，对连接和视图之外的所有文件类型都将显示"另存为"对话框。对未命名的连接和视图，Visual FoxPro 只显示保存(Save)一个文本框来输入文件名称。如果文件已经存在，Visual FoxPro 在改写它之前会给以提示
另存为	显示"另存为"对话框，在其中可以保存一个新文件，也可以用不同的名称保存现有的文件或对象
退出	结束 Visual FoxPro，并把控制权返回给操作系统。与在"命令"窗口或程序中执行 QUIT 命令的效果相同

表 2.2　编辑菜单

菜单选项	主要作用
撤销	恢复在当前编辑会话期间所做的不限数目的修改，但最后一次存盘前所做的修改，即使在同一编辑会话期间，也不能恢复
重做	恢复上一次被还原的修改
剪切	删除当前文档中被选定的文本和对象，并将其存放在剪贴板上
复制	拷贝当前文档中被选定的文本和对象，并将其存放在剪贴板上
粘贴	将剪贴板中的内容拷贝到当前光标所在处
查找	显示"查找"对话框，从中可以搜索文本。快捷键：Ctrl+F
替换	显示"替换"对话框，搜索并替换在当前文件中选中的文字。要在表中替换，可使用"表"菜单中的"替换字段"命令，快捷键：Ctrl+L

表 2.3　格式菜单

菜单选项	主要作用
字体	显示"字体"对话框，以设置字体类型、样式和大小
放大字体	放大当前窗口中使用的字体
缩小字体	缩小当前窗口中使用的字体
一倍行距	显示文本时，文本行间无空白行
1.5 倍行距	将行间距设置为 1.5 倍，即文本行间显示 1.5 个空行
缩进	将选定的文本行缩进一个 Tab 键宽度
注释	在所选行首插入"!"，即把该行标记为注释行

表 2.4　显示菜单

菜单选项	主要作用
工具栏	显示含有 Visual FoxPro 所使用的每一个工具栏列表的对话框并允许用户定制工具栏中的按钮及创建自己的工具栏

表 2.5　工具菜单

菜单选项	主要作用
向导	打开系统给定的各种向导程序，如表向导、查询向导
调试器	打开系统的程序调试窗口，如跟踪窗口、监视窗口
选项	打开系统设置的选项窗口，如文件位置、表单、项目

表 2.6　程序菜单

菜单选项	主要作用
运行	运行从对话框中选定的程序
取消	取消当前正在运行的程序
继续执行	恢复处于挂起状态的当前程序的运行
挂起	挂起当前程序的执行，但不将其从内存中删除
编译	将源文件编译成目标代码

表 2.7　窗口菜单

菜单选项	主要作用
隐藏	将活动窗口隐藏，但不将其从内存中删除
清除	从应用程序的工作空间或当前输出窗口中清除文本
命令窗口	打开 Command 命令窗口，激活它并显示在最前面

表 2.8　帮助菜单

菜单选项	主要作用
Microsoft Visual FoxPro 帮助主题	打开由 SET HELP TO 命令指定的帮助文件。SET HELP TO 的默认设置为包含有 Visual Studio 的 MSDN(如果已安装)
关于 Microsoft Visual FoxPro	显示本产品版权屏幕、产品 ID 号等信息

2.3.4　Visual FoxPro 工具栏

　　工具栏上主要包括一些常用的操作，以方便用户使用。Visual FoxPro 的默认界面只包括"常用"工具栏，位于菜单栏下面(如图 2.3 所示)，用户可以将其施放到主窗口的任意位置。

图 2.3　Visual FoxPro 的常用工具栏

所有工具栏的按钮当鼠标指针停在上面的时候都有文字提示，可以方便用户使用。除了"常用"工具栏之外，Visual FoxPro 还有 10 个工具栏，包括报表控件、报表设计器、表单控件、表单设计器、布局、查询设计器、打印预览、调色板、视图设计器和数据库设计器。用户可以通过设置来显示或隐藏相应的工具栏。用户可以选择"工具"菜单的"工具栏"来显示或隐藏相应的工具栏，还可以定制有自己风格的工具栏。

2.4　Visual FoxPro 操作概述

2.4.1　Visual FoxPro 操作方式

Visual FoxPro 有三种操作方式：
(1) 利用菜单系统或工具栏按钮执行命令。
(2) 在命令窗口直接输入命令进行交互操作。
(3) 利用各种生成器自动产生程序，或者编写 FoxPro 程序，然后执行它。
前两种方式属于交互式方式，可以通过这两种方法得到同一结果。菜单操作方式比较便利，一般开始学习时先从菜单方式入手。

2.4.2　Visual FoxPro 可视化设计工具

Visual FoxPro 提供丰富的可视化设计工具，利用它提供的各种向导、设计器和生成器可以更简便、快速、灵活地进行应用程序的开发。下面主要介绍这些可视化设计工具的使用方法。

一、向导

Visual FoxPro 中带有超过 20 个的向导。向导是一个交互式程序，可以帮助用户快速完成一般性的任务，例如创建表单、编排报表的格式、建立查询、输入及升迁数据、制作图表、生成邮件合并、生成数据透视表、生成交叉表报表以及在 Web 上按 HTML 格式发布等。用户在一系列向导屏幕上回答问题或者选择选项，向导会根据用户的回答生成文件或者执行任务。大部分向导在最后一页里都有几个输出选项。这些选项通常用于可以绑定到用户的应用程序中的文件。例如，新的"Web 发布向导"就有一个用于生成程序文件(.prg)的输出脚本选项，该文件用于从 FoxPro 数据中动态生成一个 HTML 页。用户可以把该文件包含到应用程序中并通过菜单项或表单中的按钮运行。

在"项目管理器"中创建一个新文件，或者从"文件"菜单中选择"新建"命令，然后选择"向导"按钮，就可以启动一个向导。在"工具"菜单中选择"向导"子菜单也可以启动向导。

表 2.9 是 Visual FoxPro 提供的主要向导及作用概述。

二、设计器

Visual FoxPro 的设计器是创建和修改应用系统各种组件的可视化工具。利用各种设计器使得创建表、表单、数据库、查询和报表以及管理数据变得非常方便(表 2.10)。

三、生成器

生成器是用来帮助设置表单上控件属性的工具。与向导不同，生成器是可重入的，这样

表 2.9　Visual FoxPro 向导及其主要作用

向导	主要作用
应用程序向导	创建一个 Visual FoxPro 应用程序
数据库向导	生成一个数据库
表单向导	创建一个表单
图形向导	创建一个图形
导入向导	导入或追加数据
标签向导	创建邮件标签
本地视图向导	创建视图
一对多表单向导	创建一对多表单
一对多报表向导	创建一对多报表
数据透视表向导	创建数据透视表
查询向导	创建查询
远程视图向导	创建远程视图
报表向导	创建报表
安装向导	基于发布树中的文件创建发布磁盘
表向导	创建表
Web 发布向导	在 HTML 文档中显示表或视图中的数据

表 2.10　Visual FoxPro 设计器及其主要作用

设计器名称	主要作用
表设计器	使用"表设计器"可以创建并修改数据库表、自由表、字段和索引。"表设计器"可以实现诸如有效性检查和默认值等高级功能
数据库设计器	"数据库设计器"显示数据库中包含的全部表、视图和关系。在"数据库设计器"窗口活动时，Visual FoxPro 显示"数据库"菜单和"数据库设计器"工具栏
查询设计器	在"查询和视图设计器"活动时，Visual FoxPro 显示"查询"菜单和"查询设计器"工具栏或"视图设计器"工具栏
视图设计器	根据数据表中的原始数据，创建可以动态更新的查询操作，启动视图设计器时，出现"视图设计器"工具栏
表单设计器	使用"表单设计器"能够可视化地创建并修改表单和表单集。一个表单集由一个或多个可作为一个整体处理的表单构成。表单和表单集是有自己的属性、事件和方法程序的对象。当"表单设计器"窗口活动时，Visual FoxPro 显示"表单"菜单、"表单控件"工具栏、"表单设计器"工具栏和"属性"窗口
报表设计器	使用"报表设计器"可以创建和修改报表，在"报表设计器"窗口活动时，Visual FoxPro 显示"报表"菜单和"报表控件"工具栏
菜单设计器	使用"菜单设计器"和"快捷菜单设计器"工具创建菜单、菜单项、菜单项的子菜单和分隔相关菜单组的线条，等等。使用菜单及快捷菜单设计器还可以定制 Visual FoxPro 的备份菜单或设计要发布的应用程序菜单
数据环境设计器	使用"数据环境设计器"能够可视化地创建和修改表单、表单集和报表的数据环境。在"数据环境设计器"窗口活动时，Visual FoxPro 显示"数据环境"菜单，用以处理数据环境对象。如果要显示"属性"窗口和"代码"窗口，单击鼠标右键显示"数据环境"快捷菜单并选择"属性"和"代码"
连接设计器	使用"连接设计器"能够创建并修改命名连接。因为连接是作为数据库的一部分存储的，所以仅在有打开的数据库时才能使用"连接设计器"

就可以不止一次地打开某一控件的生成器。Visual FoxPro 为许多通用的表单控件，如表格、列表框、组合框、复选框、命令按钮组和选项按钮组等提供了生成器(表 2.11)。如果要激活生成器，只需在表单或类设计器中选定的对象上单击鼠标右键，再选择"生成器"菜单项即可。例如，可在表格控件上激活生成器，来设定该表格的可视化的样式和数据源。

　　Visual FoxPro 还包括一些特定的生成器，这些生成器仅能用于"组件管理库"中的一些基本类。如果将一个类从"组件管理库"拖放至表单，则会自动激活相应的生成器。

　　例如，若从"组件管理库"中将 HyperLink Label 类拖放至一表单，则会启动生成器，提示输入标签的标题和目标 URL。当运行该表单时，单击此标签将启动 Web 浏览器并连接到在生成器中输入的目标 URL。此后在需要时，还可以重新进入生成器，修改目标 URL。

　　通常在 5 种情况下启动生成器：使用表单生成来创建或修改表单；对表单中的控件使用

相应的生成器；使用自动格式生成器来设置控件格式；使用参照完整性生成器；使用应用程序生成器为开发的项目生成应用程序。

表 2.11　Visual FoxPro 生成器及其主要作用

生成器	主要作用
应用程序生成器	迅速创建功能齐全的应用程序
自动格式生成器	将一组样式应用于选定的同类型控件
组合框生成器	设置组合框控件的属性
命令按钮组生成器	设置命令按钮组控件的属性
编辑框生成器	设置编辑框控件的属性
表单生成器	添加字段，作为表单的新控件
表格生成器	设置表格控件的属性
列表框生成器	设置列表框控件的属性
选项按钮组生成器	设置选项按钮组控件的属性
参照完整性生成器	设置触发器来控制相关表中记录的插入、更新和删除，以确保参照完整性
文本框生成器	设置文本框控件的属性

下面以表单生成器为例说明生成器的使用方法，其他生成器使用方法与此类似。

首先启动表单设计器，然后使用下面三种方法之一调用表单生成器：

·在一个新的或现有的表单上单击鼠标右键，在弹出的快捷菜单中选择"生成器"

·从"表单"菜单中，选择快速表单即可打开表单生成器

·单击表单设计器工具栏上的表单生成器按钮

所打开的表单生成器对话框如图 2.4、2.5 所示。当单击"确定"时，生成器关闭，各个选项卡中的属性设置开始生效。

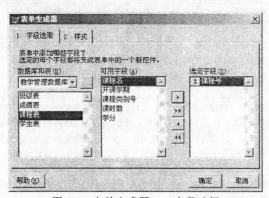

图 2.4　表单生成器——字段选择

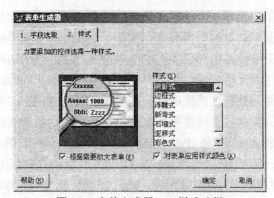

图 2.5　表单生成器——样式选择

2.4.3 Visual FoxPro 系统环境的设置

安装完 Visual FoxPro 后，系统自动使用一些默认值来设置环境，为了使系统能满足个人的不同需要，也可以定制使用环境。环境设置包括主窗口标题、默认目录、项目、编辑器、调试器、表单工具选项、临时文件存储等内容。

在 Visual FoxPro 中可以使用"选项"对话框或 SET 命令进行附加的配置设定，还可以通过配置文件进行设置。

一般情况下，我们使用"选项"对话框进行环境设置。单击"工具"菜单下的"选项"，打开"选项"对话框，如图 2.6 所示。

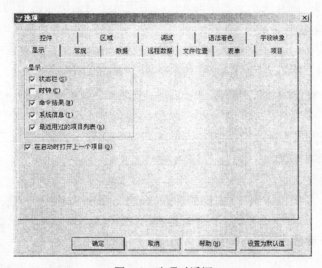

图 2.6　选项对话框

"选项"对话框共包括 12 个不同类别环境设置的选项卡。主要功能如表 2.12 所示。

表 2.12　选项卡及其主要功能

选项卡	设置功能
显示	显示界面选项，包括是否显示状态栏、时钟、命令结果、系统信息和最近用过的项目列表
常规	数据输入与编程选项，包括是否设置警告声音、是否按 ESC 取消程序运行、是否记录编译错误、日期的 2000 年兼容性设置、数据输入时是否自动填充新记录、是否使用 Visual FoxPro 调色板等
数据	数据库打开是否使用独占方式、是否使用 Rushmore 技术、是否显示字段名、是否忽略已删除记录、字符串比较设定、锁定和缓冲设定等
远程数据	远程视图默认值和连接默认值设值
文件位置	帮助文件、表达式生成器、菜单生成器、默认目录、向导、示例目录等文件位置的设置
表单	表单是否显示网格、最大设计区、所用的度量单位和 Tab 键次序等
项目	项目管理器选项，如是否使用向导，双击运行或修改文件及源代码管理等选项
控件	可视类控件和 ActiveX 控件的选项
区域	日期、时间、货币、数字的格式及星期和年的起始设置
调试	调试器显示及跟踪选项，包括环境、指定窗口、字体、颜色等
语法着色	区分程序中不同元素的设置，包括注释、关键字、数字、普通、操作符、变量、字符串等的前景、背景和字体设置
字段映象	设置字段拖放时各字段类型映象成何种类，主要包括字符型、货币型、日期型、整型等

除了通过选项来设置系统环境参数外，我们还可以通过命令方式来进行一些环境参数的设置。我们经常使用的设置命令为 SET DEFAULT。

命令格式：SET DEFAULT TO[<路径名>]

命令功能：设置系统缺省路径为指定的路径。

例如：

set default to"D:\我的数据库项目"

则以后系统缺省操作目录为 D 盘"我的数据库项目"目录，以后对该目录下文件的操作可以省略文件路径。通过选择"选项"中的"文件位置"，然后设置"默认目录"也可以达到同样的结果。

2.4.4 Visual FoxPro 帮助系统的使用

Visual FoxPro 的典型安装不安装帮助文件。当想从硬盘上访问该帮助文件，可以先从光盘上将 Visual FoxPro 的帮助文件(Foxhelp.chm)复制到 Visual FoxPro 所在的文件夹下，然后通过"选项"对话框中的"文件位置"选项卡来指定该文件的位置。当指定 Foxhelp.chm 为帮助文件时，在 Visual FoxPro 中按下 F1 键将出现如图 2.7 所示窗口。

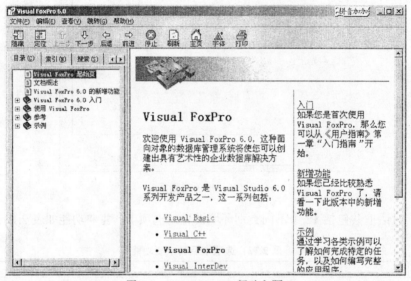

图 2.7 Visual FoxPro 帮助主题

Visual FoxPro 的联机帮助中(需要安装 MSDN)提供了丰富的资料，主要包括 Visual FoxPro 的入门知识、Visual FoxPro 程序员指南、Visual FoxPro 参考文档和 Visual FoxPro 的示例文件。

2.5 Visual FoxPro 命令概述

2.5.1 Visual FoxPro 命令的结构

在 Visual FoxPro 命令窗口可以输入各种命令，Visual FoxPro 的命令结构一般由命令动词、语句体和注释几部分构成。如：

<命令动词>[<范围>][<FIELDS><字段名表>]

[FOR<条件>][WHILE<条件>][OFF][TO PRINT][TO FILE<文件名>]

(1) 命令动词。表示命令执行的操作，是命令中必不可少的部分。如 USE,LIST,DISPLAY,

COPY 等。

(2) 语句体。语句体由一系列短语构成，短语表明操作的对象及对操作的某些限制性的说明，使用时可以根据需要选择一个或多个短语，也可以一个都不选。

(3) 注释。在命令的书写过程中可以添加适应的注释语句，一般以"&&"开始表示注释。

2.5.2　Visual FoxPro 命令中的常用短语

在 Visual FoxPro 命令中可以使用一个或多个短语(子句)，主要包括以下几种：

(1) 范围子句：

· ALL：表示命令操作范围是全部记录

· NEXT<数值 N>：表示命令操作范围从当前记录开始的 n 条记录

· RECORD<数值 N>：表示命令操作范围仅第 n 条记录

· REST：表示命令操作范围从当前记录开始的剩下的全部记录

(2) FOR<条件>子句：操作命令对所有使条件为真的记录有效，条件为关系表达式或逻辑表达式。

(3) WHILE<条件>子句：操作命令从当前记录开始，当遇到使条件为假的记录时，操作命令终止。

(4) FIELDS<字段名表>子句，表示操作命令仅对指定<字段名表>有效。如果是查询命令，则相当于关系投影操作。

(5) OFF：表示操作结果不显示记录号。

(6) TO PRINT：将操作结果输出到打印机。

(7) TO FILE<文件名>：将操作结果输出到文件。

2.5.3　Visual FoxPro 命令的书写规则

(1) 每条命令以命令动词开始，以回车键结束，命令中各短语的顺序是任意的。

(2) 命令动词、短语中的英文单词及函数名均可缩写为前四个字符，大小写可混用。

(3) 命令动词、语句体及其各短语之间均以空格相隔。

(4) 一行只能写一个命令，不能将两个命令写在同一行，总长度不超过 8192 个字符，超过屏幕宽度时用续行符(;)。

(5) 变量名、字段名和文件名应避免与命令动词、关键字或函数名同名，以免运行时发生混乱。

(6) 命令格式中的符号约定：

命令中的[ ]、|、…、<>符号都不是命令本身的语法成分，使用时不能照原样输入，其中：

[ ]表示可选项，根据具体情况决定是否选用。

|表示两边的部分只能选用其中的一个。

…表示可以有任意个类似参数，各参数间用逗号隔开。

<>表示其中内容要以实际名称或参数代入。

为了读者的清晰阅读，本书在介绍语句命令时，采用大写字母拼写。但在所有例子中，均使用小写字母且关键字全部写出的方式。

2.5.4 Visual FoxPro 保留字

Visual FoxPro 有很多系统保留字，所谓保留字是指 Visual FoxPro 使用的具有特定含义的单词，在编程和命名变量时，尽量避免使用系统保留字。表 2.13 列出我们常用的系统保留字。

表 2.13　Visual FoxPro 保留字

分类	保留字
系统基本操作	SET(设置)、DEFAULT(缺省)、PATH(路径)
表的基本操作	CREATE(创建)、USE(使用)、OPEN(打开)、CLOSE(关闭)、COPY(复制)、EDIT(编辑)、CHANGE(修改)、BROWSE(浏览)、JOIN(连接)
表记录操作	DISPLAY(显示)、LIST(显示)、REPLACE(替换)、INSERT(插入)、APPEND(追加)、DELETE(删除)、PACK(物理删除)、ZAP(删除)、LOCATE(记录定位)、CONTINUE(继续)、SEEK(查找)、FIND(查找)、RECALL(恢复)
表记录指针	GO、SKIP、TOP、BOTTOM、EOF、BOF
索引与排序	INDEX(索引)、COMPACT(压缩)、SORT(排序)
表的统计与汇总	COUNT(记录数统计)、SUM(求和)、AVERAGE(平均值)、TOTAL(汇总统计)
程序命令	ACCEPT、INPUT、WAIT、STORE
程序语句	IF、THEN、ELSE、ENDIF、CASE、ENDCASE、ENDDO、WHILE、EXIT、LOOP、FOR、ENDFOR、RETURN、PROCEDURE、NEXT、FUNCTION、OTHERWISE

2.6　Visual FoxPro 项目管理器

项目管理器是 Visual FoxPro 中处理数据和程序对象的组织工具。一个 Visual FoxPro 项目是为完成一个特定程序，所有数据、程序、文档等对象的集合，保存后的项目文件扩展名为 pjx。项目管理器为我们提供了简便、可视化的方法来组织和处理表、数据库、表单、报表、查询和其他文件，本章主要介绍项目管理器的基本使用方法。

2.6.1　项目文件的建立与打开

一、项目文件的建立

项目管理器将一个应用程序的所有文件集合成一个有机的整体，形成一个扩展名为.pjx 的项目文件。

创建一个新的项目文件具体步骤如下：

(1) 从"文件"菜单中选择"新建"命令，或者单击"常用"工具栏上的"新建"按钮，系统打开新建对话框。

(2) 在"文件类型"区域选择"项目"，然后单击"新建文件"图标按钮，系统打开"创建"对话框所示。

(3) 选择项目的保存位置并输入项目名称，如"教学管理"。

(4) 单击"保存"按钮，Visual FoxPro 就在指定的位置建立了一个"教学管理.pjx"的项目文件。

当激活"项目管理器"窗口时，Visual FoxPro 在菜单栏中显示"项目"菜单。可使用"项目管理器"组织和管理项目中的文件。

项目文件的建立也可以使用命令方式，命令格式为：

CREATE PROJECT[<项目文件名>]

例2-1 在目录"D:\我的数据库项目"中创建一个"教学管理"项目。

create project D:\我的数据库项目\教学管理

若要修改项目文件，可以使用修改项目命令，命令格式为：

MODIFY PROJECT[<项目文件名>]

例2-2 修改D盘教学管理项目。

modify project D:\我的数据库项目\教学管理

二、项目文件的打开

在Visual FoxPro中可以随时打开和关闭一个项目。从"文件"菜单中选择"打开"或者单击"常用"工具栏中的"打开"按钮，系统出现"打开"对话框(如图2.8所示)。在文件类型中选择"项目"，找到所要打开项目所在的文件夹并选择所要打开的项目文件，双击或者单击确定即可打开所选项目。

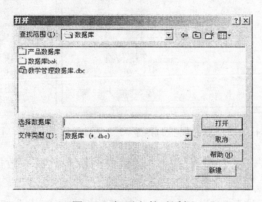

图2.8 打开文件对话框

另外，在Visual FoxPro的"文件"菜单中会保留最近4次曾打开过的项目文件，可以直接单击它们再次打开该项目文件。

2.6.2 Visual FoxPro 项目管理的使用

一、项目管理器的主界面

在Visual FoxPro中项目是一种文件，用于跟踪创建应用程序所需要的所有程序、表单、菜单、库、报表、标签、查询和一些其他类型的文件。项目用"项目管理器"进行维护，具有pjx扩展名。项目管理器的界面如图2.9所示。可以看到，在项目管理器中是一个树形结构，单击⊞可以展开该项目，单击⊟可以将项目收起。需要注意的是，如果希望操作某个项目对象，可以通过单击⊞展开项目直到所要的项目出现，然后用鼠标指向该项目，单击鼠标右键，此时出现弹出式菜单，弹出式菜单的菜单项随着选择项目不同而不同，图2.10所示为指向图2.9中的"表"项目单击鼠标右键时出现的弹出式菜单。

二、项目管理器的选项卡

"项目管理器"将一个Visual FoxPro应用项目所使用的资源集中到了一起，这样可方便开发人员的开发，在项目管理器中，共有5个顶层项目，它们是"数据"、"文档"、"类"、"代码"和"其他"。项目管理器将这5个项目，再补上一个"全部"选项卡，构成了6个选项卡。下面我们加以介绍。

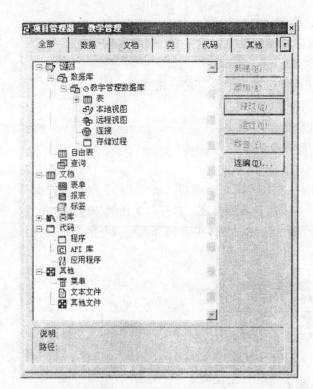

图 2.9　项目管理器的界面　　　　　　　　图 2.10

(1) 数据选项卡。该选项卡包含了一个项目中的所有数据：数据库、自由表、查询和视图。

(2) 文档选项卡。"文档"选项卡中包含了处理数据时所用的全部文档：输入和查看数据所用的表单，以及打印表和查询结果所用的报表及标签。

(3) 类选项卡图。使用 Visual FoxPro 的基类来创建自己的类。如果自己创建了特殊功能的类，可以在项目管理器中修改。

(4) 代码选项卡，主要包括三大类程序：扩展名为 prg 的程序文件、函数库 API、应用程序 app 文件。

(5) 其他选项卡。包括菜单文件、文本文件和其他文件，经常使用其中的菜单来生成应用程序的菜单。

三、项目管理器的常用按钮

"项目管理器"中的主要按钮包括"新建"、"添加"、"修改"、"运行"、"移去"和"连编"等。根据选择的项目不同，按钮的显示会有所不同，比如暗色表示该项目的这项按钮功能不能使用，即按钮的功能是随着选择项目不同而不同。下面介绍一下项目管理器中按钮的一般功能。

(1) 新建：创建一个新的选择对象。此按钮与"项目"菜单的"新建文件"命令作用相同。新文件或对象的类型与当前选定项的类型相同。

从"文件"菜单中创建的文件不会自动包含在项目中。使用"项目"菜单的"新建文件"命令(或"项目管理器"上的"新建"按钮)创建的文件自动包含在项目中。

(2) 添加：把已有的文件添加到项目中。此按钮与"项目"菜单的"添加文件"命令作用相同。

(3) 修改：在合适的设计器中打开选定项。此按钮与"项目"菜单的"修改文件"命令作用相同。

(4) 浏览：在"浏览"窗口中打开一个表。此按钮与"项目"菜单的"浏览文件"命令作用相同，且仅当选定一个表时可用。

(5) 关闭：关闭一个打开的数据库。此按钮与"项目"菜单的"关闭文件"命令作用相同，且仅当选定一个表时可用。如果选定的数据库已关闭，此按钮变为"打开"。

(6) 打开：打开一个数据库。此按钮与"项目"菜单的"打开文件"命令作用相同，且仅当选定一个表时可用。如果选定的数据库已打开，此按钮变为"关闭"。

(7) 移去：从项目中移去选定文件或对象。Visual FoxPro 会询问用户是仅从项目中移去此文件，还是同时将其从磁盘中删除。此按钮与"项目"菜单的"移去文件"命令作用相同。

(8) 连编：连编一个项目或应用程序，还可以连编可执行文件或自动服务程序(automation server)。此按钮与"项目"菜单的"连编"命令作用相同。

使用"连编"按钮，可以生成 app 文件或者连编成可执行的 exe 文件。我们也可以直接使用 BUILD APP 或 BUILD EXE 命令来连编一个应用程序。

例如，若要从项目教学管理.pjx 连编得到一个应用程序教学管理.app，可键入：

　　build app 教学管理 from 教学管理

若要建立一个可执行的应用程序则可输入：

　　build exe 教学管理 from 教学管理

(9) 预览：在打印预览方式下显示选定的报表或标签。当选定"项目管理器"中的一个报表或标时可用。此按钮与"项目"菜单的"预览文件"命令作用相同。

(10) 运行：执行选定的查询、表单或程序。当选定项目管理器中的一个查询、表单或程序时可用。此按钮与"项目"菜单的"运行文件"命令作用相同。

当为项目建立了一个最终的应用程序文件之后，用户就可运行它了。若要运行 app 应用程序，从"程序"菜单中选择"运行"命令，然后选择要执行的应用程序。或者在"命令"窗口中，键入 DO 和应用程序文件名。例如，要运行应用程序"教学管理"，可输入：

　　do 教学管理.app

如果从应用程序中建立了一个 exe 文件，用户可以使用如下几种方法运行该文件：

若要在 Visual FoxPro 中运行一个 exe 应用程序文件，从"程序"菜单中选择"运行"，然后选择一个应用程序文件，或者在"命令"窗口中，使用 DO 命令，该命令带有所要运行的应用程序名字。

习　　题

1. 单选题

(1) 1995 年，微软公司首次将可视化程序设计引入了 FoxPro，其版本为(　　)。

　　A. FoxPro 2.5 版　　　　　　　　　B. FoxPro 2.6 版

　　C. Visual FoxPro 3.0　　　　　　　D. Visual FoxPro 6.0

(2) Visual FoxPro 把传统的命令执行方式扩充为(　　)。

　　A. 命令方式为主、界面操作为辅的交互执行方式

　　B. 界面操作为主、命令方式为辅的交互执行方式

C. 完全的界面操作方式

D. 完全的程序执行方式

(3) Visual FoxPro 将(　　)方法引入了 FoxPro，大大减轻了程序编码的工作量。

　　A. 结构化程序设计　　　　　　　　B. 面向过程的程序设计

　　C. 面向对象的程序设计　　　　　　D. 模型化的程序设计

(4) VFP 提供(　　)供用户对开发项目中的数据、文档和源代码等资源集中管理。

　　A. 设计器　　　　　　　　　　　　B. 生成器

　　C. 项目管理器　　　　　　　　　　D. 类库管理器

(5) 退出 Visual FoxPro，使用的命令是(　　)。

　　A. ESC　　　　　　　　　　　　　B. EXIT

　　C. QUIT　　　　　　　　　　　　 D. ^Q

(6) 项目文件的扩展名为(　　)。

　　A. PJX　　　　　　　　　　　　　B. DBF

　　C. PRG　　　　　　　　　　　　　D. FPT

(7) Visual FoxPro 的"控制中心"是(　　)。

　　A. 表单设计器　　　　　　　　　　B. 数据库文件

　　C. 项目管理器　　　　　　　　　　D. 数据字典

(8) 单击项目管理器的目录树中的"+"号，将(　　)。

　　A. 使目录树成折叠状态　　　　　　B. 使目录树成展开状态

　　C. 删除该目录　　　　　　　　　　D. 复制该目录

2. VFP6.0 有哪些功能和特点？

3. VFP6.0 应用程序使用的方式有几种？向导方式的操作步骤怎样？

4. 了解 VFP6.0 的安装方法，熟练掌握 VFP6.0 的启动方法。

5. 了解 VFP6.0 主窗口的组成，掌握工具栏中的工具按钮的功能。

6. 掌握"文件"菜单中的文件操作命令的使用方法。

7. 项目管理器主要由几个部分组成，各有什么作用？

8. 简述项目管理器中新建文件的主要方法。

9. 简述 Visual FoxPro 中连编和运行一个应用程序的方法。

10. 什么是项目？练习建立一个项目，练习项目管理器的操作。

第三章　Visual FoxPro 语言基础

我们知道，编译(或解释)程序的功能是将面向人的高级语言转换为面向计算机的机器语言。这里面向人的高级语言是指便于人们理解的语言符号，但计算机不能理解和执行；面向计算机的机器语言使用二进制的机器代码，计算机能够理解和执行，但不便于人们的理解和记忆。Visual FoxPro 作为一门高级语言，有它自己的符号书写规则。本章即讲解 Visual FoxPro 语言的符号书写规则，这些书写规则在后面将被使用。

3.1　数　据　类　型

在设计一个数据库的表结构时，我们必须确定表中每列的数据类型(TYPE)。因为当其数据类型确定时，该列数据具有的运算、数据的取值范围、数据在机器内的表示方式都已确定。例如，学号在本书中虽为数字符号，但因为学号进行加减等数学运算没有任何意义，所以，学号字段必须使用字符型。表 3.1 给出 Visual FoxPro 提供的数据类型。我们将看到，所有我们讨论的内容都和数据类型发生联系。

表 3.1　Visual FoxPro 数据类型

数据类型	类型缩写	说明	示例
字符型 Character	C	字母、数字型文本	用户的地址
货币型 Currency	Y	货币单位	价格
数值型 Numeric	N	整数或小数	订货数量
浮点型 Float	F	同"数值型"	
日期型 Date	D	年，月，日	订货日期
日期时间型 DateTime	T	年，月，日，时，分，秒	员工上班的时间
双精度型 Double	B	双精度数值	实验所要求的高精度数据
整型 Integer	I	不带小数点的数值	订单的行数
逻辑型 Logical	L	真或假	订单是否已填完
备注型 Memo	M	不定长的字母数字文本	电话记录中有关电话的说明
通用型 General	G	OLE(对象链接与嵌入)	Microsoft Excel 电子表格
字符型(二进制)		同前述"字符型"相同，但是当代码页更改时字符值不变	保存在表中的用户密码
备注型(二进制)		同前述"备注型"相同，但是当代码页更改时备注不变	用于不同国家/地区的登录脚本

3.2　常　　　量

常量(constant)是指在程序运行期间，其值不变的量。在 Visual FoxPro 对常量的写法有严格的格式要求，下面我们给出 Visual FoxPro 6.0 常见数据类型的常量写法，它不含备注型和通用型。

一、字符型

字符型常量是使用分隔符″ ″或′ ′或[ ]构成的字符串。例如：″中华人民共和国″、′江西财经大学′、[三峡大坝]等。当字符串中出现分隔字符时，必须使用另一种分隔符。例如：[他说：

″太好了！″]，这里使用分隔符[ ]扩起来的构成字符串，而″作为字符串中的字符出现，不是分隔符。在使用字符型常量时，我们要注意区分空串和空格串。空串是指字符串分隔符中没有包含任何字符。空格串是指字符串分隔符中仅包含有空格。

二、货币型

货币型常量数据用来表示使用货币量的数据，这类数据的特点是必须精确的。在 Visual FoxPro 中使用 8 个字节来存储货币型数据，货币型数据的表示范围从−922337203685477.5808 到 922337203685477.5807。

三、整型、数值型、浮点型和双精度型

整型(Integer)、数值型(Numeric)、浮点型(Float)和双精度型(Double)常量均用来表示数量，这些类型的不同之处在于数据的存储格式和表示范围不同，它们被用于不同的场合。一般说来它们包含数字 0~9，也可加上一个正负号或小数点或指数。例如：3.14159、−21.08、−1.2E+4 均为数值型常量。这里−1.2E+4 称为科学记数法，它表示−1.2×10^4。

我们给出不同数据类型的表示范围，整型数据取值范围从−2147483647 到+2147483647；数值型数据取值范围从−.9999999999E+19 到+.9999999999E+20；浮点型数据取值范围从−.9999999999E+19 到+.9999999999E+20；双精度型数据取值范围从+/−4.94065645841247E−324 到+/−8.9884656743115E307。

四、日期型和日期时间型

Visual FoxPro 6.0 中日期型常量的表示方法有点特别，它使用了一种严格的日期格式。无论对于何种日期设置，这种严格的日期格式都能计算出相同的 Date 或 DateTime 值。该日期格式是：

{^ yyyy-mm-dd[,][hh[:mm[:ss]][alp]]}

含义为：年-月-日[,][时[:分[::秒]][上午|下午]。

为后面语法叙述方便，我们规定[ ]中的内容表示可选，即可以要也可不要；而 A|B 表示选 A 或选 B，二者取其一。

符号(^)表明该格式是严格的日期格式，并按照 YMD 的格式解释日期型和日期时间型。有效的日期型和日期时间型常量分隔符位包括连字符(-)、正斜杠(/)、句点(.)和空格( )。如表示 2004 年 8 月 1 日可以写成{^2004-08-01}或{^2004/8/1}或{^2004.8.1}或{^2004 8 1}。再如，2004 年 7 月 30 日 16 点 41 分 33 秒可以表示为{^2004-7-30,16:41:33}或{^2004-7-30,4:41:33p}。

五、逻辑型

Visual FoxPro 中逻辑型常量表示为.T.和.F.。其中.T.表示真(TRUE)，.F.表示假(FALSE)。Visual FoxPro 也支持.Y.|.y.|.t.表示真，.N.|.n.|.f.表示假。

3.3 变 量

3.3.1 变量定义与特性

变量(variable)是指在程序运行期间其数值会变化的量。这里要区分变量的两个特性：变量的名和变量的值。变量的名是指在程序运行期间是不变的，而变量的值是指在程序运行期间是可变的。实际上变量是内存中的一个单元。将该单元命名后即为变量名，该内存单元的名在程序运行期间是不变的，但该内存单元的值在程序运行期间是可变的。我们可以将其比

为，一个酒店管理有若干个房间，每个房间有房间号，房间每天可能住有不同的房客。这里房间号相当于变量的名，它是不变的，它被用来管理酒店，而房客相当于变量值，对于某个房间号，它的住客可能变化。Visual FoxPro 通过变量名来引用变量值。

Visual FoxPro 创建变量名时，必须遵循以下变量命名规则：

(1) 只使用字母，下划线和数字。

(2) 以字母或下划线开头。

(3) 使用 1 到 128 个字符，字段名、自由表名和索引标识最多只能 10 字符长。

(4) 避免使用 Visual FoxPro 保留字。

在 Visual FoxPro 中变量名的命名除遵守 Visual FoxPro 命名规则外，必须是见名知意，即看见变量名知道变量名的含义。例如，要对年龄取变量名，使用 age 就比使用 x 好。

3.3.2 内存变量

Visual FoxPro 中，根据变量存在的方式，分为内存变量和字段变量。字段变量是伴随数据表打开而存在的变量，字段变量随数据表的关闭而消失，有关字段变量的含义及操作请读者参阅第四章。对一个变量而言，不是字段变量就一定是内存变量。这里我们讨论内存变量。内存变量的类型在 Visual FoxPro 中可以为数值型、字符型、逻辑型和日期型。

一、简单 Visual FoxPro 输出命令?或??

在讨论内存变量前，我们给出两条 Visual FoxPro 输出命令。它们被用来显示某个变量名的变量值。

语句格式：?!??<表达式列表>

?或??命令的功能是计算表达式列表的值(关于表达式的含义，参见本章 3.5 节)，并输出计算结果，输出结果通常显示在 Visual FoxPro 主窗口或者活动的用户自定义窗口的下一行。这里表达式可以是一个常量或一个变量。例如：? [他说："太好了！"]输出的结果是：他说："太好了！"。

?的功能是先计算表达式的值，然后先输出一个回车和换行符，再输出计算结果。??与?不同之处在于：??输出计算结果前不回车换行。简而言之，? 每次另起一新行输出结果，而 ?? 是在当前行输出结果。表达式列表的含义是可以有多个表达式，表达式之间的分隔符为逗号(,)。例如? "好","太好了！"，输出结果是：好　太好了！。

二、内存变量赋值

我们已经知道变量的值在程序运行期间是可变的。内存变量值的改变就是通过内存变量赋值语句实现的。内存变量赋值语句格式如下：

1. <变量名>|<数组名>=<表达式>

这里<表达式>可以是一个常量，也可是一个变量，或通过运算符连接起来的表达式。关于数组变量的内容我们在后面介绍。注意：这里我们将=称为赋值运算符。与数学中的等号不同，赋值符号在理解上我们可以认为带方向性，即将表达式的值赋给<变量名>。

例 3-1

age = 20

? age

20(输出结果)

例 3-2

age = 21

country = "中华人民共和国！"

? age,country

21　中华人民共和国！(输出结果)

2. STORE<表达式>TO<变量列表>|<数组变量列表>

这里<变量列表>或<数组变量列表>是使用逗号为分隔符，分隔多个变量名。

例 3-3　使用 store 进行变量赋值。

STORE 22 TO age1,age2

? age1,age2

22　22(输出结果)

注意：

(1) 赋值运算符 "=" 与赋值命令 STORE 的区别在于 STORE 可以同时给多个变量赋值。

(2) 内存变量的数据类型由所赋值表达式的数据类型决定。如例 3-2 中，age 为数值型，country 为字符型。

(3) 特别值得注意的是以上均为对内存变量的赋值命令。字段变量赋值命令为 REPLACE，有关具体的命令格式，读者可参阅第四章。

三、内存变量的保存与显示

除使用?或??显示变量值外，Visual FoxPro 还提供 DISPLAY MEMORY 命令用于内存变量的显示。

1. 内存变量显示

DISPLAY MEMORY　　　[LIKE<通配符>]

　　　　　　[TO PRINTER[PROMPT]|TO FILE<文件名>][NOCONSOLE]

这里 LIKE 的功能是仅输出满足通配符的内存变量。*表示任意位置的任意字符，?表示一个位置的任意字符。

例 3-4　在命令窗口输入如下命令。

store 88 to age1,mage1

store 22 to age2,mage2

display memory

结果如图 3.1 所示。

如输入：

display memory like a*

含义等价的输入命令为 DISPLAY MEMORY LIKE a????，则输出如下：

AGE1　　　Pub　　　N　　　　88(88.00000000)

AGE2　　　Pub　　　N　　　　22(22.00000000)

2. 内存变量保存

内存变量及其中的值在退出 Visual FoxPro 时将丢失，如果希望在下次进入 Visual FoxPro 时能够使用原来的内存变量和它们的值，可使用 SAVE TO 命令，将内存变量及其中的值保存到磁盘上。

命令格式：

SAVE TO FileName|MEMO MemoFieldName

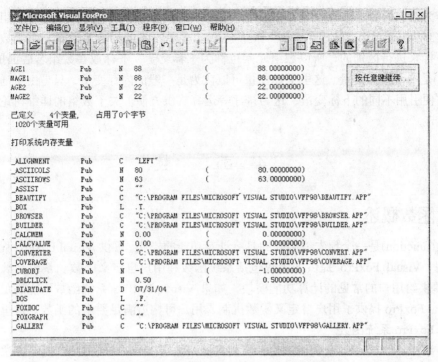

图 3.1　例 3-4display memory 显示的结果

　　　　[ALL LIKE Skeleton|ALL EXCEPT Skeleton]
　　Visual FoxPro 内存变量保存到文件时，文件的扩展名为*.MEM。

3. 内存变量恢复

　　RESTORE FROM FileName|MEMO MemoFieldName[ADDITIVE]

　　恢复保存在内存变量文件或备注字段中的内存变量和内存变量数组，并把它们放回到内存中。

四、内存变量的作用范围

　　如果有两人在两个程序中定义了两个相同变量名的内存变量，且这两个程序间存在调用关系，为保证程序运行结果的正确，要使变量被其他人或程序访问的范围要小(称为变量的作用范围，要求变量的作用范围小，即程序访问的局部性)。根据内存变量的可访问性，Visual FoxPro 内存变量分为 LOCAL(局部变量)、PRIVATE(私有变量)和 PUBLIC(全局变量，又称公共变量)。声明为 LOCAL 的变量只能在声明它们的程序中使用，不能被更高层或更低层的程序访问，即局部变量只在创建的过程或函数内有效，而不能在上一级或下一级的过程或函数内使用或修改；声明为 PRIVATE 的变量将把调用程序中定义的同名变量在当前程序中隐藏起来，用户可在当前程序中使用同名变量而不影响变量的原始值，即私有变量不能在上一级但可以在下一级的过程或函数内使用或修改；声明为 PUBLIC 变量是在当前工作期中任何程序都能使用和修改全局变量，即全局变量可以在应用程序的任何位置使用和修改。根据程序的局部性原则，全局内存变量要越少越好。有关内容，读者可参阅第六章 6.5 节。

五、数组变量

　　除可以定义一般的内存变量外，Visual FoxPro 提供了数组的功能。数组是具有相同变量名而下标不同，且按一定顺序排列的一组变量。数组被使用前要对数组进行定义。每个数组有一个作为标识的名字称为数组名,数组中元素的顺序号称为下标。例如:一维数组 A: A(1),A(2),A(3),…,A(n),数组名及其不同的下标值表示了不同的数组元素。由于数组中的元素是由下标来进行区别的,所以数组元素也称为下标变量,下标放在数组名后面的括号内,例如 A(2)是一个下标变量。这里下标变量可以认为是一般的内存变量,只是由于通过改变下标可以方便引用不同的下标变量,这为排序等运算提供方便。关于数组的详细讨论,请读者阅读 6.4 节。

3.4 函　　数

3.4.1　函数概述

函数(function)是一个预先编制好的具有计算功能的模块,可供 Visual FoxPro 程序在任何地方调用。Visual FoxPro 提供的函数包括系统函数和用户自定义函数。系统函数是 Visual FoxPro 提供给用户的常见的计算功能模块,如果 Visual FoxPro 系统函数不能满足用户的要求,Visual FoxPro 提供了用户自定义函数机制,用户可构造满足要求的函数。这里我们仅讨论 Visual FoxPro 系统函数。

在介绍 Visual FoxPro 系统函数前,我们先介绍黑箱(black box)方法。黑箱方法是控制论中的一种主要方法,黑箱就是指那些不能打开箱盖,又不能从外部观察内部状态的系统。黑箱方法就是通过考察系统的输入与输出关系认识系统功能的研究方法。它是探索和开发复杂大系统的重要工具。

从用户使用的角度看,Visual FoxPro 系统函数可以看成是一个黑箱,如图 3.2 所示。即用户不关心函数的功能是如何实现的,用户仅关心函数功能的使用,即函数调用。具体来说,函数调用要注意以下几点:

图 3.2　函数黑箱思想

(1) 函数的调用形式。虽然函数的调用形式不关心大小写,但函数名、参数的个数和类型必须正确。

(2) 函数返回结果的数据类型。

(3) 函数要求的参数,包括参数的个数、各个参数的数据类型。

(4) 当函数发生嵌套时,注意函数运算的先后次序。

例如,要求正弦 SIN(90°)值,通过查 Visual FoxPro 帮助知道,函数的调用形式为 SIN(<表达式 1>),这里<表达式 1>的单位为弧度,因为要 SIN 函数中要求的单位为弧度,而我们给出的是度,因此我们引入将度转换为弧度的函数 DtoR(<表达式 2>),这里<表达式 2>的单位为度。故我们在 Visual FoxPro 命令窗口键入:

　　　　? SIN(DtoR(90))

　　　　1.00(输出结果)

这里函数 SIN( )中嵌套了函数 DtoR( )，其求值的次序为先计算函数 DtoR( )得到弧度，再计算函数 SIN( )。

　　由于 Visual FoxPro 提供了各类系统函数，下面我们按函数返回的类型给出常见的 Visual FoxPro 函数。建议在学习后面各章中，当使用相关的函数时，翻阅它们。这里给出一个例子说明使用操作符？调用或检查函数的使用方法。

　　　　a=9

　　　　? sqrt(a)　　　　　　（输出结果为 3，因为 sqrt 为开平方函数）

　　　　? mod(a,2)　　　　　　（输出结果为 1，因为 mod 为求余数函数）

　　　　b = '中华人民共和国'

　　　　? left(b,4)　　　　　　（输出结果为中华，因为 left 为从左求 4 个子串函数）

　　　　? substr(b,5,4)　　　　（输出结果为人民，因为 substr 为从第 5 个位置开始，截取 4 个字符的求子串函数）

　　读者不难仿照上面的例子对下面介绍的函数加以试用。

3.4.2　数值处理函数

1. 绝对值函数 ABS( )

　　格式：ABS(<数值表达式>)

　　功能：返回<数值表达式>的绝对值。

2. 取整函数 INT( )

　　格式：INT(<数值表达式>)

　　功能：返回<数值表达式>的整数部分。例如：

　　　　? int(12.5)　　　　结果为 12

　　　　? int(-12.5)　　　　　　结果为 -12

3. 四舍五入函数 ROUND( )

　　格式：ROUND(<数值表达式 1>，<数值表达式 2>)

　　功能：返回<数值表达式 1>按<数值表达式 2>所指定的保留小数位数进行四舍五入的值。若<数值表达式 2>的值为负，则返回一个小数点左边为<数值表达式>绝对值个数零的整数值。例如：

　　　　? round(1234.1962, 3)　　　　&& 结果为 1234.196，0.0001 位四舍五入

　　　　? round(1234.1962, 0)　　　　&& 结果为 1234，0.1 位四舍五入

　　　　? round(1234.1962, -1)　　　　&& 结果为 1230，个位四舍五入

　　　　? round(1234.1962, -3)　　　　&& 结果为 1000，百位四舍五入

4. 平方根函数 SQRT( )

　　格式：SQRT(<数值表达式>)

　　功能：返回<数值表达式>的平方根。

　　注意<数值表达式>的值必须为正数或零。

5. 求余函数 MOD( )

　　格式：MOD(<数值表达式 1>，<数值表达式 2>)

功能：返回<数值表达式 1>除以<数值表达式 2>的余数。例如：

  ? MOD(36,10)   && 结果为 6

  ? MOD(25.250,5.0) && 结果为 0.250

6. 指数函数 EXP( )

  格式：EXP(<数值表达式>)

  功能：返回以 e 为底，<数值表达式>为幂次的指数值。

7. 对数函数 LOG( )

  格式：LOG(<数值表达式>)

  功能：返回<数值表达式>的自然对数值。注意<数值表达式>值必须大于零。

8. 最大值函数 MAX( )

  格式：MAX(<表达式 1>，<表达式 2>[，<表达式 3>…])

  功能：返回表达式串<表达式 1>，<表达式 2>[，<表达式 3>…]中的最大值。

  注意这些表达式必须具有相同数据类型(可以同是字符、数值或日期)。

9. 最小值函数 MIN( )

  格式：MIN(<表达式 1>，<表达式 2>[，<表达式 3>…])

  功能：返回表达式串<表达式 1>，<表达式 2>[，<表达式 3>…]中的最小值。

  注意这些表达式必须具有相同数据类型(可以同是字符、数值或日期)。

10. 圆周率函数 PI

  格式：PI( )

  功能：返回圆周率π(3.14)。

3.4.3　字符函数

1. 宏替换函数&

  格式：&<字符型内存变量>[.<字符表达式>]

  功能：将存储在字符型内存变量中的字符串替换出现。此外，利用可选的句号分隔符"."及<字符表达式>，还可将额外的<字符表达式>值添在其尾端。

  宏替换函数是一个经常使用的函数，它有下列几方面使用：编写通用程序，替换文本的一部分，可作类型转换，代替除命令动词以外的任何部分。例如：

  A="FGH"

  B="IJ&A"

  ? B   && 结果为　IJFGH

  P="&A.XYZ"

  ? P   && 结果为　FGHXYZ

2. 删除字符串空格函数

  (1) 删除字符串前置空格及尾部空格函数 ALLTRIM( )

  格式：ALLTRIM(<字符表达式>)

  功能：返回删除了<字符表达式>的前置空格及尾部空格的字符串。例如：

   ? alltrim('　江西财经　大学　')　&& 结果为：江西财经　大学

  注意：结果将前后的空格删除，但不能删除中间的空格。

  (2) 删除字符串前置空格函数 LTRIM( )

格式：LTRIM(<字符表达式>)

功能：返回删除了<字符表达式>的前置空格的字符串。

(3) 删除字符串尾部空格函数 RTRIM( )或 TRIM( )

格式：RTRIM(<字符表达式>)

功能：返回删除了<字符表达式>的尾部空格的字符串。

3. 字符串搜索函数

(1) 搜索字符串起始位置函数 AT( )和 ATC( )

格式：AT(<字符表达式 1>，<字符表达式 2>[，<数值表达式>])

功能：返回<字符表达式 1>第一次出现在<字符表达式 2>中的整数位置值(从左到右计数)。

若<字符表达式 1>未出现在<字符表达式 2>中，则返回零值。如果有可选项<数值表达式>，则在<字符表达式 2>中从<数值表达式>值代表出现<字符表达式 1>的次数开始查找。函数 AT( )和 ATC( )功能相同，只是 AT( )要区分大小写，ATC( )不区分大小写。

(2) 搜索字符串起始位置函数 RAT( )

格式：RAT(<字符表达式 1>，<字符表达式 2>[，<数值表达式>])

功能：返回<字符表达式 1>第一次出现在<字符表达式 2>中的整数位置值(从右到左计数)。

若<字符表达式 1>未出现在<字符表达式 2>中，则返回零值。如果有可选项<数值表达式>，则在<字符表达式 2>中从<数值表达式>值代表出现<字符表达式 1>的次数开始查找。<字符表达式 2>可以是一个备注字段。RAT( )查找时要区分大小写。

4. 取子串函数

(1) 截子串函数 SUBSTR( )

格式：SUBSTR(<字符表达式>，<数值表达式 1>[，<数值表达式 2>])

功能：返回<字符表达式>中，从<数值表达式 1>值开始，由<数值表达式 2>值指定个数的字符串。如果无<数值表达式 2>选项，则从<数值表达式 1>值位置开始直到<字符表达式>值尾部。例子请读者参阅 3.4.1 中的例子。

(2) 左截子串函数 LEFT( )

格式：LEFT(<字符表达式>，<数值表达式>)

功能：返回从<字符表达式>最左边计起的<数值表达式>值的字符。

(3) 右截子串函数 RIGHT( )

格式：RIGHT(<字符表达式>，<数值表达式>)

功能：返回从<字符表达式>最右边计起的<数值表达式>值个字符。如果<数值表达式>值小于或等于零，则返回空字符串。

5. 复制字符串函数 REPLICATE( )

格式：REPLICATE(<字符表达式>，<数值表达式>)

功能：返回将<字符表达式>重复<数值表达式>次的字符串。

6. 产生空格函数 SPACE( )

格式：SPACE(<数值表达式>)

功能：返回一个由<数值表达式>值确定的空格组成的字符串。

7. 转换字符串函数

(1) 字符插入或替换函数 STUFF( )

格式：STUFF(<字符表达式 1>，<数值表达式 1>，<数值表达式 2>，<字符表达式 2>)

功能：在<字符表达式 1>中插入或替换一字符串。<数值表达式 1>是<字符表达式 1>中开始替换字符的位置，<数值表达式 2>是要在<字符表达式 1>中插入或替换的字符个数，而<字符表达式 2>则是"替代字符串"。如果<数值表达式 2>为零，则仅将<字符表达式 2>插入<字符表达式 1>中；否则，将替换<字符表达式 1>中的字符。如果<字符表达式 2>为一空字符串，则仅从<字符表达式 1>中清除<数值表达式 2>个字符而不加入任何字符。

(2) 小写字母转大写字母函数 UPPER( )

格式：UPPER(<字符表达式>)

功能：将<字符表达式>中的所有小写字母转换成大写字母，其他字符不变。

(3) 大写字母转小写字母函数 LOWER( )

格式：LOWER(<字符表达式>)

功能：将<字符表达式>中的所有大写字母转换成小写字母，其他字符不变。

(4) 首字母转大写字母函数 PROPER( )

格式：PROPER(<字符表达式>)

功能：将<字符表达式>中的首字母转换成大写字母，而其余字符则以小写表示。

8. 测试字符串函数

(1) 测试是否字母开头函数 ISALPHA( )

格式：ISALPHA(<字符表达式>)

功能：若<字符表达式>以英文字母开头，则返回逻辑"真"值；若<字符表达式>以英文字母以外的字符开头，则返回逻辑"假"值。

(2) 测试是否小写字母开头函数 ISLOWER( )

格式：ISLOWER(<字符表达式>)

功能：若<字符表达式>以小写英文字母开头，则返回逻辑"真"值；若<字符表达式>以大写英文字母开头，则返回逻辑"假"值。

(3) 测试是否大写字母开头函数 ISUPPER( )

格式：ISUPPER(<字符表达式>)

功能：若<字符表达式>以大写英文字母开头，则返回逻辑"真"值；若<字符表达式>以小写英文字母开头，则返回逻辑"假"值。

(4) 测试是否阿拉伯数字开头函数 ISDIGIT( )

格式：ISDIGIT(<字符表达式>)

功能：若<字符表达式>以阿拉伯数字字符(0~9)开头，则返回逻辑"真"值；若<字符表达式>以其他字符开头，则返回逻辑"假"值。

9. ASCII 码转换函数

(1) 数值转 ASCII 字符函数 CHR( )

格式：CHR(<数值表达式>)

功能：返回<数值表达式>值对应的 ASCII 字符。例如：

    ? chr(68)   &&结果为 D

(2) ASCII 字符转数值函数 ASC( )

格式：ASC(<字符表达式>)

功能：返回<字符表达式>值最左边字符对应的 ASCII 码(十进制)。例如：

    ? asc('D')　　　　　&&结果为 68

10. 测试字符串长度函数 LEN( )

格式：LEN(<字符表达式>)

功能：返回<字符表达式>值的字符个数。<字符表达式>可以是一个字符串、备注字段或字符类型字段。若<字符表达式>为一空字符串，则返回数值零。例如：

    ? len('江西财经　大学　')

&&结果为 16，因为一个汉字占用 2 个西文字符。一个西文空格占用 1 个西文字符

    ? len('')　　　　　　&&空串的结果为 0

11. 条件赋值函数 IIF( )

格式：IIF(<逻辑表达式>，<表达式 1>，<表达式 2>)

功能：按<逻辑表达式>的逻辑值决定返回<表达式 1>的值或<表达式 2>的值。若<逻辑表达式>的逻辑值为真，则返回<表达式 1>的值；若<逻辑表达式>的逻辑值为假，则返回<表达式 2>的值。

3.4.4　日期和时间处理函数

1. DAY( )函数

格式：DAY(<日期表达式>)

功能：返回以数值类型表示的<日期表达式>所代表该月的第几日。

2. MONTH( )函数

格式：MONTH(<日期表达式>)

功能：返回以数值类型表示的<日期表达式>所代表的月份。<日期表达式>可以为系统日期函数、内存变量或数据表字段。

3. YEAR( )函数

格式：YEAR(<日期表达式>)

功能：返回以数值类型表示的<日期表达式>所代表的公元年份。<日期表达式>可以为系统日期函数、内存变量或数据表字段。

4. DOW( )函数

格式：DOW(<日期表达式>)

功能：返回以数值类型表示的<日期表达式>所代表该星期的第几天，星期日是第 1 天，星期六是第 7 天。<日期表达式>可以为系统日期函数、内存变量或数据表字段。

5. CDOW( )函数

格式：CDOW(<日期表达式>)

功能：返回以字符类型表示的<日期表达式>所代表该星期的第几天的星期几名称。<日期表达式>可以为系统日期函数、内存变量或数据表字段。

6. CMONTH( )函数

格式：CMONTH(<日期表达式>)

功能：返回以字符类型表示的<日期表达式>所代表的月份对应的月份名称。<日期表达式>可以为系统日期函数、内存变量或数据表字段。

7. DATE( )函数

格式：DATE( )

功能：返回当前的系统日期，类型为日期型。返回的日期格式可用 SET CENTURY、SER MARK TO 命令来更改。

8. TIME( )函数

格式：TIME( )

功能：返回当前的系统时间，类型为字符型。返回的时间格式可用 SET HOURS TO 命令来更改。

3.4.5　数据类型转换函数

1. STR( )函数

格式：STR(<数值表达式 1>[，<数值表达式 2>[，<数值表达式 3>]])

功能：将数值型数据转换为字符型数据，即先计算<数值表达式 1>的值，然后将此值转换成长度为<数值表达式 2>(如果指定了<数值表达式 2>)的字符串；如果指定了<数值表达式 3>，则此字符串在小数点右边有<数值表达式 3>个数字字符。<数值表达式 2>包括整数个数、小数点及右边的小数数字个数。例如：

　　? str(234.728,6,2)　　　　　&&结果为'234.73'

注意：这里表示共计长度为 6，其中 2 位小数。小数点占有一位。

　　? str(234.728,2,2)　　　　　&&结果为'**'，

　　? str(234.728,5,2)　　　　　&&结果为'234.7'

　　? str(234.728,3,2)　　　　　&&结果为'235'

　　? str(234.728,4,2)　　　　　&&结果为' 235'，前面多一个空格

2. VAL( )函数

格式：VAL(<字符表达式>)

功能：将字符型数据转换为数值型数据，即从<字符表达式>的最左边字符开始，在忽略前置空格的情形下由左向右将阿拉伯数字字符转换成数值，直到遇到一个非数字字符为止。如果<字符表达式>的第一个字符不是阿拉伯数字，则 VAL( )函数返回数值零。

3. CTOD( )函数

格式：CTOD(<日期格式字符表达式>)

功能：将<日期格式字符表达式>转换成日期型的值。这是另一种表示日期型数据常量的方法。Visual FoxPro 不推荐使用该方式表示日期。

4. DTOC( )函数

格式：DTOC(<日期型表达式>[，1])

功能：将<日期型表达式>转换成日期格式字符串。<日期型表达式>可以是系统日期函数、内存变量或数据表字段。可选项 1 的含义是返回的日期适合索引，这对按时间序列编排的记录特别有用。

5. DTOS( )函数

格式：DTOS(<日期型表达式>)

功能：将<日期型表达式>转换成 YYYY MM DD 格式字符串。<日期型表达式>可以是系统日期函数、内存变量或数据表字段。

3.4.6　数据表处理函数

1. ALIAS( )函数

格式：ALIAS([<数值表达式>|<字符表达式>])

功能：返回当前工作区已打开的数据表文件的别名(alias)。如果当时并未打开任何数据表文件，则返回一空字符串。可选项<数值表达式>或<字符表达式>用来指示函数 ALIAS( )所检查的工作区。

2. DBF( )函数

格式：DBF([<数值表达式>|<字符表达式>])

功能：返回当前工作区已打开的数据表文件的文件名。如果当时并未打开任何数据表文件，则返回一空字符串。可选项<数值表达式>或<字符表达式>用来指示函数 DBF( )所检查的工作区。<数值表达式>是工作区数字编号(1~255)，而<字符表达式>可以是工作区别名或工作区字母代号(A~J)。

3. FCOUNT( )函数

格式：FCOUNT([<数值表达式>|<字符表达式>])

功能：返回当前工作区已打开的数据表文件的字段的个数。如果当时并未打开任何数据表文件，则返回数值 0。可选项<数值表达式>或<字符表达式>用来指示函数 FCOUNT( )所检查的工作区。<数值表达式>是工作区数字编号(1~255)，而<字符表达式>可以是工作区别名或工作区字母代号(A~J)。

4. FIELD( )函数

格式：FIELD(<数值表达式 1>[, <数值表达式 2>|<字符表达式>])

功能：返回当前工作区已打开的数据表文件的由<数值表达式 1>指定的字段的大写字段名。

如果当时并未打开任何数据表文件，则返回空字符串。可选项<数值表达式 2>或<字符表达式>用来指示函数 FIELD( )所检查的工作区。<数值表达式 2>是工作区数字编号(1~255)，而<字符表达式>可以是工作区别名或工作区字母代号(A~J)。

5. RECCOUNT( )函数

格式：RECCOUNT([<数值表达式>|<字符表达式>])

功能：返回当前工作区已打开的数据表文件的所有记录个数。如果当时并未打开任何数据表文件，则返回数值 0。可选项<数值表达式>或<字符表达式>用来指示函数 RECCOUNT( )所检查的工作区。<数值表达式>是工作区数字编号(1~255)，而<字符表达式>可以是工作区别名或工作区字母代号(A~J)。

6. RECNO( )函数

格式：RECNO([<数值表达式>|<字符表达式>])

功能：返回当前工作区已打开的数据表文件的当前记录指针的记录号。如果当时打开数据表文件里尚没有记录，则返回数值 1，EOF( )函数返回.T.。可选项<数值表达式>或<字符表达式>用来指示函数 RECNO( )所检查的工作区。<数值表达式>是工作区数字编号(1~255)，而<字符表达式>可以是工作区别名或工作区字母代号(A~J)。

7. LUPDATE( )函数

格式：LUPDATE([<数值表达式>|<字符表达式>])

功能：返回当前工作区已打开的数据表文件最近被修改日期。如果当时未打开数据表文件，则返回空日期。可选项<数值表达式>或<字符表达式>用来指示函数 LUPDATE( )所检查的工作区。<数值表达式>是工作区数字编号(1~255)，而<字符表达式>可以是工作区别名或工作区字母代号(A~J)。

8. RELATION( )函数

格式：RELATION(<数值表达式 1>[，<数值表达式 2>|<字符表达式>])

功能：返回当前工作区已打开的数据表文件由<数值表达式 1>指定的关联表达式。如果所检查的工作区没有任何关联性存在或不存在第<数值表达式 1>个关联表达式，则返回一空字符串。可选项<数值表达式 2>或<字符表达式>用来指示函数 RELATION( )所检查的工作区。<数值表达式 2>是工作区数字编号(1~255)，而<字符表达式>可以是工作区别名或工作区字母代号(A~J)。

9. SELECT( )函数

格式：SELECT([0|1])

功能：返回当前工作区序号。可选项 0 表示返回当前工作区序号，可选项 1 表示返回当前未被使用的最大工作区序号。

10. BOF( )函数

格式：BOF([<数值表达式>|<字符表达式>])

功能：测试当前工作区已打开的数据表文件的文件指针是否位于文件头，若当前数据表文件的记录指针移到了该数据表文件的第一个"逻辑记录"之前时，BOF( )函数返回逻辑真.T.，以表示该数据表文件当前是处于文件开头处。如果当时未打开数据表文件，则返回逻辑假.F.。

可选项<数值表达式>或<字符表达式>用来指示函数 BOF( )所检查的工作区。<数值表达式>是工作区数字编号(1~255)，而<字符表达式>可以是工作区别名或工作区字母代号(A~J)。

11. EOF( )函数

格式：EOF([<数值表达式>|<字符表达式>])

功能：测试当前工作区已打开的数据表文件的文件指针是否位于文件尾，若当前数据表文件的记录指针移到了该数据表文件的最后一个记录之后时，EOF( )函数返回逻辑真.T.，以表示该数据表文件当前是处于文件尾。如果当时未打开数据表文件，则返回逻辑假.F.。可选项<数值表达式>或<字符表达式>用来指示函数 EOF( )所检查的工作区。<数值表达式>是工作区数字编号(1~255)，而<字符表达式>可以是工作区别名或工作区字母代号(A~J)。

12. DELETED( )函数

格式：DELETED([<数值表达式>|<字符表达式>])

功能：测试当前工作区已打开的数据表文件的当前记录是否有"删除"标记，若有返回逻辑真.T.，若没有则返回逻辑假.F.。如果当时未打开数据表文件，则返回逻辑假.F.。可选项<数值表达式>或<字符表达式>用来指示函数 DELETED( )所检查的工作区。<数值表达式>是工作区数字编号(1~255)，而<字符表达式>可以是工作区别名或工作区字母代号(A~J)。

13. FOUND( )函数

格式：FOUND([<数值表达式>|<字符表达式>])

功能：测试在当前工作区已打开的数据表文件中最近执行的 LOCATE、CONTINUE、FIND 或 SEEK 查询命令是否成功，或记录指针是否在相关数据表文件中移动，若成功返回逻辑真.T.，若不成功则返回逻辑假.F.。如果当时未打开数据表文件，则返回逻辑假.F.。可选项<数值表达式>或<字符表达式>用来指示函数 DELETED( )所检查的工作区。<数值表达式>是工作区数字编号(1~255)，而<字符表达式>可以是工作区别名或工作区字母代号(A~J)。

14. 索引和索引文件函数

(1) CDX( )函数

格式：CDX(<数值表达式 1>[, <数值表达式 2>|<字符表达式>])

功能：返回当前工作区已打开的结构化复合索引文件的名称，该函数与 MDX( )函数完全相同。

结构化复合索引文件(扩展名. CDX)是 Visual FoxPro 提供的将包含有多个不同索引关键字的索引存放在一个结构化复合索引文件中，索引关键字的不同使用不同的索引标识号。通常结构化复合索引文件的名称与数据表文件的名称相同。

(2) TAG( )

格式：TAG([<复合索引文件名>,]<索引标识号>[, <工作区>|<数据表别名>])

功能：从打开的结构化复合索引文件中，返回当前所使用索引的索引标记号。

(3) NDX( )

格式：NDX(<数值表达式 1>[, <工作区>|<数据表别名>])

功能：从打开的非结构化单一索引文件中，返回所使用的索引文件名。该函数用来测知那些以 USE 命令的 INDEX 选项或 SET INDEX 命令所打开的单入口索引文件.IDX。

3.5 Visual FoxPro 的表达式

表达式中的运算符可以说是个粘合剂，它将常量、变量和函数粘合到了一起。Visual FoxPro 的表达式包括算术表达式、字符表达式、日期(时间)表达式、关系表达式和逻辑表达式。下面我们加以介绍。

3.5.1 算术表达式

将数值型常量、数值型变量和数值型函数经算术运算符构成的式子称为算术表达式。算术表达式的结果为数值型。算术运算符是算术表达式的灵魂。按算术运算符优先级由高到低排列如表 3.2 所示。

表 3.2 Visual FoxPro 中的算术运算符

算术运算符	含义
( )	小括号，用来改变运算的先后次序
^或**	乘方
+|−	单目运算符，正、负
*|/, %	乘、除运算符，%为求模运算，同 MOD( )函数
+|−	加、减运算符

例 3-5 已知一元二次方程的一个通解为：

$$x = \frac{-b + \sqrt{b^2 - 4ac}}{2a}$$

其对应的算术表达式为：x=(–b+sqrt(b^2–4*a*c))/(2*a)。

书写 Visual FoxPro 表达式要注意的事项：

(1) 表达式只允许写在一行。如果一条语句太长，可使用续行符(分号;)，表示下面一行是该行的一部分，其作用是增加可读性。

(2) 为表示先后的优先级关系可以使用小括号( )，但不能使用除小括号外的其他括号。

(3) 注意表达式是不包括等号"="在内的式子，"="为赋值符号。

3.5.2 字符表达式

将字符型常量、字符型变量和字符型函数经字符运算符构成的式子称为字符表达式。字符表达式的结果为字符型的值。字符运算符包括连接运算符(+和–)和包含运算符($)。

1. 完全连接运算+

完全连接运算(+)的功能是将两个字符串连接为一个字符串。

例 3-6

```
?"江西   "+"南昌"        &&注意：字符"江西"后面有 3 个空格
江西   南昌              &&输出结果中保留空格
```

因此完全连接运算是指两个字符串合并，即包括空格在内的字符串中所有字符相加。

2. 不完全连接运算–

不完全连接运算(–)也是将两个字符串连接为一个字符串，但是删去前面字符串尾部的空格符。

例 3-7

```
?"江西   "–"南昌"        &&注意：字符"江西"后面有 3 个空格
江西南昌                 &&输出结果中将 3 个空格移到"南昌"的后面
```

3.5.3 日期和时间表达式

将日期(时间)型常量、日期(时间)型变量和日期(时间)型函数经日期(时间)运算符构成的式子称为日期(时间)表达式。日期(时间)表达式的结果为数值型的值。日期(时间)运算符包括运算符加(+)和减(–)。

例 3-8

```
? {^2004-08-01} – {^2004-07-01}              &&求日期差
31                                           &&输出结果，单位为天
?? {^2004-07-01,22:00} – {^2004-07-01,18:00}  &&求时间差
14400                                        &&输出结果，单位为秒
? {^2004-08-01} – 31                         &&求某日的前 31 日是什么日期
2004-07-01                                   &&输出结果为日期型
```

注意：在日期型表达式中，两个日期表达式相减，结果为数值，表示两日期之间相差的天数，两日期表达式相加，属非法表达式；一个日期表达式与一个数值表达式相加，结果为日期型表达式，表示从当前日期往后数 N 天；一个日期表达式与一数值表达式相减，表示从当前日期向前数 N 天。

3.5.4 关系表达式

将算术表达式(字符表达式、日期表达式)经关系运算符构成的式子，称为关系表达式。关系表达式的结果为逻辑量，即要么为真(.T.)，要么为假(.F.)，二者必取其一。关系表达式的运算符包括：>(大于)、>=(大于等于)、<(小于)、<=(小于等于)、=(等于)、< >(不等于，也可使用#或!=)，此外关系运算符还包括$(字符包含运算符)。

例 3-9　? 6*2 >= 3*4　　　　　　&& 两个算数表达式比较

.T.　　　　　　　　　　　　　　&& 输出结果为真

两个字符表达式的比较，比较结果与排序方式有关，这里不介绍。

例 3-10　? {^2004-08-01} < {^2003-08-01}

　　　　　　　　　　　　　&& 两个日期型表达式比较，按数字的绝对值大小比较

.F.　　　　　　　　　　　　　　&& 输出结果为假

字符包含运算符($)，包含运算的表达式为：<串1>$<串2>。如果串2中包含有串1的字符串，结果为真，否则为假。

例 3-11

　　? "AB" $ "ACBTE"　　　　&&结果为假(.F.)

　　? "AB" $ "ABCDE"　　　　&&结果为真(.T.)

下面通过例子来看"="和"=="的区别，这里==表示精确比较：必须==两边完全相等结果才为.T.。使用==将忽略 set exact 设置。

例 3-12

　　? "ABC" = = "ABC"　　　　&&结果为.T.

　　? "ABCD" = = "ABC"　　　&&结果为.F.

在状态设置为 SET EXACT OFF(表示关闭精确比较状态)时，表示模糊比较，即只要=号右边字符串出现在=号左边字符串的前半部分，结果为.T.。

在 SET EXACT ON(表示打开精确比较状态)时，表示等长比较，是指当现有宽度比较不出结果时，将宽度少的一边补空格。

例 3-13

　　set exact off

　　? "AB"="AB　　　　"　　　&&结果.F.　　　　(引号中看不见的部分为空格)

　　? "BCD"="BC"　　　　　　&&结果.T.

　　set exact on

　　? "AB"="AB　　　　"　　　&&结果.T.

　　? "BCD"="BC"　　　　　　&&结果.F.

3.5.5 逻辑表达式

将关系表达式和逻辑型变量经逻辑运算符构成的式子，称为逻辑表达式。逻辑运算符包括：.NOT.(非)、.AND.(与)、.OR.(或)。其中非运算符.NOT.为单目运算，表示参与运算的只有一个运算量，它的含义是取反；与运算符.AND.是双目运算符，表示有两个运算量参与运算，与运算的结果是当两边同为.T.才为.T.，有一个为.F.就为.F.；或运算符.OR.是双目运算符，当两边同为.F.才为.F.，有一个为.T.就为.T.。运算结果如表 3.3 所示。逻辑运算的优先级由高

到低的排列顺序为.NOT.(非)、.AND.(与)、.OR.(或)。

表 3.3　逻辑运算表

输入		逻辑运算结果		
a	b	a .AND. b	a .OR. b	.NOT. a
.T.	.T.	.T.	.T.	.F.
.T.	.F.	.F.	.T.	.F.
.F.	.T.	.F.	.T.	.T.
.F.	.F.	.F.	.F.	.T.

　　要注意的是，在上面给出的各种类别表达式中，运算符存在优先级，但当一个复杂表达式包含不同类别的表达式时，不同的类别表达式之间也存在优先级，它们的运算优先级由高到低的顺序是：算术表达式(字符表达式或日期表达式)、关系表达式和逻辑表达式(表 3.4)。

表 3.4　Visual FoxPro 的运算符号和优先次序

优先次序		分类	运算符符号及优先次序				
表达式优先级	高	算术运算符	() 圆括号	**或^ 乘方	* / % 乘，除 求模	+ - 加，减	
		字串运算符	+ - 字符串连接				
		关系运算符 (所有关系运算符优先级相同)	< 小于 = 等于	<= 小于等于 == 字符串等同于	> 大于	>= 大于等于 $ 字符包含于	<>或#或!= 不等于
	低	逻辑运算符	() 圆括号	.NOT.或! 非	.AND. 与	.OR. 或	

注意：字符串运算符和关系运算符具有相同的优先次序，且执行顺序是从左到右依次执行。

说明：
- 同级运算按照它们从左到右出现的顺序进行计算
- 可以用括号改变优先顺序，强制表达式的某些部分优先运行
- 括号内的运算总是优先于括号外的运算，在括号之内，运算符的优先顺序不变

习　题

1. Visual FoxPro 中有哪些数据类型？数据类型的作用是什么？

2. 写出下列数据的常量表示方法。

字符型：

　　　　江西庐山，He said: "That's fabulous. "，上海世博会

数值型：

　　　　六位圆周率，2.68×10^{12}，0.0000000003897(科学记数法)

日期型，日期时间型：

　　　　2004 年国庆节，公历 2004 年到 2005 年的除夕时刻

逻辑型：

　　　　假，真

3. 单选题

(1) 在逻辑运算中，运算顺序为(　　　)。

A. NOT – AND – OR   B. NOT – OR – AND

C. AND – OR – NOT   D. OR – AND – NOT

(2) 设 A="Hello"+space(2)，B="World"，由 A–B 的结果与下列(　　)结果相同。

A. "Hello"+space(2)+"World"   B. "Hello"+"World"

C. "Hello"+"World"+space(2)   D. "Hello"+"World"+space(1)

(3) 表达式 val(subs("南昌 330000",5,1))*len("Visual FoxPro")的结果是(　　)。

A. 3   B. 39   C. 36   D. 40

(4) 下列函数中，函数值为字符型的是(　　)。

A. date( )   B. time( )   C. datetime( )   D. year( )

(5) 设 A=100，B=200，C=A+B，表达式 1+&C 的值是(　　)。

A. 301   B. 1+A+B

C. 201   D. 类型不匹配

(6) 表达式"Fox"$"Visual FoxPro"的运算结果是(　　)。

A. .F.   B. .T.   C. 3   D. 8

(7) 表达式{^2007-5-30}–{^2007-5-1}的运算结果是(　　)。

A. 30   B. 29   C. 0   D. 语法错误

(8) 设 X 的值为 5，则执行?X=X+1 命令后的结果是(　　)。

A. .F.   B. .T.   C. 5   D. 6

4. 变量有哪二个特性？Visual FoxPro 中变量的命名规则是什么？如何理解变量赋值的方向性？

5. 什么是内存变量？什么是字段变量？内存变量如何赋值？

6. 如何从黑箱的角度理解 Visual FoxPro 提供的系统函数？使用函数需注意什么？

7. 什么是宏替换&？已知 a='b'，b='c'和 c='a'。问下列操作输出结果。

　　? &a   ? &b   ? &c

8. 算术表达式的运算符有哪些？写出下列数学公式的算术表达式。

$$\frac{|a^2+b^2|}{|a^2-b^2|}; \quad \frac{\dfrac{a}{b}+\dfrac{c}{d}}{\dfrac{b}{a}-\dfrac{d}{c}};$$

对数值型变量 x 取整；求 100 除以 7 的余数。

9. 字符表达式的运算符有哪些？日期和时间表达式的运算符有哪些？关系表达式的运算符有哪些？

10. 写出逻辑表达式中或运算和与运算的结果。

第四章　Visual FoxPro 数据库操作基础

在 Visual FoxPro 中，可以使用数据库组织和建立表与视图间的关系。数据库不但提供了存储数据的结构，而且还有很多其他的好处。在使用数据库时，可以在表一级进行功能扩展，例如创建字段级规则和记录级规则，设置默认字段值和触发器等，还可以创建存储过程和表之间的永久关系。此外，使用数据库还能访问远程数据源，并可创建本地表和远程表的视图。本章主要介绍与数据库相关的基本操作，包括：数据表和记录的基本操作；表的索引与排序；表的统计与汇总；多表操作和数据库的基本操作。另外，我们将介绍第三章中常见函数的使用方法。

4.1　表的基本操作

在 Visual FoxPro 中，数据库是一个逻辑上的概念和手段，通过一系列文件将相互关联的数据库、数据表及相关的数据库对象统一组织和管理。数据库在磁盘上以文件形式存储，扩展名为 DBC。一个数据库中可以包含一个或多个表，而每个表也以文件形式存在，扩展名为 DBF。一个表可以是数据库中的表，也可以是不属于任何数据库的表(这种表称之为自由表)。在 Visual FoxPro 中我们所说的表一般是指数据库中所包含的表。一个数据表包含一个表头，Visual FoxPro 中称为表结构，表结构是由若干个字段构成，每个字段有预先定义好的数据类型和宽度。这里我们给定的数据库名是"教学管理数据库"，该数据库中包含有四个表：班级表、学生表、成绩表和课程表。它们的表结构和数据类型如表 4.1~4.4 所示。

表 4.1　"学生表"数据表的结构

字段名	类型	宽度	小数位
学号	字符型	7	
姓名	字符型	8	
性别	字符型	2	
出生日期	日期型	8	
少数民族否	逻辑型	1	
班级号	字符型	7	
籍贯	字符型	12	
入学成绩	数值型	5	1
简历	备注型	4	
照片	通用型	4	

表 4.3　"班级表"数据表的结构

字段名	类型	宽度	小数位
班级号	字符型	7	
专业名称	字符型	30	
年级	字符型	4	
班主任姓名	字符型	8	
所在学院	字符型	30	
班级人数	整型	4	

表 4.2　"课程表"数据表的结构

字段名	类型	宽度	小数位
课程号	字符型	5	
课程名	字符型	14	
开课学期	字符型	1	
课程类别号	字符型	2	
课时数	数值型	3	
学分	数值型	2	

表 4.4　"成绩表"数据表的结构

字段名	类型	宽度	小数位
学号	字符型	7	
课程号	字符型	5	
成绩	数值型	5	1

教学管理数据库的模式如图 4.1 所示。由于数据库是一次建立，多次使用，因此我们先从数据库的查询等操作开始加以介绍，数据库的建立操作我们在后面再予以介绍。表 4.1~4.4的详细记录请参考第一章中的相关表格。假定"教学管理数据库"文件存储在"D:\我的数据库项目\数据库"目录中，本章对表的查询等基本操作都以这四张表为基础。

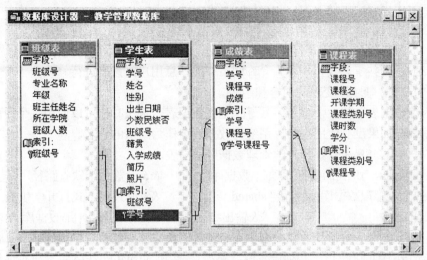

图 4.1　教学管理数据库的关系模型

4.1.1　工作区和表的打开与关闭

所有对数据表的操作，必须在数据表被打开后进行。通俗地说，打开数据表就是将存放在外存上的数据表调入到内存中，此时才能够操作该数据表(图 4.2)。

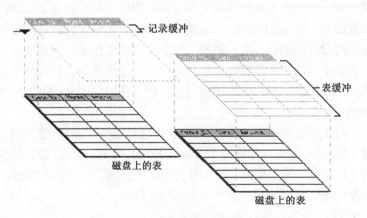

图 4.2　打开数据表的原理示意图

一、表的打开

在对表进行操作之前，必须先将要操作的表打开。在 Visual FoxPro 中使用 USE 命令来打开表。

命令格式：

USE [[<数据库名>!]<表名>][IN <工作区>|<别名>]

　　[EXCLUSIVE][SHARED][NOUPDATE] [ALIAS<别名>]

参数说明：

[<数据库名>!]<表名>：指定需要打开的数据表所在的数据库名，一个数据库中包含有多个数据表，特别需要注意的是表名的写法，若表名中包括空格时，需要将表名加上双引号" "或单引号' '。如果打开的表不在当前数据库中，需要加上相应的数据库名。如打开教学管理数据库中的学生表，使用命令为：

use "d:\我的数据库项目\数据库\教学管理数据库!学生表"

EXCLUSIVE：以排他方式打开表，其他用户不能对该表进行读写操作。

SHARED：以共享方式打开表，允许网络中的任意用户对该表进行修改。

NOUPDATE：禁止改变表的内容和结构。

别名为给数据表取的一个小名，其好处是当数据表名很长时，可以使用一个短的别名来代替该数据表。如果没有使用别名，系统将数据表名作为默认的别名。

例 4-1　使用 USE 命令打开教学管理数据库中的表。

　　set default to "d:\我的数据库项目\数据库"　　　　&&设置系统缺省路径

　　use "教学管理数据库!学生表" shared　　　　　　&&以共享方式打开学生表

　　? dbf()　　　　　　　　　　&&输出结果为"d:\我的数据库项目\数据库\学生表.dbf"

注：由于 use 命令中打开的数据表没有指定数据表文件所在位置，为保证 use 命令能够在 Visual FoxPro 中正确执行，必须设置默认路径[①]，否则 Visual FoxPro 将给出对话框。

例 4-2　使用 USE 打开学生表，学生表的别名为 xshb。

　　use "教学管理数据库!学生表" alias xshb

　　? alias()　　　　　　&&输出结果为"XSHB"，即 XSHB 表示学生表

二、工作区

前面的例子是打开一个数据表，当希望同时打开多个数据表时要使用工作区的概念。Visual FoxPro 规定每一个数据表文件在一个指定的工作区中打开，一个工作区在一个时刻只能同时打开一个数据表。Visual FoxPro 系统提供 32767 个工作区，即可同时打开 32767 张数据表。如果需要同时打开多个表，我们就需要指定在哪个工作区打开数据表。如果同时有两个或两个以上的表在不同的工作区打开，被使用的多个工作区中，只有一个工作区被选择为当前工作区，当前工作区表示是默认的工作区，当前工作区的表文件可以被称为当前文件。

1. 当前工作区的选择

Visual FoxPro 对工作区进行编号管理，每个工作区都有一个编号，编号分别是 1，2，3，…，32767。另外，对 1 到 10 号工作区还有一个名称，分别是 A，B，…，J。最初进入 Visual FoxPro 时，系统默认的工作区是 1 号工作区，即 1 号为当前工作区，此后，可以通过 SELECT 来选择工作区，打开新的表，最近选择的工作区为当前工作区。

命令格式：SELECT <工作区号>|<表的别名>

SELECT 命令功能：指定当前的工作区。如果工作区号为 0，则系统将选择一个当前暂未使用的最低工作区作为当前工作区。

表的别名：指一个包括打开表的特殊工作区。表的别名是所打开表的别名。我们也可以使用字母 A 到 J 来激活 1 到 10 号工作区。

例 4-3　分别在 1 号工作区和 2 号工作区打开班级表和学生表。

---

① 本书所有例子的数据表(或数据库)所在的位置假定为"d:\我的数据库项目\数据库"，本书后面的例子将不再设置路径。读者使用本书例子上机时，请根据自己放置数据表(或数据库)所在位置，设置适当的路径。

```
select 1                                    &&选择工作区 1
use "教学管理数据库!学生表"                    &&打开学生表
select 2                                    &&选择工作区 2
use "教学管理数据库!课程表"                    &&打开课程表
set                                         &&打开数据工作期
```

例 4-3 的执行结果如图 4.3 所示，我们可以很清楚地看到系统在两个不同的工作区分别打开了学生表和课程表。

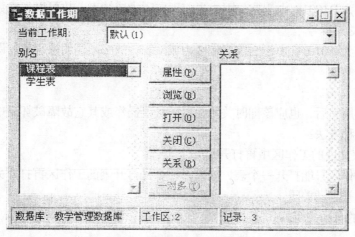

图 4.3　例 4-3 执行后的结果

我们可以使用数据表打开命令中的 IN 子句来指定数据表被打开时它所使用的工作区。下面操作的结果与例 4-3 相同。

例 4-4　使用 USE 命令打开教学管理数据库中的表。

```
use "教学管理数据库!学生表" in 1             &&打开学生表
use "教学管理数据库!课程表" in 2             &&打开课程表
```

2. 引用非当前工作区表中的数据

如同"数据库名!数据表名"中的"数据库名"修饰数据表名一样(这里的修饰符为"!")，当多个数据表含有相同的字段名时也要使用某种修饰符加以区分。

Visual FoxPro 中采用下面的标识方法：

工作区别名.字段名　　　或　　　工作区别名->字段名

这里"工作区别名.字段名"(或->)的含义是某个打开数据表的字段。

如果省略了工作区别名，则 Visual FoxPro 总是默认为对当前工作区中的表进行操作。打开一个数据表时，其默认的别名为数据表的表名。

此外 Visual FoxPro 规定：当工作区编号为 1 到 10 时，可以直接使用对应的字母 A 到 J 作为工作区别名。当一个表被打开后系统将自动把表名作为工作区的别名，因此我们也可以直接使用表名作为工作区的别名。

例 4-5　显示学生表和班级表中的有关课程号字段变量取值信息。

```
select 1
use "教学管理数据库!课程表"                    &&打开课程表
select 2
```

```
use "教学管理数据库!成绩表"          &&打开成绩表
set                                &&图形化方式察看打开的结果
? select(0)                        &&返回当前工作区号, 结果为 2, 即成绩表
&&即当前工作区为 2, 在此区中打开的是成绩表
&&由于课程表和成绩表中均有课程号字段, 我们看工作区的作用
? 成绩表.课程号          &&结果为 B1001, 即成绩表的课程号字段变量的值
? 课程号                 &&此处省略了工作区别名, 即为当前工作区 – 成绩表
&&结果为 B1001, 由于这是因为当前工作区为成绩表, 故可以省略数据表名
? 课程表.课程号
&&结果为 A0101, 由于当前工作区为成绩表, 故必须注明课程表的课程号字段变量
取值
```

三、表的关闭

打开的表使用完后, 也应该即时关闭, 以防止误操作或其它故障破坏表中的数据。关闭表文件有以下几种方法:

1. 在已经打开表文件的工作区中再打开另一个表

由于一个工作区只能打开一个表, 如果在一个已打开表的工作区再打开另一个表, 则原来打开的表将会被自动关闭。

例 **4-6** 表的自动关闭。

```
select 1
use "教学管理数据库!学生表"          &&在 1 号工作区打开学生表
use "教学管理数据库!课程表"
&&自动关闭 1 号工作区中的学生表, 同时打开课程表
```

2. 关闭当前工件区打开的表文件

命令格式: USE

USE 命令不带任何参数将关闭当前工作区打开的表文件。

例 **4-7** 使用 USE 命令关闭工作区中的表。

```
use "教学管理数据库!学生表"          &&打开学生表
use                                &&关闭学生表
```

3. 关闭所有已打开的表文件

命令格式: CLOSE ALL|DATABASES|TABLES [ALL]

参数说明:

ALL: 关闭在所有工作区打开的数据库、表、索引, 并将当前工作区设置为 1。CLOSE ALL 也将关闭下列对象: 窗体设计器、项目管理器、标签设计器、报表设计器、查询设计器, 但不会关闭命令窗口、调试窗口、帮助窗口和跟踪窗口。

CLOSE DATABASES: 关闭当前的数据库和它所有的表。如果当前没有数据库, 则在所有工作区打开的自由表、索引将全部关闭, 并将当前工作区设置为 1。

CLOSE TABLES [ALL]: 关闭当前数据库的所有表。包括 ALL 参数将关闭所有数据库中打开的表, 但数据库本身保持打开状态。

4. 关闭所有打开的文件并释放所有内存变量

命令格式: CLEAR ALL

作用：该命令执行后将关闭所有打开的文件，同时释放所有内存变量、用户自定义的菜单和窗口。

4.1.2 表的复制

1. 表结构的复制

如果我们需要制作一张和原始表结构相同的副本，可以使用表结构的复制命令。

命令格式：

COPY STRUCTURE TO <表名> [FIELDS <字段列表>]

命令功能：根据已打开表文件的结构复制生成一个新的空表。新表所包括的字段由 FIELDS 子句指定，若无 FIELDS 子句则新表结构与当前表结构相同。

例 4-8 将教学管理数据库中的学生表结构复制一份，取名为 stud。

    use "教学管理数据库!学生表"

    copy structure to stud

结果为在 D 盘的"我的数据库项目\数据库"目录下产生一个名为 stud.dbf 的空数据表，即只有表结构，没有表记录的数据表。

2. 表内容的复制

表结构的复制只能复制与原始表相同的结构，而没有包括任何数据，如果需要同时复制表结构和表记录可以使用 COPY 命令来完成。

命令格式：

COPY TO <文件名>[FIELDS <字段列表>][<范围>]

　　　　[FOR <条件>][WHILE <条件>][TYPE <文件类型>]

COPY TO 命令功能：将已经打开表中满足指定要求的表结构和记录复制到新的文件中。

参数说明：

文件名：COPY TO 创建的新文件的名字。文件扩展名使用由 TYPE 指定的类型的扩展名，若不指定文件类型则系统默认扩展名为 dbf。

FIELDS 字段列表：指定需要复制的字段。

TYPE：指定生成的新文件的类型。常用的文件类型包括 XLS(EXCEL 文件)和文本文件。

例 4-9 将教学管理数据库中的学生表中所有女同学的信息复制到文件 temp.dbf 中。

    use "教学管理数据库!学生表"

    copy to temp for 性别="女"

结果为：在 D 盘的"我的数据库项目\数据库"目录下产生一个名为 temp.dbf 的数据表，其表记录为学生表中所有性别为女的学生记录。

注意：这里"性别="女""为关系表达式，因为 for 子句中要求为条件。

4.2　表记录的基本操作

4.2.1 表记录指针的定位

一、当前记录和记录指针

Visual FoxPro 对表的操作是以记录为单位的，那么在对表操作之前必须明确当前正在对表的哪条记录进行操作，为此需要引入当前记录的概念。当前记录是指表中当前正在操作的记录。当前记录是可以改变的，即当前记录是一个动态的概念。为了标识当前记录，还需要引入一个记录指针的概念。所谓记录指针是指系统内部用以指向当前记录的一种标志，记录指针所指向的记录即为当前记录。通过记录指针的定位、移动，可将记录指针移动到预定的位置上，即使预定的记录成为当前记录。

表文件打开时，记录指针指向第 1 条记录，即第 1 条记录是当前记录。为了控制记录指针的移动，在每个表中系统还设置了两个标志：一个是表头标志，一个是表尾标志。表头标志是设置在整个表的第一条记录的前面，表尾标志设置在最后一条记录的后面。我们可以利用系统提供的三个函数 BOF( )、EOF( )和 RECNO( )来测试记录指针是否指向了表头和表尾及当前的记录号。

在 Visual FoxPro 中，当在某个工作区中打开一个表后就有一个对应的记录指针。当我们在不同的工作区打开多个表的时候，在每个工作区中就存在一个记录指针，这里我们需要注意的是当前的记录指针与工作区的关系。

二、记录指针移动命令

在数据库应用中，有时需要将记录指针移动在某条记录上，然后对其进行处理。

1. 用 GOTO 命令直接定位

GOTO 和 GO 命令是等价的，命令格式为：

GO <记录号>|TOP|BOTTOM

其中<记录号>指定将记录指针移动到的指定记录，记录号的取值从 1 到表的记录总数。TOP 是表头，当不使用索引时是记录号为 1 的记录，使用索引时是索引项排在最前面的索引对应的记录。BOTTOM 是表尾，当不使用索引时是记录号最大的那条记录，使用索引时是索引项排在最后面的索引项对应的记录。

2. SKIP 命令

确定了当前记录位置后，可以使用 **SKIP** 命令向前或向后移动若干条记录位置。SKIP 命令的格式是：

SKIP [<数值 N>]

该命令的功能是以当前记录为标准，将记录指针移动 N 条记录。<数值 N>可以是正或负的整数，N 为正数时向后移动，N 为负数时向前移动。缺省<数值 N>时表示下移一条记录，即相当于 SKIP 1。SKIP 是按逻辑顺序定位，即如果使用索引，是按索引项的顺序定位的。

例 4-10 分析下面每一个?命令显示的结果。

```
use 教学管理数据库!学生表          &&学生表现有记录数为 11
? recno(),bof()                    &&显示结果为：1   .f.
go 3
? recno()                          &&显示结果为：3
skip 2
? recno()                          &&显示结果为：5
skip –6
? recno(),bof()                    &&显示结果为：1   .T.
go bottom
? recno(),eof()                    &&显示结果为：11   .F.
```

```
skip
? recno(),eof()                         &&显示结果为：12    .T.
```

可以看到，当打开数据表时，数据记录指针默认指向第一条记录，此时 RECNO( )返回的结果为 1，这里记录在内存中的排列方式是按记录号递增方式排列的。同时测试记录指针到头的函数 EOF( )返回的结果为假，只有在运行了 SKIP-1 后 BOF( )返回的结果为真。通过记录号指示函数 RENO( )，我们可以看到记录指针的移动。

三、当前记录与字段变量

字段变量是随着数据表的打开而存在的，字段变量的变量名就是表中的字段名。字段变量只有当表打开后才能使用，由于表中有多条记录。所有字段变量的值将随着记录指针的移动而变化。在某一时刻，字段变量的值为表中当前记录的相应字段的取值。字段变量的类型与字段的类型相同。字段变量的使用方法与内存变量相同。字段变量和内存变量一样可以在 Visual FoxPro 的命令和函数中使用，但我们需要注意字段变量的值和当前记录字段值有关。

例 4-11　分析每一个?命令显示的结果。

```
use 教学管理数据库!学生表        &&打开学生表
? recno()                       &&结果为 1，即指向第一条记录
? 学号,姓名,性别                &&显示结果为：0040001    江华      男
go 3
? 学号,姓名,性别                &&显示结果为：0040003    欧阳思思        女
? year(出生日期)                &&显示结果为：1987
&&即输出记录号为 3 的学生的出生日期，结果为数值型
skip 5
&&从当前记录第 3 条，向下跳 5 条记录，即指向第 8 条记录
? 学号,姓名,性别                &&显示结果为：0041273    金明成        男
skip –3
&&从当前记录第 8 条，向上跳 3 条记录，即指向第 5 条记录
? 学号,姓名,性别                &&显示结果为：0040005    李冰晶        女
go bottom
&&指向最后一条记录，此处为第 11 条记录。
? 入学成绩–100                  &&显示结果为：472.0
&&显示最后记录的入学成绩减 100 的结果。
```

4.2.2　表记录的显示与浏览

一、表记录的显示

当表中存在大量的数据时，我们经常要做的一件事就是对数据表做选择、投影操作，即显示满足指定条件的记录。这里的重点是构造满足某种特定条件的表达式，即在 FOR 子句中使用正确的关系(或逻辑)表达式。

Visual FoxPro 提供多种数据表记录显示命令，如 DISPLAY，LIST，BROWSE 等。这里先介绍 **DISPLAY** 命令。其命令格式为：

DISPLAY [[FIELDS] <字段列表>] [<范围>] [FOR <条件>][WHILE <条件>]
　　　　[OFF] [TO PRINTER|TO FILE <文件名>]

参数说明：

FIELDS<字段列表>：指定需要显示的字段列表，可一次显示多个字段，缺省时将显示表中所有的字段，这里的 FIELDS 子句相当于投影操作。

<范围>：范围选择子句，它是限定命令操作的范围。范围子句的取值有四种：

· ALL：表示命令操作范围是全部记录

· NEXT <数值 N>：表示命令操作范围从当前记录开始的 n 条记录

· RECORD <数值 N>：表示命令操作范围仅第 n 条记录

· REST：表示命令操作范围从当前记录开始的剩下的全部记录

FOR<条件>：操作命令对所有使<条件>为真的记录有效。这里<条件>为第三章中的关系表达式或逻辑表达式。这里的 FOR(WHILE)子句相当于选择操作。

WHILE<条件>：操作命令从当前记录开始，当遇到使<条件>为假的记录时，操作命令终止。

OFF：表示不显示记录号。

注意：DISPLAY 命令缺省范围是当前记录。

例 4-12 显示学生表的所有学生的基本情况。

　　use 教学管理数据库!学生表

　　display all

这里没有附加条件，结果为学生表中的所有记录。显示结果为：

记录号	学号	姓名	性别	出生日期	少数民族否	班级号	籍贯	入学成绩
1	0040001	江华	男	04/20/86	.F.	ICS0301	江西赣州	620.0
2	0040002	杨阳	女	12/16/86	.F.	ICS0301	江苏南京	571.0
3	0040003	欧阳思思	女	12/05/87	.F.	ICS0301	湖南岳阳	564.5
4	0040004	阿里木	男	03/05/85	.T.	ICS0302	新疆喀什	460.0
5	0040005	李冰晶	女	06/12/87	.F.	ICS0402	江西九江	599.0
6	0041271	潭莉莉	女	06/06/85	.F.	CPA0401	辽宁沈阳	563.0
7	0041272	马永强	男	08/28/86	.F.	CPA0401	吉林	626.0
8	0041273	金明成	男	09/16/84	.T.	CPA0401	吉林	609.0
9	0052159	李永波	男	09/27/87	.F.	CPA0502	江西南昌	599.0
10	0052160	李强	男	04/14/87	.F.	CPA0502	黑龙江哈尔滨	611.0
11	0052161	江海强	男	06/21/88	.T.	CPA0502	云南大理	572.0

例 4-13 对"学生表"的"入学成绩"除以 600，求相对成绩，并显示每个同学的学号、姓名和相对成绩。

　　use 教学管理数据库!学生表

　　display all fields 学号,姓名,入学成绩/600

显示结果如下：

记录号	学号	姓名	入学成绩/600
1	0040001	江华	1.0333
2	0040002	杨阳	0.9517
3	0040003	欧阳思思	0.9408
4	0040004	阿里木	0.7667
5	0040005	李冰晶	0.9983
6	0041271	潭莉莉	0.9383
7	0041272	马永强	1.0433

记录号	学号	姓名	入学成绩/600
8	0041273	金明成	1.0150
9	0052159	李永波	0.9983
10	0052160	李强	1.0183
11	0052161	江海强	0.9533

注意：这里只是在输出结果时，对入学成绩除以 600，它没有改变数据表中的数据。

例 4-14 显示所有学生在 2004 年的年纪。

use 教学管理数据库!学生表

display all fields 学号,姓名,2004 - year(出生日期)

显示结果如下：

记录号	学号	姓名	2004-YEAR(出生日期)
1	0040001	江华	18
2	0040002	杨阳	18
3	0040003	欧阳思思	17
4	0040004	阿里木	19
5	0040005	李冰晶	17
6	0041271	潭莉莉	19
7	0041272	马永强	18
8	0041273	金明成	20
9	0052159	李永波	17
10	0052160	李强	17
11	0052161	江海强	16

例 4-15 显示入学成绩大于等于 600 的同学的学号、姓名和入学成绩。

use 教学管理数据库!学生表

display all fields 学号,姓名,入学成绩 for 入学成绩>=600

显示结果略。

例 4-16 显示学生表中所有男同学的情况。

use 教学管理数据库!学生表

display all for 性别="男"

显示结果略。

例 4-17 显示学生表中从第 3 条记录开始的连续 5 条记录中入学成绩大于 560 分的学生的学号、姓名和入学成绩。

use 教学管理数据库!学生表

go 3   &&将记录指针指向第 3 条记录

clear   &&清除屏幕

display next 5 fields 学号,姓名,入学成绩 for 入学成绩>560

显示结果如下：

记录号	学号	姓名	入学成绩
3	0040003	欧阳思思	564.5
5	0040005	李冰晶	599.0
6	0041271	潭莉莉	563.0
7	0041272	马永强	626.0

例 **4-18** 显示学生表中所有少数民族同学的学号、姓名和籍贯。

　　use 教学管理数据库!学生表

　　display all fields 学号,姓名, 籍贯　for 少数民族否

注意：对于逻辑型字段的条件表示方法，若表示.T.则直接使用字段名，若表示.F.则使用.NOT.字段名。

显示结果略。

例 **4-19** 显示学生表中所有姓"江"的同学的学号、姓名和籍贯。

　　use 教学管理数据库!学生表

　　display all fields 学号,姓名, 籍贯 for left(姓名,2)="江"

显示结果略。

该语句的等价语句为：

　　display all fields 学号,姓名, 籍贯 for substr(姓名,1,2)="江"

例 **4-20** 显示学生表中含有"强"字的同学的学号、姓名和籍贯。

　　use 教学管理数据库!学生表

　　display all fields 学号,姓名, 籍贯 for "强" $ 姓名

显示结果略。

例 **4-21** 显示学生表中所有 1987 年 1 月 1 日以后出生的男同学的学号、姓名、性别和出生日期。

　　use 教学管理数据库!学生表

　　display all fields 学号,姓名,性别,出生日期;

　　　　　　　　for 出生日期>{^1987-01-01} and 性别="男"

显示结果如下：

记录号	学号	姓名	性别	出生日期
9	0042159	李永波	男	09/27/87
10	0052160	李强	男	04/14/87
11	0052161	江海强	男	06/21/88

注意：在 Visual FoxPro 中，日期大小的比较是按数值大小比较的。语句中的分号(;)表示续行符，即下面一行是该行的一部分。作用是增加可读性。

例 **4-22** 显示入学成绩在 500 分以上的少数民族学生的学号、姓名和少数民族否。

　　use 教学管理数据库!学生表

　　display all fields 学号, 姓名, 少数民族否;

　　　　　　　　for 入学成绩>=500 and 少数民族否

显示结果如下：

记录号	学号	姓名	少数民族否
8	0041273	金明成	.T.
11	0052161	江海强	.T.

例 **4-23** 显示籍贯为"江西南昌"或"吉林"的学生学号、姓名和籍贯。

　　use 教学管理数据库!学生表

　　display all fields 学号,姓名,籍贯 for 籍贯="江西南昌" or 籍贯="吉林"

显示结果略。

例 4-24 将籍贯为"吉林"和"辽宁"的学生学号、姓名、性别和籍贯输出到 D 盘的根目录的文本文件 TEMP.TXT 中。

```
use 教学管理数据库!学生表
display all fields 学号,姓名,性别,籍贯;
    for 籍贯="吉林" or 籍贯="辽宁"  to d:\temp.txt
```

除了 DISPLAY 命令可以显示输出外,系统还提供了显示表记录的另一条命令 LIST,LIST 命令的格式和 DISPLAY 完全相同。LIST 命令和 DISPLAY 命令的区别有两点:一是 LIST 是连续输出,而 DISPLAY 是分屏输出;二是 LIST 缺省范围为 ALL,而 DISPLAY 缺省范围是当前记录。

二、表记录的浏览

BROWSE 命令是 Visual FoxPro 中最有效的显示或编辑命令,也是最为灵活的命令。BROWSE 命令以表格形式显示表的记录。BROWSE 的命令格式为:

BROWSE[<范围>][FIELDS<字段列表>][FOR<条件>][WHILE<条件>]

BROWSE 命令功能是用图形化方式对指定表的满足条件的所有记录进行浏览编辑,其选项的含义同 DISPLAY 语句。在使用 BROWSE 命令浏览记录的同时可以对记录进行编辑操作。对记录的任何编辑操作,系统将自动保存。如果要放弃当前的编辑操作需要使用快捷键 CTRL+Q 来关闭 BROWSE 窗口。

例 4-25 浏览学生表的所有记录。

```
use 教学管理数据库!学生表
browse
```

例 4-25 执行结果如图 4.4 所示。

学号	姓名	性别	出生日期	少数民族否	班级号	籍贯	入学成绩	简历	照片
0040001	江华	男	04/20/86	F	ICS0301	江西赣州	620.0	Memo	Gen
0040002	杨阳	女	12/16/86	F	ICS0301	江苏南京	571.0	Memo	Gen
0040003	欧阳思思	女	12/05/87	F	ICS0301	湖南岳阳	564.5	memo	gen
0040004	阿里木	男	03/05/85	T	ICS0302	新疆喀什	460.0	memo	gen
0040005	李冰晶	女	06/12/87	F	ICS0402	江西九江	599.0	memo	gen
0041271	潭莉莉	女	06/08/85	F	CPA0401	辽宁沈阳	563.0	memo	gen
0041272	马永强	男	08/28/86	T	CPA0401	吉林	626.0	memo	gen
0041273	金明成	男	09/16/84	T	CPA0401	吉林	609.0	memo	gen
0052159	李永波	男	09/27/87	F	CPA0502	江西南昌	599.0	memo	gen
0052160	李强	男	04/14/87	F	CPA0502	黑龙江哈尔滨	611.0	memo	gen
0052161	江海强	男	06/21/88	T	CPA0502	云南大理	572.0	memo	gen

图 4.4 例 4-25 执行结果

在图 4.3 中的黑色箭头 ▶ 表示当前记录,可以通过使用鼠标单击相应的记录或使用上下方向键(↑表示上移,↓表示下移)来改变当前记录。

例 4-26 浏览学生表的所有入学成绩在 580 分以上的男同学记录。

```
use 教学管理数据库!学生表
browse for 入学成绩>=580 and 性别="男"
```

例 4-26 执行结果如图 4.5 所示。

学号	姓名	性别	出生日期	少数民族否	班级号	籍贯	入学成绩	简历	照片
0040001	江华	男	04/20/86	F	ICS0301	江西赣州	620.0	Memo	Gen
0041272	马永强	男	08/28/86	F	CPA0401	吉林	626.0	memo	gen
0041273	金明成	男	09/16/84	T	CPA0401	吉林	609.0	memo	gen
0052159	李永波	男	09/27/87	F	CPA0502	江西南昌	599.0	memo	gen
0052160	李强	男	04/14/87	F	CPA0502	黑龙江哈尔滨	611.0	memo	gen

图 4.5　例 4-26 执行结果

4.2.3　表记录的修改

一、EDIT 或 CHANGE 命令

当表中记录的字段值需要改变时，我们可以使用 Visual FoxPro 提供的记录修改命令来进行相应的操作。表记录的修改可以使用前面的 BROWSE 命令打开编辑窗口来进行，也可以使用 **EDIT** 命令或 **CHANGE** 命令。EDIT 命令与 CHANGE 命令的功能完全相同，用于以编辑方式打开编辑窗口修改数据。

命令格式：EDIT|CHANGE

例 4-27　使用 EDIT 编辑学生表的记录。

　　use 教学管理数据库!学生表

　　edit

例 4-27 执行时将打开如图 4.6 所示的窗口，我们可以直接在窗口中修改需要修改的字段值，如要放弃修改需要使用 CTRL+Q 组合键。

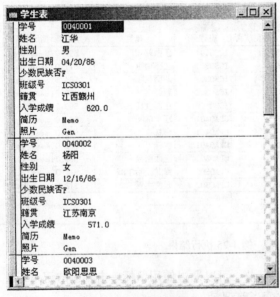

图 4.6　EDIT 编辑窗口

图 4.7　浏览与编辑模式切换

CHANGE 与 EDIT 所打开的编辑模式与 BROWSE 浏览模式可以随时自由切换。切换的方法是选择显示菜单中的"浏览"项便切换到浏览模式，选择"编辑"项便切换到编辑模式。

如图 4.7 所示。

二、成批替换修改命令 REPLACE

当使用 EDIT、CHANGE 或 BROWSE 打开编辑窗口后，我们可以对相应的字段进行修改，这种修改方式一般适应于少量的修改，如果需要对大量满足相同条件的记录进行修改，则可以使用 **REPLACE** 命令。REPLACE 命令格式为：

REPLACE <字段名 1> WITH <表达式 1> [ADDITIVE];

   [, <字段名 2> WITH <表达式 2> [ADDITIVE]];

 [<范围>] [FOR <条件>] [WHILE<条件>]

 [IN <工作区>| <表别名>]

REPLACE 适合按表达式进行批量修改数据。在执行 REPLACE 命令时，它先计算第一个 WITH 后面的<表达式 1>的值，然后再用它的值替换<字段名 1>的值，一个字段被替换后再接着替换下一个字段，直到最后一个指定的字段。在计算表达式时，如果该表达式中包括前面已替换的字段，则要计算表达式时已替换字段使用的是替换后的新值参加运算。

参数说明：

ADDITIVE：指定备注字段的替换方式。包括 ADDITIVE 时为追加方式，否则为覆盖方式。

范围：指定被替换的记录范围。

FOR<条件>：指定被替换记录需满足的条件。

IN<工作区>：对指定工作区的表进行替换操作。

IN<表别名>：对指定别名的表进行替换操作。缺省时对当前工作区进行操作。

注意：当缺省条件和范围时，REPLACE 命令对当前记录进行操作。

例 **4-28** 将学生表中记录号为 3 的同学的入学成绩提高 10%。

 use 教学管理数据库!学生表

 go 3

 replace 入学成绩 with 入学成绩*1.1

例 **4-29** 将学生表中的所有女同学的入学成绩提高 10 分。

 use 教学管理数据库!学生表

 display all 学号,姓名,性别,入学成绩 for 性别="女" &&替换前所有女同学的入学成绩

 replace all 入学成绩 with 入学成绩+10 for 性别="女" &&成绩替换

 display all 学号,姓名,性别,入学成绩 for 性别="女" &&替换后所有女同学的入学成绩

显示结果为：

替换前的所有女同学的相关信息：

记录号	学号	姓名	性别	入学成绩
2	0040002	杨阳	女	571.0
3	0040003	欧阳思思	女	564.5
5	0040005	李冰晶	女	599.0
6	0041271	潭莉莉	女	563.0

替换后的所有女同学的相关信息：

记录号	学号	姓名	性别	入学成绩
2	0040002	杨阳	女	581.0
3	0040003	欧阳思思	女	574.5
5	0040005	李冰晶	女	609.0
6	0041271	潭莉莉	女	573.0

4.2.4 数据表记录的增加

一、记录的插入

如果需要在表的任意位置插入新的记录，可以使用 **INSERT** 命令。命令格式为：

INSERT [BEFORE] [BLANK]

如果不指定 BEFORE 则在当前记录之后插入一条新的记录，否则在当前记录之前插入一条新的记录。如果不指定 BLANK 则直接出现一个编辑记录的窗口，并以交互方式输入记录的值。否则在当前记录之后(或之前)插入一条空白记录，然后用 EDIT、CHANGE 或 BROWSE 命令交互式输入或修改空白记录的值，或用 REPLACE 命令直接修改该空白记录。

二、记录的追加

INSERT 命令可以在表中任意位置插入记录，一般情况下记录的增加都是在表尾进行的。在一个已经存在的表的尾部添加记录使用 **APPEND** 命令。APPEND 命令格式为：

APPEND [BLANK]

此命令在当前工作区已经打开的表中添加记录。

参数说明：

BLANK：在当前表的最后添加 1 条空白记录。当使用 APPEND BLANK 时 Visual FoxPro 不会打开编辑窗口。直接使用 APPEND 将打开一个编辑窗口，我们可以直接在编辑窗口进行记录的编辑(编辑窗口如图 4.8 所示)。一般可以先使用 APPEND BLANK 向表中添加一条空白记录，再使用 REPLACE 进行字段值的修改。

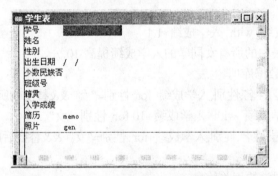

图 4.8 使用 APPEND 命令打开的编辑窗口

注意：如果在表上建立了主索引或候选索引(详见 4.3 节)，则不能用以上的 APPEND 或 INSERT 命令插入记录，必须用 SQL 的 INSERT 命令(详见第五章)插入记录。

例 4-30 向学生表中添加一条记录。

```
use 教学管理数据库!学生表
append blank
replace 学号 with "0043022",姓名 with "李莉",;
```

　　　　性别 with "女",出生日期 with{^1989/06/01},;
　　　　少数民族否 with .f.,班级号 with "CPA0403",;
　　　　籍贯 with "北京",入学成绩 with 588
　　browse

例 4-30 执行结果如图 4.9 所示。

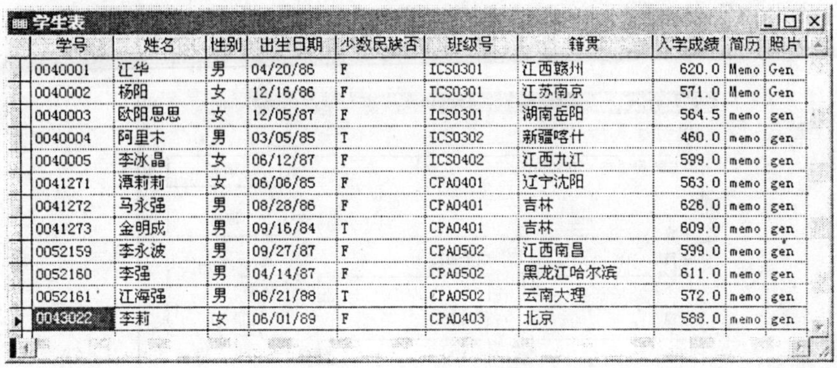

图 4.9　例 4-30 执行结果

4.2.5　表记录的删除

当表中某些记录不再具有使用价值时,可以将它们从表中删除。在 Visual FoxPro 中删除记录分两步进行,首先进行逻辑删除,再进行物理删除。逻辑删除只是对记录作一个删除标志,需要时还可以恢复(即取消删除标志)。物理删除是真正的删除,无法再恢复,因此在进行物理删除时需要进行确认。

一、图形方式操作

当我们在浏览表的内容时可以同时进行相应的编辑操作。要逻辑删除相应的记录只需要在该记录最前面的小方格中单击鼠标使其变黑即可,再次单击则表示取消逻辑删除,如图 4.10 所示。

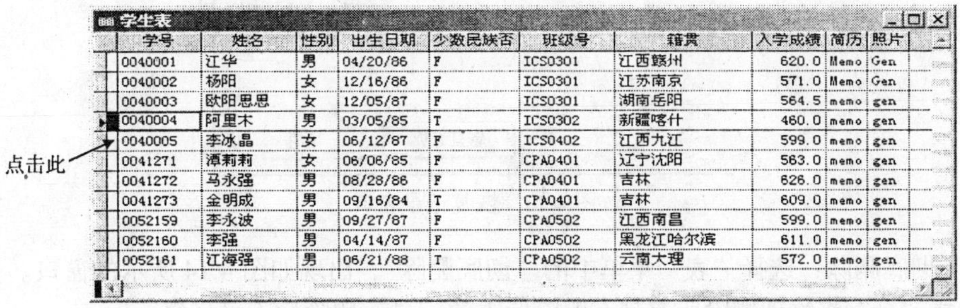

图 4.10　逻辑删除记录

我们也可以使用菜单来进行相应操作。操作方法如下:

(1) 逻辑删除记录:选择"表"菜单中的"删除记录",将出现如图 4.11 所示对话框。选择需要删除记录的作用范围和指定相应的条件,点击 For 或 While 条件右边的按钮可以使用如图 4.12 所示的表达式生成器来产生条件。最后单击"删除"按钮即可删除满足条件的记录。

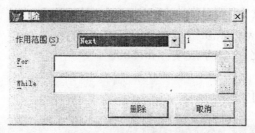

图 4.11　删除记录对话框

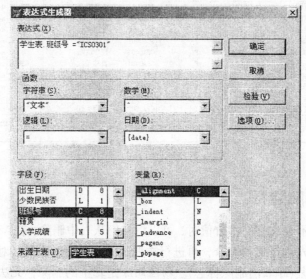

图 4.12　表达式生成器

(2) 恢复记录：选择"表"菜单中的"恢复记录"，出现如图 4.13 所示的窗口。选择需要恢复删除的作用范围的条件，即可将满足指定条件的记录取消删除标志。

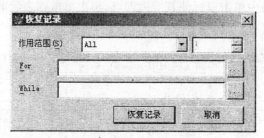

图 4.13　恢复记录窗口

(3) 彻底删除：选择"表"菜单中的"彻底删除"，出现如图 4.14 所示的窗口。选择"是"将物理删除所有带有删除标志的记录，删除后不可恢复。

图 4.14　是否删除对话框

二、命令方式操作

1. 记录的逻辑删除

命令格式：

DELETE [<范围>] [FOR <条件>] [WHILE <条件>]

命令功能：该命令对满足指定<范围>、<条件>的记录做上删除标志，删除标志是"*"。

在缺省<范围>和<条件>时，**DELETE** 命令的默认范围是当前记录，即只对当前记录作删除标志。对于已作删除标志的记录，当用 LIST 或 DISPLAY 命令显示输出时，其记录号右边会出现删除标志*；在用 BROWSE、CHANGE、EDIT 等编辑时，其记录的左边小方块会变成黑色。用 DELETE 作了删除标志的记录，可以使用 RECALL 恢复。

例 **4-31** 将学生表中的所有女同学的记录删除。

    use 教学管理数据库!学生表

    delete all for 性别="女"

    browse

显示结果如图 4.15 所示。

学号	姓名	性别	出生日期	少数民族否	班级号	籍贯	入学成绩	简历	照片
0040001	江华	男	04/20/86	F	ICS0301	江西赣州	620.0	Memo	Gen
0040002	杨阳	女	12/16/86	F	ICS0301	江苏南京	571.0	Memo	Gen
0040003	欧阳思思	女	12/05/87	F	ICS0301	湖南岳阳	564.5	memo	gen
0040004	阿里木	男	03/05/85	T	ICS0302	新疆喀什	460.0	memo	gen
0040005	李冰晶	女	06/12/87	F	ICS0402	江西九江	599.0	memo	gen
0041271	谭莉莉	女	06/06/85	F	CPA0401	辽宁沈阳	563.0	memo	gen
0041272	马永强	男	08/28/86	F	CPA0401	吉林	626.0	memo	gen
0041273	金明成	男	09/16/84	T	CPA0401	吉林	609.0	memo	gen
0052159	李永波	男	09/27/87	F	CPA0502	江西南昌	599.0	memo	gen
0052160	李强	男	04/14/87	F	CPA0502	黑龙江哈尔滨	611.0	memo	gen
0052161	江海强	男	06/21/88	T	CPA0502	云南大理	572.0	memo	gen

图 4.15 例 4-31 执行结果

2. 恢复删除标志

命令格式：

RECALL [<范围>] [FOR <条件>] [WHILE <条件>]

命令功能：该命令是对满足指定<范围>、<条件>的记录取消删除标志，它的作用与 DELETE 相反。在缺省<范围>和<条件>时，该命令的默认范围是当前记录。

例 **4-32** 恢复学生表中的所有带删除标记的记录。

    use 教学管理数据库!学生表

    recall all   &&恢复所有带删除标志的记录

    browse

显示结果如图 4.16 所示。

3. 记录的物理删除

(1) 对已经逻辑删除的记录实现物理删除：

命令格式：PACK [MEMO] [DBF]

PACK 命令将当前表中已做删除标志的记录从文件中物理删除。物理删除后的记录不能使用 RECALL 恢复。

图 4.16　例 4-32 执行结果

参数说明：

MEMO：指定 PACK 命令只删除备注文件而不删除表文件。

DBF：与 MEMO 相反，只删除表中的记录而不删除备注中的信息。

(2) 物理删除全部记录：

命令格式：ZAP

ZAP 命令物理删除指定工作区中表的全部记录，只剩下表结构。该命令删除记录后不可恢复。它等价于先 DELETE ALL 再 PACK，但 ZAP 命令速度更快。如果 SET SAFETY 设置为 ON，系统将提示用户确认是否删除。

4.3　表的索引与排序

4.3.1　表的索引

一、索引概述

记录在表中是按物理顺序排列的，而该物理顺序取决于数据记录的输入顺序，Visual FoxPro 中使用记录号来进行标识。除非对记录进行插入或删除，否则已经输入的记录号是不变的。根据对表的不同应用，用户经常希望它能按不同的顺序来对记录进行显示或处理，如有的时候希望能按入学成绩的高低来显示学生记录，而有的时候又希望按出生日期来显示。然而在输入记录的时候，通常不会有意按某种顺序输入，因此常需要采取一些方法来对表中的记录进行重新组织，使其与希望的顺序一致。这里的要区分数据记录在外存中存放的物理顺序，很多时候不同于它在内存中排列的逻辑顺序。

对表文件中的记录进行重新组织有两种方案，一种是通过物理排序命令对记录进行物理上的重新组织，如使用 SORT 命令；另一种是并不需要改变物理顺序，而是通过建立索引来实现数据记录的重新排列，这种方法称为逻辑排序。通过索引文件不仅可以实现逻辑排序，还可以实现记录的快速查找。

Visual FoxPro 中的索引是由指针构成的文件，这些指针逻辑上按照索引关键字值进行排序，索引文件和表文件分别存储，并且不改变表中记录的物理顺序。

可以在表设计器中或使用命令方式来定义索引，Visual FoxPro 中索引分为主索引、候选索引、唯一索引和普通索引四种。

（1）主索引。在指定字段或表达式中不允许重复值的索引，这样的索引可以起到主关键字的作用，它强调的"不允许出现重复值"是指建立索引的字段值不允许重复。如果在已经包括任何重复数据的字段中建立主索引，系统将产生错误信息。建立主索引的字段可以认为是主关键字。一个表只能有一个主关键字，所以一个表只能创建一个主索引。

（2）候选索引。候选索引和主索引具有相同的特性，建立候选索引的字段可以看作是候选关键字，一个表可以建立多个候选索引。

（3）唯一索引。唯一索引中的唯一是指索引项的唯一，而不是字段值的唯一。它以指定字段值作为索引，如果有相同的字段值，在索引中只包括第一次出现的该值，以后相同的值在索引中不再出现。

（4）普通索引。普通索引可允许字段中出现重复值，并且索引项中也可以出现重复值。在一个表中可以建立多个普通索引。

另外，从索引文件的组织方式来讲有三类索引：

（1）结构化复合索引文件：结构化复合索引文件(structural compound index)名与数据表文件同名，其扩展名为CDX。一个数据表只能建立一个结构复合索引文件，它将随着表的打开与关闭自动打开和关闭。结构化复合索引文件中同时存有多个不同索引关键字的索引，要引用一个特定的索引关键字，结构化复合索引文件是通过标记名(TAG)来实现的。要查看一个结构化复合索引文件中存在的多个索引标记名可使用表设计器来查看。结构复合索引文件不能单独被关闭。根据这个特点，每当对表进行增、删、改时，相应的结构复合索引文件将会被自动更新。

（2）单独的IDX索引：是一种非结构单索引，这是早期版本使用的索引文件，为了保持兼容性而保留下来的。一个IDX索引文件只能包括一个索引，若一个表有多个索引，需要建立多个索引文件，维护起来不方便，不推荐使用此索引。

（3）独立复合索引文件：独立的复合结构索引也称非结构复合索引文件(non-structural)，它的名称与相应的表名称不同，一个表可以建立多个独立复合索引文件，不推荐使用此索引。

在Visual FoxPro中建立索引有两种方法：

（1）使用表设计器来建立索引，这样建立的索引全部为结构复合索引。

（2）使用INDEX命令建立索引，可以建立结构复合索引和单独的IDX索引。

二、在表设计器中建立索引

在表设计器中界面中有"字段"、"索引"和"表"三个选项卡，在"字段"选项卡中就可以直接指定某些字段的索引项，用鼠标单击定义索引的下列列表框可以见到有三个选区项：无、升序、降序(默认是无)。如果选择了升序，则在对应字段建立一个普通索引，索引名与字段同名，索引表达式就是对应的字段。

如果要将索引定义为其他类型的索引，则必须将界面切换到"索引"选项卡，然后从"类型"中选择索引类型(如图4.17所示)，这时可以根据需要选择主索引、候选索引、唯一索引和普通索引。如果索引是基于多个字段的，可以使用表达式生成器来生成相应索引的表达式。

索引可以提高表的查询速度，当对表进行插入、删除和修改时，系统将自动维护索引，也就是说索引会降低插入、删除和修改等操作的速度。如何建立索引以及建立何种索引是我们在设计表的时候需要考虑的一个问题。

三、用命令建立索引

表设计器以图形化的方式帮助我们建立索引文件，我们也可以使用命令方式来建立索引

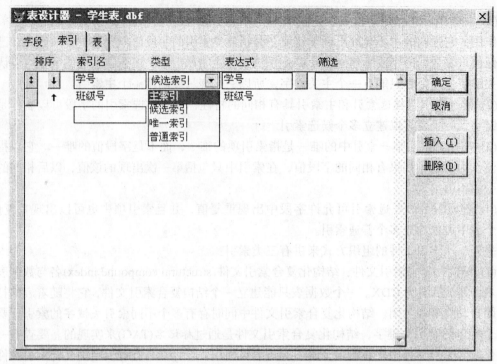

图 4.17　使用表设计器定义索引

文件。建立索引的命令为 **INDEX**，命令格式为：

INDEX ON <索引关键字>TO <索引文件名>| TAG <索引标记名>

　　　[OF <复合索引文件名>] [FOR <条件>][COMPACT]

　　　[ASCENDING | DESCENDING] [UNIQUE | CANDIDATE][ADDITIVE]

命令功能：创建一个索引文件，使我们可以按指定的逻辑顺序来存储表中的记录。

参数说明：

<索引关键字>：它是建立索引的依据，其长度最多 240 个字符。<索引关键字>可以是当前表的某个字段，也可以是由常量、变量和其他字段组合而成的符合 Visual FoxPro 规定的表达式。

TO <索引文件名>：该项指定建立一个 idx 索引文件。缺省扩展名为 IDX。

TAG <索引标记名>[OF 复合索引文件名]：该项指定建立一个 CDX 复合索引文件(如果该复合索引文件已经存在，只是向其中加入一个新的索引标记)。<索引标记名>指定索引的标记名称。<索引标记名>以字母或下划线开头，最多 10 个字符。复合索引中标记的数目仅受内存和磁盘空间的限制。如果不包括 OF 复合索引文件名子句，将创建一个结构复合索引。

FOR <条件>：对满足条件的记录进行索引。

COMPACT：指定对建立的 idx 索引文件为压缩方式，否则为非压缩的。该选项对复合索引无效，因为复合索引文件总是压缩的。

ASCENDING：指定按关键字升序建立索引。系统缺省为升序。

DESCENDING：指定按关键字降序建立索引。对于 IDX 文件不能使用该子句。

UNIQUE：说明建立唯一索引。

CANDIDATE：说明建立候选索引。

ADDITIVE：保持前面打开的索引文件为打开状态。如果省略在使用 INDEX 创建索引时将关闭前面打开的所有索引文件(结构复合索引除外)。

从以上命令可知，使用命令可以建立普通索引、唯一索引和候选索引。如果要建立主索引需要使用表设计器或用 SQL 语句来完成。因此，一般只使用结构复合索引，而其他两种索引主要是为了与以前版本兼容。

例 4-33　为学生表以学号为标记建立一个结构复合索引。

open database "教学管理数据库"
use 学生表　　　　　　　　&&或者 use "教学管理数据库!学生表"
index on 学号 tag 学号 T　　&&按"学号"字段建立标记名为"学号 T"的索引
index on 入学成绩 tag 入学成绩 T
&&按"入学成绩"字段建立标记名为"入学成绩 T"的索引

注意：这里虽然建立了二个不同索引关键字的索引，但它们同时存放在一个与数据表同名的索引文件中(学生表.CDX)，这里要区分二个不同的概念，索引关键字和索引标记名，为了区分这二个不同的概念，例 4-33 中带 T 的为标记名，它是引用索引的标记。

例 4-34　为成绩表建立以学号+课程号的结构复合索引。

open database "教学管理数据库"
use 成绩表　　　　　　　　&&或者 use "教学管理数据库!学生表"
index on 学号+课程号 tag 学号课程号

注意：用 INDEX 建立的索引的同时，数据表也在内存中按索引关键字进行了排序。

四、索引文件的使用

1. 打开数据表时使用索引

再次打开数据表时，如果建立了结构化复合索引，则结构化复合索引随着数据表的打开而打开，但如果没有指定索引标记，记录在内存中的排列顺序依然按记录的物理存放次序排列，即按记录号排列。下面介绍在打开数据表的同时，使记录按某个索引关键字排序的方法。

我们只给出结构化复合索引的使用命令格式：

USE [<数据库名>!]<表名> [ORDER [TAG] <索引标记名> [OF CDX<索引文件名>]
　　　[ASCENDING | DESCENDING]]

该 **USE** 命令的功能是打开表的同时，使用<索引标记名>对记录进行排序。下面给出几个选项作一说明。

ORDER [[TAG] <索引标记名> [OF CDX<索引文件名>]：使用有 INDEX 命令建立的结构化复合索引，<索引标记名>有 INDEX 命令指定。

ASCENDING | DESCENDING：表示升序或降序，默认为升序。

例 4-35　使用例 4-33 中建立的结构化复合索引。

use 学生表 order 入学成绩 T
browse　　　　　　&&可以看到打开的数据表按入学成绩升序排列

如果希望在打开数据表时，数据表按降序排列使用 DESCENDING 关键字。例如打开学生表时，按入学成绩的降序排列方法为：

use 学生表 order 入学成绩 T descending

2. 设置主索引

主索引是指当前起作用的索引文件，表中的数据按主索引进行排序。主索引可以在打开索引文件的时候指定，也可以在索引文件打开后进行指定或改变。

命令格式：

SET ORDER TO [[TAG] <索引标记名> [OF CDX <索引文件名>]

[ASCENDING | DESCENDING]]

SET ORDER TO 命令的功能是指定主索引。如果缺省所有选项，该命令取消当前工作区的主索引，即无主索引。

例 4-36 设置成绩表的主索引为学号课程号。

```
open database "教学管理数据库"
use 成绩表
browse                                  &&运行结果见图 4.18(a)
    index on 学号+课程号 tag 学号课程号
    set order to 学号课程号
    browse                              &&运行结果见图 4.18(b)
```

例 4-36 运行结果如图 4.18 所示。从中我们可以发现，当设置了主索引之后，表中记录的逻辑顺序发生了变化，已经按学号+课程号的顺序进行了重新的排序。

成绩表

学号	课程号	成绩
0040001	B1001	67.0
0040004	A0101	87.0
0040001	C3004	76.0
0040001	A0101	95.0
0040002	B1001	75.0
0040003	C3004	85.0
0040004	B1001	46.0
0040005	A0101	100.0
0040002	C3004	81.0
0041271	A0101	86.0
0041271	B1001	66.0
0041271	C3004	78.0
0052161	C3004	45.0
0052161	A0101	66.0
0052160	C3004	88.0
0052160	B1001	78.0

(a) 未设主索引时

成绩表

学号	课程号	成绩
0040001	A0101	95.0
0040001	B1001	67.0
0040001	C3004	76.0
0040002	B1001	75.0
0040002	C3004	81.0
0040003	C3004	85.0
0040004	A0101	87.0
0040004	B1001	46.0
0040005	A0101	100.0
0041271	A0101	86.0
0041271	B1001	66.0
0041271	C3004	78.0
0052160	B1001	78.0
0052160	C3004	88.0
0052161	A0101	66.0
0052161	C3004	45.0

(b) 设定学号课程号为主索引

图 4.18 例 4-36 运行结果

3. 关闭索引

关闭索引文件的方法也有两种，一种是关闭表，另一种是仅关闭索引文件而不关闭表。命令如下：

命令格式 1：CLOSE INDEX

命令格式 2：SET INDEX TO

其中 **CLOSE INDEX** 是关闭所有已经打开的索引文件，SET INDEX TO 仅关闭当前工作区中打开的索引的文件。

由于索引的使用改变了记录在内存中的排列顺序，下面给出例子说明索引对函数 EOF( )，BOF( )，RECNO( )的影响。

例 4-37 分析下列命令中？的显示结果，由于索引的使用记录在内存中的排列顺序是按

照索引关键字进行的，其对 GO TOP|BOTTOM、SKIP 和函数 EOF( )、BOF( )有影响，参照图 4.18 所示的进行分析。

```
open database "教学管理数据库"
use 成绩表
index on 学号+课程号 tag 学号课程号
set order to 学号课程号
? reccount()                    &&显示结果为：16
go 1
&&注意，这是到 1 号物理记录，即绝对记录指针的移动
? recno(),bof(), eof()          &&显示结果为：1    .F.    .F.
go top
? recno(),bof(),eof()           &&显示结果为：4    .F.    .F.
&&注意，这是到 4 号物理记录，但是逻辑排列在顶步，即相对记录指针的移动
skip −1
? recno(),bof(),eof()           &&显示结果为：4    .T.    .F.
go bottom
? recno(),bof(),eof()           &&显示结果为：13   .F.    .F.
skip
? recno(),bof(),eof()           &&显示结果为：17   .F.    .T.
go 1
skip
? recno(), bof(),eof()          &&显示结果为：3    .F.    .F.
```

注意：当使用索引之后，GO TOP 将记录指针定位到索引项排在最前面的索引对应的记录，而 GO BOTTOM 将记录指针索引项排在最后面的索引项对应的记录。如果使用了索引，SKIP 命令也是以索引的顺序来移动记录指针，而不是以物理记录顺序移动指针。即记录指针移动命令 GO TOP，GO BOTTOM 和 SKIP 为相对指针移动命令，它是按记录在内存中的逻辑排列来移动记录指针的，而 GO n 命令为绝对记录指针移动命令，它是按记录物理存放的记录号来移动记录指针的。

4.3.2 表的排序

对表的索引只是改变表中记录的逻辑顺序，如果要改变表记录存储的物理顺序，可以使用表的排序命令 SORT 来完成，命令格式为：

SORT TO <表名> ON <字段名 1> [/A | /D] [/C] [, <字段名 2> [/A | /D] [/C] …]
　　　　[ASCENDING | DESCENDING] [<范围>]
　　　　[FOR <条件>] [WHILE <条件>] [FIELDS <字段列表>]

命令功能：将当前表中满足范围和条件的记录按指定的顺序进行排序后输出到一个新表中。

参数说明：

ON<字段名 1>：指定排序的字段。缺省情况下按升序排列。注意不能对备注型和通用型字段进行排序。还可以进一步指定排序的字段字段名 2，字段名 3，对于字段名 1 相同的记录

按字段名 2 的顺序排列，其他依次类推。

[/A|/D][/C]：指定排序时采用升序还是降序。/A 表示升序，/D 表示降序。默认情况下字符是区分大小写的，可以使用/C 不区分大小写，即认为大写和小写相同的。/C 可以与/D、/A 组合使用，如/AC 或/DC。

例 4-38　将教学管理数据库中学生表的记录按入学成绩从高到低排序，入学成绩相同的按学号进行排序，并将结果输出到文件 TEMP 中。

open database "教学管理数据库"

use　学生表　　　&&或者　use"教学管理数据库!学生表"

sort on　入学成绩/d,学号/a to temp

use temp

browse　　　　　&&显示排序后的结果表

显示结果如图 4.19 所示。

学号	姓名	性别	出生日期	少数民族否	班级号	籍贯	入学成绩	简历	照片
0041272	马永强	男	08/28/86	F	CPA0401	吉林	626.0	memo	gen
0040001	江华	男	04/20/86	F	ICS0301	江西赣州	620.0	Memo	Gen
0052160	李强	男	04/14/87	F	CPA0502	黑龙江哈尔滨	611.0	memo	Gen
0041273	金明成	男	09/16/84	T	CPA0401	吉林	609.0	memo	gen
0040005	李冰晶	女	06/12/87	F	ICS0402	江西九江	599.0	memo	gen
0052159	李永波	男	09/27/84	F	CPA0502	江西南昌	599.0	memo	gen
0052161	江海强	男	06/21/88	T	CPA0502	云南大理	572.0	memo	gen
0040002	杨阳	女	12/16/86	F	ICS0301	江苏南京	571.0	Memo	gen
0040003	欧阳思思	女	12/05/87	F	ICS0301	湖南岳阳	564.5	memo	gen
0041271	潭莉莉	女	06/06/85	F	CPA0401	辽宁沈阳	563.0	memo	gen
0040004	阿里木	男	03/05/85	T	ICS0302	新疆喀什	460.0	memo	gen

图 4.19　例 4-38 执行结果

4.4　表记录的查找

建立表并不是我们的最终目的，而是为了更好地、更有效率地存储在表中的大量数据。查询的本质就是记录指针的定位。前面已经介绍过 GO、SKIP 等记录指针的定位，它们都不能实现按条件进行记录指针的定位。在 Visual FoxPro 中常用的查找主要包括顺序查找和快速查找，这些命令是 LOCATE、FIND 和 SEEK。

4.4.1　顺序查找

命令格式：

LOCATE [<范围>] FOR <条件> [WHILE <条件>]

该命令是根据 FOR 和 WHILE 条件指定的条件，在当前表中按指定的记录范围来顺序查找满足指定条件的记录。如果有满足条件的记录，记录指针首先定位在第 1 条满足条件的记录上。

顺序查找是指从给定的范围的第一条记录开始，逐条记录与给定的查找条件相比较，直到遇到使得给定的查找条件为真的记录或遇到给定的范围结束或遇到使 WHILE 条件为假的记录。LOCATE 命令只能将记录指针移动到满足条件的第一条记录上，如果表中有多条满足条件的记录，必须将 LOCATE 与 CONTINUE 命令结合起来使用。

命令格式：CONTINUE

CONTINUE 命令不能单独使用，必须与 LOCATE 命令配合使用，表示 LOCATE 命令的继续，它在 LOCATE 指定的范围内将记录指针移动到下一条满足 LOCATE 指定条件的记录上。CONTINUE 命令可以多次使用，与最近的一个 LOCATE 命令匹配，直到找到 LOCATE 指定范围的尾部为止。可以使用函数 FOUND( )来判断查找是否成功。

例 4-39　在学生表中查找学号为"0040005"的同学，并显示其学号和姓名。

```
open database "教学管理数据库"
use 学生表
locate for 学号="0040005"
? found()          &&显示结果为：.T.
? 学号,姓名          &&显示结果为：0040005 李冰晶
continue
? found()          &&显示结果为：.F.
```

4.4.2　快速查找

顺序查找虽然能找到我们要找的记录，但对于较大的表来说查找速度较慢。为了提高查找速度，可以利用我们前面建立的索引来进行记录的快速查找。Visual FoxPro 提供了两条快速度查找的命令，分别是 FIND 和 SEEK。FIND 是为了保持向后兼容而保留的，系统推荐使用 SEEK 命令。

1. FIND 命令

命令格式：FIND <关键字>

FIND 命令根据主索引，查找索引关键字与指定的关键字相等的第一条记录。如果查找成功，记录指针将定位在与指定关键字相等的第一条记录上。如果查找不成功，记录指针将定位在表尾标志上。对于查找是否成功，可以通过函数 EOF( )或 FOUND( )来判断，EOF( )的值为.F.或 FOUND( )的值为.T.时表示查找成功。否则表示查找不成功。

FIND 命令只能查找字符型、数值型的索引关键字，而不能查找日期型、逻辑型的索引关键字。而且<关键字>中只能给定数值常量或字符常量，不能直接使用变量，对于字符型内存变量，可以使用&进行宏替换。对于字符型的索引关键字，<关键字>在指定值时一般不用定界符。

例 4-40　使用 FIND 命令在学生表中查找学号为"0040004"的同学，并显示其基本情况。

```
open database "教学管理数据库"
use 学生表
index on 学号 tag 学号
set order to 学号
find 0040004
&&这里 FIND 后面只能为学号，如果为其他字段数据则不能完成查找
? found()          &&显示结果为：.t.
? 学号,姓名          &&显示结果为：0040004 阿里木
```

2. SEEK 命令

命令格式：

SEEK <表达式> [ORDER <索引序号> | [TAG] <索引标记名>

    [OF CDX <索引文件名>] [ASCENDING | DESCENDING]

SEEK 命令功能：查找表中索引值与指定表达式相匹配的第一条记录，并将指针指向该记录。

参数说明：

<表达式>：可以是常量、变量等构成的一般表达式，但表达式的值要与关键字表达式的类型一致，且对于字符型常量必须使用定界符。注意 SEEK 命令只能用来查找被索引标识标记关键字的字段。

ORDER <索引序号>：指定查找所使用的主索引。

ORDER [TAG] <索引标记名> [OF CDX <索引文件名>]：指定查找所使用的索引标记。

ASCENDING：按升序查找。

DESCENDING：按降序查找。

如果 SEEK 查到一条与索引关键字匹配的记录，则 RECNO( )返回匹配的记录的记录号，FOUND( )函数返回.T.，EOF( )函数返回.F.。如果没有找到匹配的记录，则 RECNO( )返回的值为表记录总数加 1(如表有 11 条记录，则值为 12)，FOUND( )返回.F.，EOF( )返回.T.。

例 4-41 使用 SEEK 命令在学生表中查找学号为"0041271"的同学，并显示其基本情况。

    open database "教学管理数据库"
    use 学生表
    index on 学号 tag 学号
    seek "0041271" order 学号
    &&这里 SEEK 后面只能为学号，如果为其他字段数据则不能完成查找
    ? found()   &&显示结果为：.t.
    ? 学号,姓名   &&显示结果为：0041271 潭莉莉

4.5 表 的 统 计 与 计 算

4.5.1 统计记录个数

命令格式：

COUNT [<范围>] [FOR <条件>] [WHILE <条件>][TO <变量名>]

COUNT 命令功能：该命令统计当前工作区中打开的表中满足指定范围和条件的记录个数，并将统计结果赋给指定的内存变量。

若缺省[TO 变量名]，则只将统计结果在屏幕上显示出来。

注意：

(1) 若执行 COUNT 前，SET DELETED ON|OFF 已经设置为 ON 状态，则统计结果中不包括已经逻辑删除的记录；若为 OFF 状态，则将已经逻辑删除的记录也统计进去。

(2) COUNT 命令若缺省范围和条件，则范围为 ALL。

例 4-42 分别统计学生表中男同学和女同学的人数。

```
open database "教学管理数据库"
use  学生表
count for  性别 ="男" to numboy
count for  性别 ="女" to numgirl
? numboy            &&显示结果为：7
? numgirl           &&显示结果为：4
```

例 4-43 统计学生表中入学成绩在 600 分以上的人数。

```
open database "教学管理数据库"
use  学生表
count for  入学成绩>600 to num
? num                &&显示结果为：4
```

4.5.2 统计累加和

命令格式：

SUM [<表达式>][<范围>]

      [FOR <条件>] [WHILE <条件>][TO <变量列表> | TO ARRAY <数组名>]

SUM 命令功能：该命令求当前工作区打开的表中由[表达式]所指定的数值字段或数值表达式在满足指定条件下的累加和，并将统计结果依次赋给[TO<变量列表>|TO ARRAY<数组名>]指定的内存变量或数组元素。

若缺省[<表达式>]则对所有的数值字段进行求总和操作。

例 4-44 统计成绩表中 "0040001" 同学的所有课程成绩总分。

```
open database "教学管理数据库"
use  成绩表
sum for  学号="0040001" to score
? score              &&显示结果为：238.00
```

4.5.3 统计平均值

命令格式：

AVERAGE [<表达式>][<范围>] [FOR <条件>] [WHILE <条件>]

      [TO <变量列表> | TO ARRAY <数组名>]

AVERAGE 命令功能：该命令求当前工作区打开的表中由[<表达式>]所指定的数值字段或数值表达式在满足指定条件下的平均值，并将统计结果依次赋给[TO<变量列表>|TO ARRAY<数组名>]指定的内存变量或数组元素。

该命令的使用方法与 SUM 完全相同，只是一个是求总和，一个求平均值。

例 4-45 统计成绩表中 "0040001" 同学的所有课程的平均分。

```
open database "教学管理数据库"
use  成绩表
aver for  学号="0040001" to averscore
? averscore          &&显示结果为：79.33
```

4.5.4　财务统计

命令格式：

CALCULATE <表达式列表>[<范围>] [FOR <条件>] [WHILE <条件>]

[TO <变量列表> | TO ARRAY <数组名>]

CALCULATE 命令功能：该命令对当前工作区中打开的表中由表达式列表指定的计算表达式，在满足范围和条件下进行综合统计计算，并将计算结果、统计结果依次赋给[TO<变量列表>|TO ARRAY<数组名>]指定的内存变量或数组元素。

<表达式列表>：利用相应的函数来进行计算，可以包括下列函数的任意组合：

AVG(数值表达式)：表示计算满足指定范围和条件的数值表达式的平均值。

CNT( )：表示求表中满足指定范围和条件下的记录数。

MAX(表达式)：求表中满足指定范围和条件下的各记录表达式的最大值。表达式为字符、数值、日期型表达式，通常为字符、数值、日期型字段名。

MIN(表达式)：求表达式的最小值，含义同 MAX(表达式)。

NPV(数值表达式 1, 数值表达式 2[, 数值表达式 3])：表示计算现金流量的净现值。数值表达式 1 代表利率，复利计息。数值表达式 2 表示现金流量。数值表达式 3 为可选项，若有表示初始投资额，若无则认为初始投资发生在第一期末。

STD(数值表达式)：求表中满足指定范围和条件下的各记录数值表达式的标准差。

SUM(数值表达式)：求表中满足指定范围和条件下的各记录数值表达式的累加和。

VAR(数值表达式)：求表中满足指定范围和条件下的各记录数值表达式的方差。

该命令的其他选项的使用方法与 SUM 命令相同。

例 4-46　统计成绩表中 "0040001" 同学的总成绩和成绩门数。

open database "教学管理数据库"

use 成绩表

calculate sum(成绩),cnt(成绩) for 学号="0040001"

&&屏幕显示结果为：238.00 3

4.5.5　分类汇总

命令格式：

TOTAL TO <表名> ON <字段名>[FIELDS <字段列表>][<范围>]

[FOR <条件>][WHILE <条件>]

TOTAL 命令功能：该命令对当前工作区打开的表中，由 FIELDS 选项指定的数值字段按表达式字段名，在满足指定范围和条件下进行记录的纵向分类汇总，并将分类汇总的结果存入一新的表中。新表中除包括备注型、通用型字段外，其余字段与当前表相同。

要进行分类汇总的表必须按关键表达式字段名进行过滤或排序(该索引为主索引)，汇总时，将当前表的所有关键字表达式值相同的记录中的数值字段的值进行汇总，并将汇总结果存入目标文件形成一条记录，该记录中的数值字段的值是该字段相同关键字值的多个记录的汇总值，而非数值型字段的值是该字段相同关键值的多个记录中的第一个记录的值。

例 4-47　将成绩表中所有学生的成绩按学号分类汇总。

```
open database "教学管理数据库"
use 成绩表
index on 学号  tag 学号
set order to  学号
total on 学号  to temp
use temp
browse
```

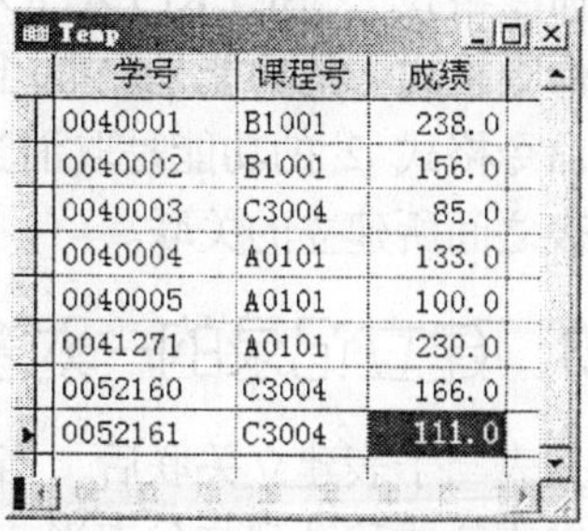

显示结果如图 4.20 所示。

图 4.20　例 4-47 执行结果

学号	课程号	成绩
0040001	B1001	238.0
0040002	B1001	156.0
0040003	C3004	85.0
0040004	A0101	133.0
0040005	A0101	100.0
0041271	A0101	230.0
0052160	C3004	166.0
0052161	C3004	111.0

4.6　表的临时关联

4.6.1　建立表的临时关联

在实际的应用系统中经常包括很多数据信息，它们被分别存储于不同的表中，而在处理和查询数据时，常需要同时用到几张表的记录信息。在对几张表进行操作时，这几张表中的记录通常是相关的。如教学管理中的学生表和课程表通过学号字段来相关。在对几张表进行操作时，常需要记录指针在几张表中进行相关移动。即记录指针在一个工作区移动时，相关联的数据表指针同步移动，这称为表关联。在 Visual FoxPro 中几张表之间的连接可以是临时的形式，也可以是永久的形式[①]。建立临时连接一般使用 SET RELATION 命令。

命令格式：

SET RELATION TO [<表达式 1> INTO <工作区 1>|<表的别名 1>

  [, <表达式 2> INTO <工作区 2>|<表的别名 2> …]

   [IN <工作区>|<表的别名>] [ADDITIVE]]

命令功能：建立当前工作区打开的表(父表)与其他工作区中打开的表(子表)间的关联。

参数说明：

<表达式 1>：父表和子表之间建立关联的特殊关系表达式。表达式通常是子表的主索引表达式。子表的索引可以是简单索引文件 IDX，也可以是复合索引文件 CDX，如果是复合索引则需要指定主索引，可以使用前面讲到的 SET ORDER 命令来实现。如果表达式是数值，当父表指针移动的时候，子表指针将移到表达式指定的记录。

<表达式 2>INTO<工作区 2>|<表的别名 2>：建立一个父表和子表的附加的关联。使用同一条 SET RELATION 命令可以建立一个父表和多个子表之间的关联。

ADDITIVE：指明该命令是以追加的方式建立关联，即在不关闭父表与其他子表已经建立关联的基础上，追加建立父表与指定子表之间的关联。若缺省此项则以覆盖的方式建立关联，即先关闭父表与其他子表建立的所有关联后，建立父表与指定子表的关联。

注意事项：建立关联之间，父表必须在一个工作区打开，在另一个工作区打开子表。

4.6.2　取消表的临时关联

命令格式 1：SET RELATION TO

---

① 目前，在 Visual FoxPro 中通常的做法是使用 SQL 语句将所涉及的多个数据表形成一个临时表，然后在对临时表进行操作。具体内容参见本书第五章。

命令格式 2：SET RELATION OFF INTO <工作区>|<别名>

命令格式 1 的功能是取消当前工作区打开的父表与其他子表之间所建立的关联。

命令格式 2 的功能是取消当前工作区打开的父表与<工作区>|<别名>所指定工作区所打开的表之间所建立的关联。

4.6.3 建立记录的一对多的联系

父表与子表建立关联后，当父表中的记录指针进行移动时，子表中的记录指针将根据关联关键表达式移动到与父表当前相匹配的第一条记录上。如果子表中根据关联关键表达式与父表当前记录有多个相匹配的记录，则可通过 SET SKIP 命令为已经建立关联的父表与子表之间建立父表记录与子表记录之间的一对多关联。建立了父表记录与子表记录的一对多联系后，父表记录指针要向下移动，只有在子表中的记录指针中遍历了所有与之相匹配的记录后才移动到下一条记录。

命令格式：SET SKIP TO [<别名 1> [, <别名 2>] …]

命令功能：对已经建立关联的父表与子表，建立父表与子表记录间的一对多关联。其中 [<别名 1>[, <别名 2>]…]等为子表所在工作区别名。如果缺省所有选项，该命令则取消父表记录与子表记录间已经建立的一对多关联，恢复到一对一的关联状态。

4.7　数据表的建立与修改

4.7.1　数据表的建立

在本章前面我们已经介绍了表的基本操作，那么，如何在 Visual FoxPro 中来创建我们所需要的表呢？表(table)是 Visual FoxPro 中用于存储数据和生成关系型数据库以及应用程序的基本单元。涉及表的操作包括处理当前存储于表中的信息、定制已有的表和创建自定义的表。在 Visual FoxPro 中包括两种表，一种是自由表，另一种是数据库表。自由表不属于任何数据库，但我们可以通过添加的方式将其加入一个指定的数据库中，而数据库表是指包括在数据库中的表。

使用 Visual FoxPro 建立数据库应用程序就不可避免地要创建自己的表来存储数据，或者处理当前数据表中的信息，或者优化现有的数据表。表是由字段构成的，所以在建立数据表之前，首先要确定表包含哪些字段。下面以"教学管理系统"为例进行说明。经过对实际教学管理的简化，我们得到学生表、课程表、成绩表和班级表四张表，四张数据表的字段结构见本章 4.1 节。表 4.5 是这四张表的索引要求。

表 4.5　"教学管理数据库"的索引

数据表名	主索引(主键)	普通索引
班级表	班级号	
学生表	学号	班级号
课程表	课程号	
成绩表	学号+课程号	学号，课程号

完成表的结构设计后，就可以通过 Visual FoxPro 在计算机上建立相应的表。

一、使用表设计器建立数据表

表设计器的打开有三种方式：

(1) 使用命令"CREATE 表名"建立一个新表。

(2) 通过菜单"文件/新建/表/新建文件"建立一个表。

(3) 从项目管理器建立表：选择"数据"选项卡，选中"自由表"项，再选择右边的"新建"按钮。

以上三种方法都将打开如图 4.21 所示的表设计器。表设计器是我们经常使用的建立表的可视化工具。下面对图 4.21 所涉及的一些基本内容和概念作一些解释。

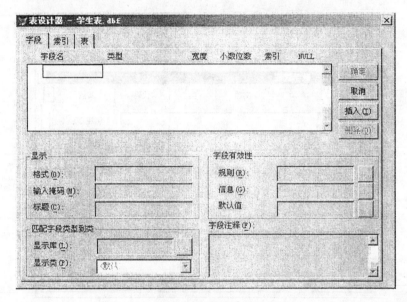

图 4.21　表设计器

(1) 字段名：即关系的属性名或表的列名。一个表由若干字段(列)构成，每一列都必须有一个唯一的名字——字段名，将来可以直接使用字段名来引用表中的数据。

(2) 字段类型和宽度：字段的数据类型决定了存储在字段中的值的数据类型，数据类型通过宽度限制可以决定存储数据的数量或精度。系统提供的可供选择的数据类型包括字符型、货币型、数值型、浮点型、日期型、日期时间型、双精度型、整型、逻辑型、备注型、通用型、字符型(二进制)、备注型(二进制)。

(3) 空值：在图中字段的"NULL"选项，宏观世界表示是否允许字段为空值。空值就是表示缺值或还没有确定的值，不能把它理解为任何意义的数据。比如在定购系统中表示商品数量的一个字段值，空值表示数量还没有确定，而 0 则可能表示不定购该商品。

(4) 显示：定义字段显示的格式、输入的掩码和字段的标题。

(5) 字段有效性：定义字段的有效性规则、返回规则时的提示信息和字段的默认值。

(6) 字段注释：可以为每个字段添加注释，便于日后或其他人对数据库进行维护。

按照前面给定的"学生表"的结构来填写表设计器中的各项，如图 4.22 所示。

设置完毕，单击"确定"按钮，这时会出现确认对话框，询问现在是否输入数据。一般情况下，不在此时输入数据。在后面还要介绍更加方便的输入方式。按照同样的方法，我们可以建立课程表、班级表和成绩表(建立好的表如图 4.23 所示)。

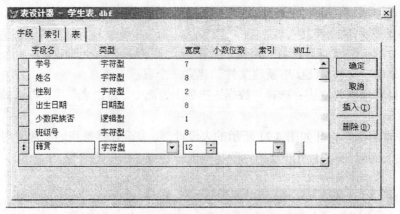

图 4.22　使用表设计器设计表

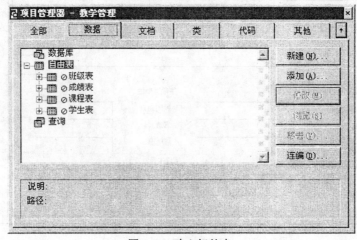

图 4.23　建立好的表

二、建立索引

(1) 单击"表设计器"的"索引"选项卡，切换到"索引"页。

(2) 根据前面的表结构介绍，为学生表建立两个索引，分别是以学号建立主索引，以班级号建立普通索引。

1) 主索引的建立：在索引名中输入"学号"，类型选择"主索引"，表达式中输入"学号"，即建立了主索引。

2) 普通索引的建立：在索引名中输入"班级号"，类型选择"普通索引"，表达式中输入"班级号"，即建立了普通索引。

按照相同的方法建立班级表、课程表和成绩表的索引。下面特别介绍一下成绩表中的多字段主索引(学号+课程号)的建立方法。多字段索引的建立：主要操作和建立其他索引的相同，关键的地方在于表达式的选择。建立多字段索引时，我们需要打开表达式生成器(点击表达式右边的按钮)，在表达式生成器中来构造索引的表达式。成绩表的索引表达式为：学号+课程号。我们在表达式生成器中可以通过选择的方式来构造表达式。首先在字段处选择"学号"字段，然后选择"数学"中的"+"号，再选择"字段"中的"课程号"，最后单击"检验"按钮可以验证表达式的正确性。当然，如果对表达式的写法非常熟悉，可以直接输入即可。设置好的表达式生成器如图 4.24 所示。

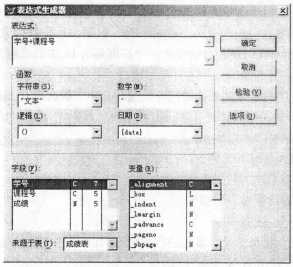

图 4.24　索引表达式生成器

4.7.2　数据表结构的修改

表结构的修改主要有两种方法：

1. 使用项目管理器修改表结构

在项目管理中先选中需要修改的表，再点击右边的修改按钮即可。修改表结构的窗口和创建表结构的窗口完全一样。修改表结构的内容包括：增加字段、删除字段、修改字段名、改变字段类型、改变字段宽度或小数位数。在结束表结构的修改之前，即在表结构的编辑状态下，任何时候都可以通过点击鼠标来找到需要修改的项目，并直接修改即可。还可以通过按"ALT+I"、"ALT+D"或单击"增加"、"删除"按钮来增加或删除字段。修改好后通过单击"确定"按钮退出，结束表结构的修改。

2. 使用命令方式修改表结构

若要修改一个已存盘的表文件结构，首先打开需要修改的表文件，然后执行如下的修改表结构的命令即可进入表结构的对话窗口。

修改表结构的命令格式为：

MODIFY STRUCTURE

注意：对已存在的字段进行修改时，可能会发生已有记录的数据丢失！

例 4-48　修改学生表的表结构。

```
use 学生表
modify   structure        &&系统自动打开表设计器后可以对表结构进行修改
```

4.8　数据库的基本操作

4.8.1　数据库设计器建立数据库

前面已经介绍了表的基本操作，在 Visual FoxPro 中，表是数据库的一部分。那么在 Visual FoxPro 中如何建立相应的数据库呢？在 Visual FoxPro 中，数据库只是一种逻辑上的概念手段，通过一组系统文件将相互联系的数据库表及其相关的数据库对象统一组织和管理。数据库文件以 DBC 为扩展名，可以包含一个或多个表、视图、远程数据源的连接和存储过程。在建立数据库时，与此相对应的还会自动建立一个扩展名为 DCT 的数据库备注文件和一个扩展名为 DCX 的数据库索引文件。

数据库作为应用程序的数据基础，如何有效地建立一个数据库对于开发一个应用程序来说是一项非常重要的工作。下面的内容将结合"教学管理数据库"讲解如何利用 Visual FoxPro 来建立数据库。

数据库的建立可以通过以下三种方法：

(1) 使用项目管理器来建立数据库。

(2) 通过"新建"对话框建立数据库。

(3) 使用命令交互建立数据库。

这三种方法都将启动数据库设计器来进行数据库的设计。

一、使用项目管理器启动数据库设计器

要创建一个新数据库一般经过以下几个步骤：

(1) 打开"教学管理"项目，选择项目管理器中的"数据"选项卡，单击"数据库"项(如图 4.25 所示)。

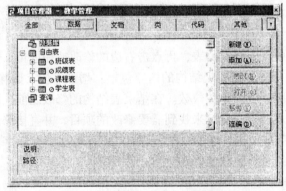

图 4.25　数据选项卡中的数据库

(2) 选择右边的"新建"按钮，则弹出如图 4.26 所示的界面，选择"新建数据库"直接建立新的数据库，首先打开输入数据库名称的创建对话框，接着输入数据库名称(如图 4.27 所示)。

图 4.26　新建数据库

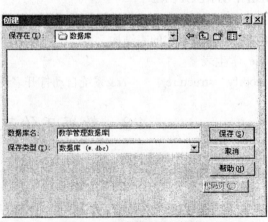

图 4.27　创建数据库对话框

(3) 单击"保存"按钮，这时 Visual FoxPro 就会建立一个新的数据库文件。但这个数据库文件目前还没有任何内容，如图 4.28 所示。

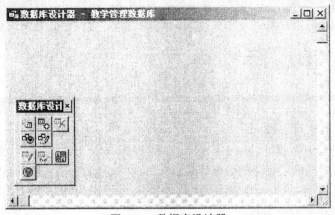

图 4.28　数据库设计器

利用数据库设计工具栏可以方便地完成数据库设计器的许多工作。表 4.6 给出了数据库设计器工具栏按钮名称及其功能说明。

表 4.6　数据库设计器工具栏按钮功能说明

按钮	名称	功能说明
	新建表	使用向导或设计器创建新表
	添加表	把已有的表添加到数据库中
	移去表	把选定的表从数据库移走或从磁盘删除
	新建远程视图	使用向导或设计器创建远程视图
	新建本程视图	使用向导或设计器创建本地视图
	修改表	在"表设计器"或"查询设计器"中打开选定的表或查询
	浏览表	在"浏览"窗口中显示选定的表或视图并进行编辑
	编辑存储过程	在"编辑"窗口中显示一个 Visual FoxPro 存储过程
	连接	显示"连接"对话框，以便访问可用的连接；或通过"连接设计器"添加新的连接

二、通过"新建"对话框启动数据库设计器

单击工具栏上的"新建"按钮或者选择"文件"菜单下的"新建"，打开如图所示的"新建"对话框。首先在"文件类型"组框中选择"数据库"，然后单击"新建文件"按钮建立数据库，后面的操作和步骤与在项目管理器中建立数据库相同。

三、命令方式建立数据库

除了使用图形方式创建数据库之外，我们还可以使用命令方式来创建一个数据库。创建数据库的命令格式为：

CREATE DATABASE [<路径>][<数据库名称>]

CREATE DATABASE 命令默认在当前目录下创建一个新的数据库。若不指定数据库名称，则系统将弹出文件对话框让用户进行设置。下面的代码创建一个叫做"教学管理数据库"的新数据库。

create database "d:\我的数据库项目\数据库\教学管理数据库"

与前面两种方法不同，使用命令方式建立数据库后不打开数据库设计器，只是数据库处于打开状态。一个新的数据库创建好之后，系统将自动创建三个文件，分别是教学管理数据库.DBC、教学管理数据库.DCT 和教学管理数据库.DCX，刚创建的数据库中没有包含任何相关表或其他对象。后面可以看到使用命令 modify database 可以打开数据库设计器。

4.8.2 数据库的打开与关闭

一、数据库的打开

在数据库中建立表或使用数据库中的表时，都必须先打开数据库，与建立数据库类似，常用的数据库打开方式有三种：

1. 在项目管理器中打开数据库

在项目管理器中选择了相应的数据库时，数据库将自动打开，这时可以对数据库进行相应的操作。

2. 通过"打开"对话框打开数据库

单击工具栏上的"打开"按钮或者选择"文件"菜单下的"打开"，屏幕上显示"打开"对话框(如图 4.29 所示)。在"文件类型"下拉列表框中选择"数据库(*.dbc)"，然后选择或在"文件名"文本框后输入数据库文件名，单击确定按钮打开数据库。

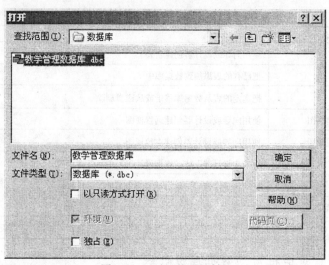

图 4.29 "打开"对话框

3. 使用命令打开数据库

打开数据库的命令是 OPEN DATABASE，命令格式为：

OPEN DATABASE [<数据库名称> | ?][EXCLUSIVE | SHARED][NOUPDATE]

命令功能：以指定的方式打开数据库。打开该数据库后，它所包含的所有表都可以使用，但所有的表并没有打开，需要使用 USE 命令(详见本章 4.1 节)来打开相应的表。

参数说明：

?：使用?号将弹出打开文件对话框，用户可以选择一个已经存在的数据库。

EXCLUSIVE：使用独占模式打开一个数据库。在该模式下，其他用户不能再存取该数据库。缺省时系统使用当前 SET EXCLUSIVE 的设置值来打开数据库。

SHARED：使用共享模式打开一个数据库。在该模式下，其他用户可以同时存取该数据库。

NOUPDATE：设定数据库为只读模式。缺省时数据库为可读/可写模式。

注意：

(1) 当数据库打开时，包含在数据库中的表都可以使用，但是这些表不会自动打开，使用时需要使用 USE 命令打开。

(2) 当用 USE 命令打开一个表时，Visual FoxPro 首先在当前数据库中查找该表，如果找不到，Visual FoxPro 会在数据库外继续查找并打开指定的表(只要该表在指定的目录下存在)。

例 4-49 打开教学管理数据库。

open database "教学管理数据库"

二、数据库的关闭

当数据库使用完毕后需要将它关闭。在图形方式下，关闭数据库可以直接关闭数据库相对应的窗口。另外，也可以使用命令方式来关闭数据库。命令格式为：

CLOSE DATABASE [ALL]

CLOSE DATABASE 命令功能：关闭当前的数据库和它所包含的表。如果当前没有数据库，则系统所有打开的自由表、索引和其他文件将会被关闭。

例 4-50 打开教学管理数据库，显示数据库的基本信息，最后关闭该数据库。

open database "d:\我的数据库项目\数据库\教学管理数据库"

display tables &&显示数据库中的表信息

display databases &&显示表的详细信息

close database &&关闭数据库

4.8.3 数据库的修改与删除

一、数据库的修改

Visual FoxPro 在建立数据库时自动建立了扩展名分别为 dbc、dct 和 dcx 的三个文件，用户不能直接对这些文件进行修改。在 Visual FoxPro 修改数据库实际上是打开数据库设计器，用户可以在数据库设计器中完成各种对数据库对象的建立、修改和删除等操作。

数据库的修改可以通过两种方法：

1. 使用项目管理器修改数据库

打开项目管理器，选择"数据"选项卡，然后选择一个需要修改的数据库，再单击项目管理器右边的"修改"按钮，即可打开数据库设计器对数据库进行修改。

2. 使用命令方式修改数据库

另外，我们也可以使用命令方式来修改一个指定的数据库。

命令格式：

MODIFY DATABASE

MODIFY DATABASE 命令功能：打开数据库设计器，使用户可以对数据库进行交互式修改。

在修改之前必须将数据库打开。例如，我们要修改教学管理数据库，我们可以在命令窗口输入以下命令：

open database "d:\我的数据库项目\数据库\教学管理数据库"

modify database

二、数据库的删除

在使用过程中，如果一个数据库不再使用时可以随时删除，数据库的删除可以通过两种方法：

1. 使用项目管理器删除数据库

打开项目管理器，选择"数据"选项卡，然后选择一个需要删除的数据库，再单击项目管理器右边的"移去"按钮，系统将弹出一个对话框，询问是否将数据库删除，单击"删除"按钮将删除选定的数据库，注意删除的数据库不能恢复。如果只想从项目中移去数据库则单击"移去"按钮。从项目管理器移去的数据库文件还保存在磁盘上，以后还可以添加到项目管理器中。

2. 使用命令方式删除数据库

Visual FoxPro 的数据库文件并不真正含有表或其他数据库对象，只是在数据库中记录了相关的条目信息，表、视图或其他数据库对象是独立存放在磁盘上的，所以，不管是"移去"还是"删除"操作，都没有删除数据库中的表等对象。要在删除数据库的同时删除表等对象，需要使用命令方式删除数据库。删除数据库的命令格式为：

DELETE DATABASE <数据库名称>| ?[DELETETABLES] [RECYCLE]

DELETE DATABASE 命令功能：从磁盘将数据库文件删除。删除数据库之前必须先将数据库关闭。

参数说明：

DELETETABLES：删除数据库的同时删除数据库所包含的表。

RECYCLE：将数据库并不直接删除，而是放入 Windows 的回收站中，如果需要还可从回收站中恢复。

例 **4-51**　删除教学管理数据库，并放入回收站。

delete database 教学管理数据库 deletetables recycle

4.8.4 向数据库中添加表

当数据库建立后，并没有任何表，我们可以使用项目管理器来建立新的表和向数据库中添加已经存在的自由表。

一、在数据库中建立新表

在数据库中建立新表主要经过以下步骤：

(1) 在打开的项目管理器中选择"数据"选项卡中的"数据库"，再选择需要新增表的数据库，展开后单击其中的"表"选项，如图 4.30 所示。

(2) 单击右边的新建按钮，后面的操作与 4.7.1 中使用表设计器创建表完全相同。

二、向数据库中添加已经存在的表

在前面我们已经建立了四张自由表，那么如何把它们添加到教学管理数据库中呢？向数据库中添加已经存在的表方法如下：

(1) 选择需要添加表的"教学管理数据库"，然后单击"添加"按钮，打开如图 4.31 所示的"打开"对话框。

(2) 在文件选择对话框中选择需要添加的表，按确定即可。

(3) 按相同的方法，将成绩表、课程表和班级表添加到教学管理数据库中。结果如图 4.32 所示。

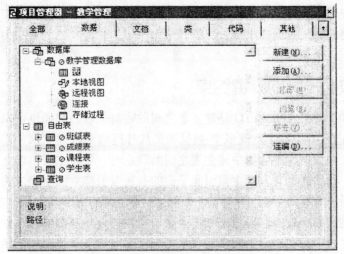

图 4.30　在数据库中建立表

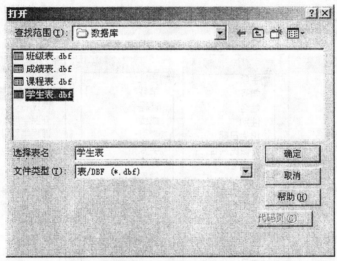

图 4.31　添加表对话框

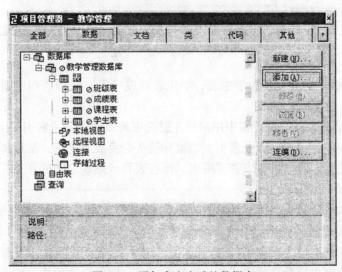

图 4.32　添加自由表后的数据库

当我们将所有数据库需要的表建立或添加之后，我们还可以对相应的表进行修改，也可以将数据库不需要的表从数据库中移去。读者可参考 4.3.1 所介绍的方法为这四张表创建相应的索引。

4.8.5 建立数据表间的外键约束

前面介绍的 SET RELATION TO 是建立表之间的临时关联，我们也可以建立数据库中数据表之间的永久连接，即对二个(或多个)数据表施加外键约束。建立永久连接需要通过数据库设计器来完成。在数据库设计器中建立表之间的联系时，要在主表中建立主索引，在子表中建立普通索引，然后通过父表的主索引和子表的普通索引建立两个表之间的联系。

在教学管理系统中有四个表：学生表、班级表、课程表和成绩表。图 4.33 显示了已经建立好的四张表。在这四个表中，班级表和学生表中存在一个一对多的联系，连接字段是班级号；学生表和成绩表中存在一个一对多的联系，连接字段是学号；课程表和成绩表中存在一个一对多的联系，连接字段是课程号。

图 4.33 教学管理数据库

例 4-52 分别建立班级表和学生表，学生表和成绩表，课程表和成绩表之间的一对多联系。

在图 4.33 所示的数据库设计器中用鼠标左键选中班级表中的主索引班级号，保持按住左键，并拖动鼠标到学生表的班级号索引上，鼠标箭头会变成小矩形，最后释放鼠标。

用同样的方法可以建立学生表和成绩表，课程表和成绩表之间的联系。建立好的联系如图 4.34 所示。

如果在建立联系时有误，可以随时通过删除或编辑修改联系。方法是用鼠标右键单击要修改的联系，边线变粗，从弹出的快捷菜单中选择"删除关系"将删除两个表建立的联系。如果在编辑修改则选择"编辑关系"，打开如图 4.35 所示的"编辑关系"对话框。在图 4.35 中可以在下拉列表框中重新选择表或相关表的索引名，即可以达到修改联系的目的。

图 4.34　建好永久连接的教学管理数据库

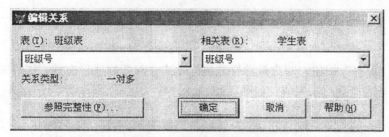

图 4.35　编辑关系对话框

4.8.6　数据库建立实例

下面以教学管理数据库为例介绍如何建立一个完整的数据库并进行相应的设置。教学管理数据库的关系模式及表结构参见本章前面的介绍。当完成数据库的总体结构设计，明确了数据库的组成后，我们就可以开始来建立数据库。具体步骤包括：

(1) 建立项目文件。

(2) 建立数据库和数据表。

(3) 设置数据完整性约束。

一、建立项目文件

项目管理器是 Visual FoxPro 用来组织和管理项目文件的工具。通过项目管理器可以很方便地在一大堆文件中找到想要的文件，并可以对文件进行操作。

1. 建立教学管理项目文件

(1) 选择"文件"菜单中的"新建"选项，弹出对话框，如图 4.36 所示。

(2) 在"新建"对话框中选择"项目"选项。

(3) 单击"新建文件"按钮。

(4) 在出现的"创建"对话框中，将新项目取名为"教

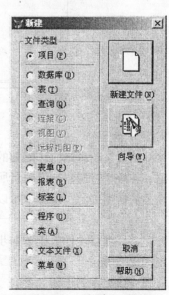

图 4.36　"新建"对话框

学管理"，保存在下面的目录下："D:\我的数据库项目"，如图 4.37 所示。

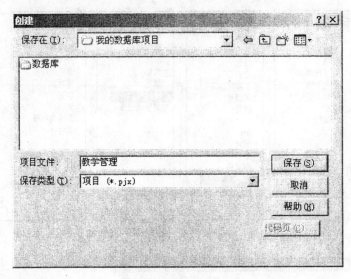

图 4.37　保存新项目

(5) 单击"保存"按钮，即为教学管理数据库建立起新的项目文件。以后对该项目的操作都可以通过项目管理器来完成，如图 4.38 所示。

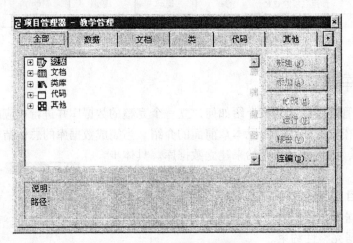

图 4.38　教学管理项目管理器

2. 创建子目录

开始开发项目之前，要做的一件事就是建立一个存储文件的目录树。本例中为方便存储数据，在教学管理数据库项目所在目录下建立一个"数据库"子目录，主要用来存放教学管理相关的数据表。在实际中可以根据需要建立若干个子目录，以存储不同类型的文件。

二、建立数据库和数据表

建立好项目文件后，下一步就是建立数据库和数据表。

1. 建立数据库

建立数据库的步骤如下：

(1) 在项目管理器中切换到"数据"选项卡，选择该页中的"数据库"选项。

(2) 单击右边的"新建"按钮，出现"新建数据库"对话框，如图4.39所示。

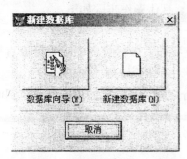

图4.39　"新建数据库"对话框

图4.40　教学管理数据库设计器

(3) 选择"新建数据库"按钮。

(4) 在弹出的"保存新建文件"对话框中，键入数据库名称"教学管理数据库"，保存在"数据库"子目录中。

(5) 单击"保存"按钮，进入"教学管理"数据库设计器，如图4.40所示。

2. 建立数据表

接下来，在数据库设计器中设计教学管理的四张数据表(学生表、班级表、课程表和成绩表)，表结构参见4.7节的介绍。

(1) 在数据库设计器工具栏上单击"新建表"按钮 ，弹出"新建"对话框。

(2) 单击"新建表"按钮，进入"创建"对话框，在其中输入文件名"学生表"，保存在"数据库"子目录中。

(3) 单击"保存"按钮，进入"表设计器"，在表设计器中逐一输入各个字段的设置，具体操作方法请参见4.7.1中的介绍。建好所有表后的数据库设计器如图4.33所示。

3. 建立数据表的连接

采用4.8.5节介绍数据表的连接建立方法，建立数据表之间的连接。建立好永久连接的数据库如图4.34所示。

三、设置数据完整约束

在数据库中数据完整性是指保证数据正确的特性，数据完整性一般包括实体完整性、域完整性和参照完整性。Visual FoxPro提供了实现这些完整性的方法和手段。

1. 实体完整性与主关键字

实体完整性是保证表中的记录唯一的特性，即在表中不允许有重复的记录。在 Visual FoxPro 中利用主关键字或候选关键字来保证表中记录的唯一，即保证实体完整性。

在 Visual FoxPro 中将主关键字称为主索引，候选关键字称为候选索引。我们已经建立教学管理数据库的四张表的主索引，这样可以保证实体完整性。

2. 域完整性与约束规则

域完整性应该是我们最熟悉的一种，以前在定义表结构时所使用的数据类型就属于域完整性的范畴。通过指定不同的宽度说明不同范围的数值数据类型，从而可以限定字段的取值类型和取值范围。但这些对域完整性还不够，我们可以使用一些域约束规则来进一步保证域完整性。域约束规则也称字段有效性规则，在插入或修改字段时被激活，主要用于数据输入正确性的校验。

建立字段有效性规则简单直接的方法是在表设计器中建立，在表设计器的"字段"选项卡中有一组定义字段有效性规则的项目，它们是"规则"(字段有效性规则)、"信息"(违反有效性规则时的提示信息)、"默认值"(字段的默认值)三项。具体操作步骤如下：

(1) 首先单击要定义字段有效性规则的字段。

(2) 然后分别输入和编辑规则、信息及默认值等项目。字段有效性规则的项目可以直接输入，也可以通过单击输入框旁边的按钮打开表达式生成来生成相应的表达式。

以"学生表"为例，设置学生的入学成绩在 500~700 分之间，当输入的值不在此范围时给出出错提示，默认值为 500。

在"规则"框中输入表达式：

入学成绩 >=500 AND 入学成绩 <=700

在"信息"框中输入表达式：

"入学成绩输入错误，应该在 500~700 之间。"

在"默认值"框中输入表达式：500

注意："规则"是逻辑(关系)表达式；"信息"是字符串表达式；"默认值"的类型根据字段类型确定。

设置后的界面如图 4.41 所示。

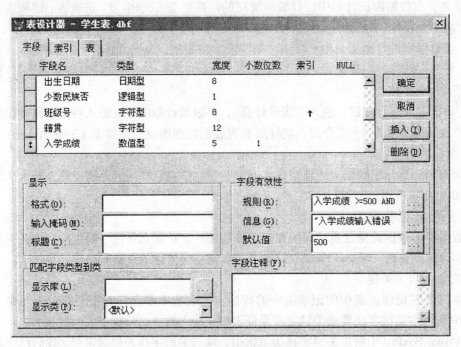

图 4.41   设置字段有效性规则

3. 参照完整性与表之间的关联

参照完整性(referential integrity)主要用来控制数据一致性，尤其是不同表的主关键字和外部关键字之间关系的规则。Visual FoxPro 使用用户自定义的字段级和记录级规则完成参照完成性规则。"参照完整性生成器"可以帮助用户建立规则，控制记录如何在相关表中被插入、更新或删除。

Visual FoxPro 在建立表的联系之后并没有建立任何参照完整性约束。在建立参照完整性之前必须首先清理数据库。所谓清理数据库是物理删除数据库各个表中所有带删除标记的记录。只要数据库设计器为当前窗口，主菜单栏就会出现"数据库"菜单，这时可以在"数据库"菜单下选择"清理数据库"，该操作与命令 PACK DATABASE 命令功能相同。

在清理完数据库后，用鼠标右键单击表之间的联系，并从快捷菜单中选择"编辑参照完整性"，系统将打开如图 4.42 所示的参照完整性生成器。注意，不管是单击哪个联系，所有联系都将出现在参照完整性生成器中。

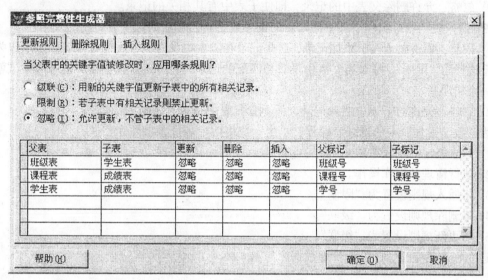

图 4.42　参照完整性生成器

参照完整性表格说明：

父表：显示数据库关系中的表名，该数据库关系包含主索引或候选索引。

子表：显示数据库关系中的子表名。

更新：显示关系中参照完整性的更新规则。可能的取值为"级联"、"限制"或"忽略"。通过选择能显示其他选项的下拉列表的字段，可以更改此设置。

删除：显示关系中参照完整性的删除规则。可能值为"级联"、"限制"或"忽略"。通过选择能显示其他选项的下拉列表的字段，可以更改此设置。

插入：显示关系中参照完整性的插入规则。可能的值为"限制"或"忽略"。通过选择能显示其他选项的下拉列表的字段，可以更改设置。

父标记：表格列显示父表中主关键字段或候选关键字段中索引的标识名。

子标记：表格列显示子表的索引标识名。

参照完整性规则包括更新规则、删除规则和插入规则。

(1) 更新规则：指定修改父表中关键字(key)值时所用的规则。

1) 级联：对父表中的主关键字段或候选关键字段的更改，会在相关的子表中反映出来。如果选择了该选项，不论何时更改父表中的某个字段，Microsoft Visual FoxPro 自动更改所有相关子表记录中的对应值。

2) 限制：禁止更改父表中的主关键字段或候选关键字段中的值，这样在子表中就不会出现孤立的记录。

3) 忽略：即使在子表中有相关的记录，仍允许更新父表中的记录

(2) 删除规则：指定删除父表中的记录时所用的规则。

1) 级联：指定在父表中进行的删除在相关的子表中反映出来。如果用户为一个关系选择了"级联"，无论何时删除父表中的记录，相关子表中的记录自动删除。

2) 限制：禁止更改父表中的记录，这些记录在子表中有相关的记录。如果用户为一个关系选择了"限制"，那么当在子表中有相关的记录时，则在父表中进行的删除记录的尝试就会产生一个错误。

3) 忽略：允许删除父表中的记录，即使子表中有其相关的记录。

(3) 插入规则：指定在子表中插入新的记录或更新已存在的记录时所用的规则。

1) 限制：禁止在子表中添加记录，这些记录在父表中没有相匹配的记录。如果用户为一个关系选择了"限制"，那么当父表中没有相匹配的记录时，则在子表中添加记录的尝试就会产生一个错误。

2) 忽略：允许向子表中插入记录，而不管父表中是否有匹配的记录：

为"教学管理"中的班级、课程、学生、成绩四个表设置参照完整性：

1) 建立表之间的联系。

2) 执行清理数据库操作。

3) 将插入规则设置为"限制"。

4) 将删除规则设置为"级联"。

5) 将更新规则设置为"级联"。

建立好参照完整性的教学管理数据库如图 4.43 所示。

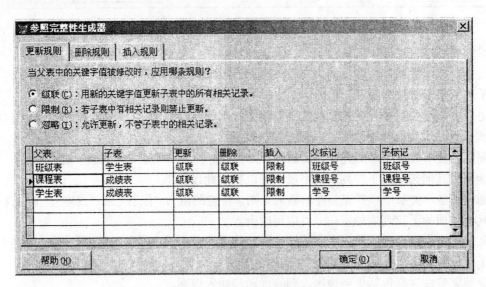

图 4.43　参照完整性生成结果

习　题

1. 单选题

(1) 创建一个名为 stud.dbc 的数据库文件，使用的命令是(　　)。

    A. create

    B. create stud

    C. create table stud

    D. create database stud

(2) 从一个表中物理删除一条记录，可以(　　)。

A. 先用 delete 命令，再用 zap 命令　　B. 直接用 zap 命令

C. 先用 delete 命令，再用 pack 命令　　D. 直接用 delete 命令

(3) 某表中有 10 条记录，当前记录号为 9，则执行命令 skip3 后，函数 recno( ) 的值为( )。

　　A. 12　　　　　　　　B. 11　　　　　　　　C. 10　　　　　　　　D. 9

(4) 设有学生表，统计男生人数并将结果存放于变量 X 中的命令是( )。

　　A. count for .not. 性别="女" to X　　　　B. count for (性别="男")=.T. to X

　　C. count for (性别<>"女")=.T. to X　　　D. sum for 性别="男" to X

(5) 在指定字段或表达式中不允许出现重复值的索引是( )。

　　A. 唯一索引　　　　　　　　　　　　　B. 唯一索引和主索引

　　C. 唯一索引和候选索引　　　　　　　　D. 主索引和候选索引

(6) 打开数据库 Test 的正确命令是( )。

　　A. open database test　　　　　　　　B. use test

　　C. use database test　　　　　　　　　D. open test

(7) 下列关于表的叙述正确的是( )。

　　A. 在数据库表和自由表中，都能给字段定义有效性规则和默认值

　　B. 在自由表中，能给字段定义有效性规则和默认值

　　C. 在数据库表中，能给字段定义有效性规则和默认值

　　D. 在数据库表和自由表中，都不能给字段定义有效性规则和默认值

(8) 表中的逻辑型、通用型、日期型字段的宽度由系统自动给出，分别为( )。

　　A. 1、4、8　　　　　　　　　　　　　B. 4、4、10

　　C. 1、10、8　　　　　　　　　　　　　D. 2、8、8

(9) 用命令"index on 姓名 to index_name"建立索引，其索引类型是( )。

　　A. 主索引　　　　　　　　　　　　　　B. 普通索引

　　C. 候选索引　　　　　　　　　　　　　D. 唯一索引

(10) 将某表中所有学历为硕士的记录的工资增加 100 元，应使用命令( )。

　　A. change 工资 with 工资+100 for 学历="硕士"

　　B. replace 工资 with 工资+100 while 学历="硕士"

　　C. change all 工资 with 工资+100 for 学历="硕士"

　　D. replace all 工资 with 工资+100 for 学历="硕士"

2. 参考本章的介绍建立教学管理数据库和相应的表，并为表建立索引，输入第一章中的所有数据。

3. 建立一个工资管理数据库，要求如下：

(1) 数据库名称为"工资管理"。

(2) 建立如下表：

部门表 (部门号 C4，部门名称 C30，人数 N4)

职工表 (部门号 C4，职工号 C6，姓名 C20，出生日期 D，性别 C 2，职务 C10)

工资表 (职工号 C6，基本工资 N (8，2)，附加工资 N (8，2)，奖金 N (8，2)，水费，N (6，2)，电费 N (6，2)，实发工资 N (8，2))

(3) 建立如下索引：

在部门表(部门号)、职工表(职工号)、工资表(职工号)上建立主索引。

在职工表(部门号)上建立普通索引。

(4) 建立部门表、职工表和工资表之间的联系。

(5) 将以上建立的表移出数据库使之成为自由表。

(6) 利用 APPEND 为以上自由表输入记录，然后用 EDIT、BROWSE 和 REPLACE 命令修改表中的记录。

(7) 将以上自由表添加到数据库中，并重新建立索引和表之间的联系。

(8) 定义职工表和工资表之间的参照完整性规则，定义删除规则为"级联"，更新和插入规则为"限制"。

第五章　Visual FoxPro 中 SQL 语言的应用

在第四章我们学习了在 Visual FoxPro 中建立数据库和表，以及使用 Visual FoxPro 语句对数据库进行查询的操作，如果将其视为 Visual FoxPro 的"方言"，本章我们将学习所有关系数据库都适用的"普通话"——通用的关系数据库语言 SQL。

5.1　SQL 语言概述

SQL 全称是结构化查询语言(structured query language)，它最早是 IBM 的圣约瑟研究实验室为其关系数据库管理系统 SYSTEM R 开发的一种查询语言，它的前身是 SQUARE 语言。SQL 语言结构简洁，功能强大，简单易学，所以自从 IBM 公司 1981 年推出以来，SQL 语言得到了广泛的应用。如今无论是像 Oracle，Sybase，Informix，SQL Server 这些大型的数据库管理系统，还是像 Access、Visual FoxPro 这样微机上的桌面数据库系统，都支持 SQL 语言作为查询语言。它具有功能丰富、语言简洁的特点，备受用户及计算机工业界欢迎，被众多计算机公司和软件公司所采用。

目前 SQL 语言是关系数据库的标准语言，这就使大多数数据库均用 SQL 作为共同的数据存取语言和标准接口，使不同数据库系统之间的互操作有了共同的基础。这个意义十分重大。因此，有人把确立 SQL 为关系数据库语言标准及其后的发展称为是一场革命。

SQL 分成 3 类，各类所包含的语句如下：

数据操纵语言 **DML** (data manipulation language)	SELECT，INSERT，UPDATE 和 DELETE
数据定义语言 **DDL** (data definition language)	CREATE，ALTER 和 DROP
数据控制语言 **DCL**(data control language)	相关的权限分配

5.1.1　SQL 的历史和标准

在 20 世纪 70 年代初，E.F.Codd 首先提出了关系模型。20 世纪 70 年代中期，IBM 公司在研制 SYSTEM R 关系数据库管理系统中研制了 SQL 语言，最早的 SQL 语言(叫 SEQUEL2)是在 1976 年 11 月的 IBM Journal of R&D 上公布的。1979 年 ORACLE 公司首先提供商用的 SQL，IBM 公司在 DB2 和 SQL/DS 数据库系统中也实现了 SQL。1986 年 10 月，美国 ANSI 采用 SQL 作为关系数据库管理系统的标准语言(ANSI X3.135-1986)，后来被国际标准化组织(ISO)在 1987 年采纳为国际标准。1989 年，美国 ANSI 发布了修订后 SQL 标准语言，称为 SQL 89(也称为 SQL1)。由于该标准与部分商业数据库软件相冲突，该标准存在不一致的问题。为增强该标准，ANSI 发布了 SQL92(也称为 SQL2)。1999 年，ANSI 和 ISO 发布了 SQL99(也称为 SQL3)。

目前，所有主要的关系数据库管理系统支持某些形式的 SQL 语言，大部分数据库遵守 ANSI SQL89 标准。

5.1.2 SQL 的优点

SQL 广泛地被采用正说明了它的优点。它使全部用户，包括应用程序员、数据库管理员和终端用户受益匪浅。

一、非过程化语言

SQL 是高级、非过程化编程语言，它允许用户在高层数据结构上操作数据库。SQL 不要求用户指定对数据的存放方法，也不需要用户了解其具体的数据存放方式。而 SQL 作为用户在高层界面上对数据库的操作方式，它能使具有完全不同底层实现结构的数据库系统使用相同的 SQL 语句实现相同的数据输入、查询与管理功能。它以元组的集合作为操纵对象(称为记录集，record_set)，所有 SQL 语句接受记录集作为输入，输出记录集作为输出，这种记录集特性允许一条 SQL 语句的输出作为另一条 SQL 语句的输入，所以 SQL 语句可以嵌套，这使它拥有极大的灵活性和强大的功能。通常，在 SQL 上只需一个语句就可以表达出来在其他编程语言中需要用一大段程序才可实践的一个单独事件，这意味着用 SQL 语句可以写出非常复杂的功能。

二、统一的语言

SQL 可用于所有用户的关系数据库用户，包括系统管理员、数据库管理员、应用程序员、决策支持系统人员及许多其他类型的终端用户。基本的 SQL 命令只需很少时间就能学会，最高级的命令在几天内便可掌握。SQL 为许多任务提供了命令，包括：

- 查询数据
- 在表中插入、修改和删除记录
- 建立、修改和删除数据对象
- 控制对数据和数据对象的存取
- 保证数据库一致性和完整性

以前的数据库管理系统为上述各类操作提供单独的语言，而 SQL 将全部任务统一在一种语言中。

三、所有关系数据库的公共语言

由于所有主要的关系数据库管理系统都支持 SQL 语言，用户可将使用 SQL 的技能从一个 RDBMS 转到另一个，所有用 SQL 编写的程序都是可以移植的。

5.1.3 基本表和视图

基本表(base table)是独立存在的表。在 Visual FoxPro 中，一个基本表对应一个 DBF 文件，一个表可以带若干索引。

实际的应用中，由于安全控制的原因，在数据库中，一般用户通常不能看到所有的基本表，基本表通常只有数据库管理员可以看到。用户看到的是与他们自己业务相关的视图。视图(view)是从一个或几个基本表导出的表。它本身不独立存储在数据库中，即数据库中只存放视图的定义而不存放视图对应的数据，这些数据仍存放在导出视图的基本表中，因此视图是一个虚表。视图在概念上与基本表等同，用户可以在视图上再定义视图。

用户可以用 SQL 语言对基本表和视图进行查询或其他操作，基本表和视图一样，都是关系。

数据库管理系统(DBMS)使得一般用户不必关心存储文件的具体结构，我们说存储文件的结构对一般用户是透明的。

下面将首先介绍 SQL 查询语句的功能和格式，再介绍 SQL 中的数据操纵语句和数据定义语句。为了突出基本概念和基本功能，略去了许多语法细节。

5.2 数 据 查 询

在已经完成数据库设计，且数据录入了数据库时，数据库查询是数据库的核心操作。SQL 语言提供了 **SELECT** 语句进行数据库的查询，该语句具有灵活的使用方式和丰富的功能。其一般格式为：

SELECT [ALL | DISTINCT] <目标列表达式> [, <目标列表达式] …

    FROM <表名或视图名> [, <表名或视图名>] …

    [WHERE <条件表达式>]

    [GROUP BY <字段名 1> [HAVING <条件表达式>]]

    [ORDER BY <字段名 2>[ASC |DESC]];

整个 SELECT 语句的含义是，根据 WHERE 子句的<条件表达式>，从 FROM 子句指定的基本表或视图中找出满足条件的元组。再按 SELECT 子句中的<目标列表达式>，选出元组中的属性值形成结果表。如果有 GROUP 子句，则将结果按<字段名 1>的值进行分组，该属性列值相等的元组为一个组。通常会在每组中使用聚集函数。如果 GROUP 子句带 HAVING 短语，则只有满足指定条件的组才可输出。如果有 ORDER 子句，则结果表还要按<字段名 2>的值的升序或降序排序。

SELECT 语句既可以完成简单的单表查询，也可以完成复杂的联接查询和嵌套查询。下面我们仍以教学管理数据库(包括班级表、学生表、课程表和成绩表)为例说明 SELECT 语句的各种用法。

在 Visual FoxPro 中，书写 SQL 需注意以下几点：

(1) 在编写 SQL 语句之前，必须知道各个表的结构和表之间的联系，即知道数据库的模式。

(2) 为提高可读性，减少编写错误和有利于 SQL 语句的维护，SQL 必须写成多行，如果一行没有写完，必须使用续行符(;)接在该行的最后。但 SQL 语句完成的那行不能加续行符(;)。

(3) SQL 语句中，表达式和 SQL 中的符号的书写必须使用半角符号，如果使用全角符号，Visual FoxPro 会产生语法错误，即不能识别该 SQL 语句。

5.2.1 单表查询

一、单表基本查询

所谓单表查询是指 FROM 子句后面只有一个表的 SELECT 语句。这里 FROM 子句后面的格式是 FROM[<数据库名>!]<表名>[[AS]<本地别名>]。例如，子句"FROM 教学管理数据库!学生表"表示"教学管理数据库"数据库中的"学生表"。"数据库名!"部分是可选的，其含义是防止不同数据库中存在相同的表名时，通过添加前面给定的限定词来指明具体指那个表，这样可以避免混乱。别名的功能是给数据表取一个小名，这样在后面的语句中可以使用该别名来引用该数据表。

1. 查询所有的列

如果 SELECT 中的<目标列表达式>为*时，表示检索所有的列。

例 5-1 返回"学生表"中的所有行和所有列。

要返回所有行，则使用没有指定 WHERE 子句的 SELECT；要返回所有列，则使用*。

```
open database "教学管理数据库.dbc"
select *;
    from 教学管理数据库!学生表
```

注：也可不要库名，直接为表名，因为不会混淆①。

结果如图 5.1 所示。

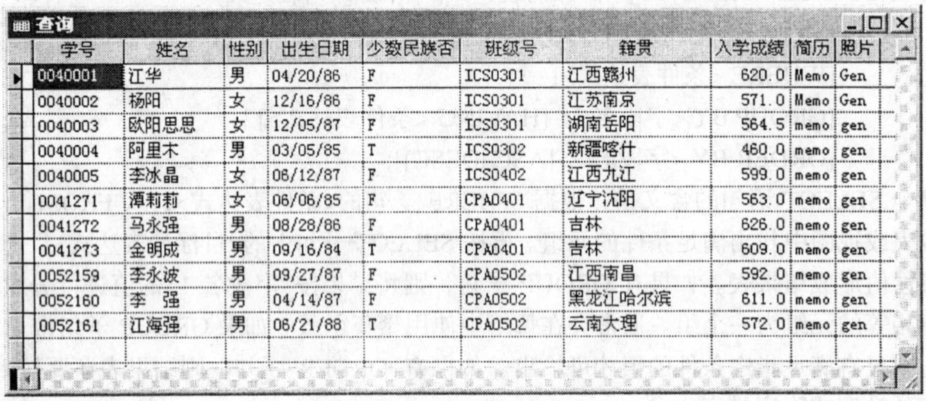

学号	姓名	性别	出生日期	少数民族否	班级号	籍贯	入学成绩	简历	照片
0040001	江华	男	04/20/86	F	ICS0301	江西赣州	620.0	Memo	Gen
0040002	杨阳	女	12/16/86	F	ICS0301	江苏南京	571.0	Memo	Gen
0040003	欧阳思思	女	12/05/87	F	ICS0301	湖南岳阳	564.5	memo	gen
0040004	阿里木	男	03/05/85	T	ICS0302	新疆喀什	460.0	memo	gen
0040005	李冰晶	女	06/12/87	F	ICS0402	江西九江	599.0	memo	gen
0041271	潭莉莉	女	06/06/83	F	CPA0401	辽宁沈阳	563.0	memo	gen
0041272	马永强	男	08/28/86	F	CPA0401	吉林	626.0	memo	gen
0041273	金明成	男	09/16/84	T	CPA0401	吉林	609.0	memo	gen
0052159	李永波	男	09/27/87	F	CPA0502	江西南昌	592.0	memo	gen
0052160	李 强	男	04/14/87	F	CPA0502	黑龙江哈尔滨	611.0	memo	gen
0052161	江海强	男	06/21/88	T	CPA0502	云南大理	572.0	memo	gen

图 5.1　例 5-1 的查询结果

表 5.1　例 5-2 的结果

学号	课程号	成绩
0040001	B1001	67
0040004	A0101	87
0040001	C3004	76
0040001	A0101	95
0040002	B1001	75
0040003	C3004	85
0040004	B1001	46
0040005	A0101	100
0040002	C3004	81
0041271	A0101	86
0041271	B1001	66
0041271	C3004	78
0052161	C3004	45
0052161	A0101	66
0052160	C3004	88
0052160	B1001	78

例 5-2 查询成绩表中的所有记录。

```
open database "教学管理数据库.dbc"
select *;
    from 成绩表
```

查询结果见表 5.1。

2. 查询指定的列(投影操作)

给定一个数据表，要查询指定的列，必须在 SELECT 的<目标列表达式>中指定列名，这个操作为对该表实行投影操作。

例 5-3 检索"学生表"中的学号、姓名、性别和籍贯字段。

```
open database "教学管理数据库.dbc"
select 学号,姓名,性别,籍贯;
    from 学生表
```

查询结果略。

3. 查询经过计算的值或更改列标题名

SELECT 语句中，可以使用运算符来对列进行计算得到结果，要注意的是，这些运算只

---

① 如果出现打开数据库错误提示，请使用"set default to"设置正确的路径，后面例子路径设置同此例。

针对检索后的结果，它不会影响保存在数据库中的数值。此外，SELECT 提供了<AS 字段名>更改字段名的方法。

例 5-4 对"学生表"的"入学成绩"除以 600，求相对成绩，其显示的字段名为"相对成绩"。

> open database "教学管理数据库.dbc"
> select 学号,姓名,入学成绩/600 as 相对成绩;
>   from 学生表

结果见表 5.2。

<table>
<tr><td colspan="3">表 5.2 例 5-4 的结果</td><td colspan="3">表 5.3 例 5-5 的结果</td></tr>
<tr><td>学号</td><td>姓名</td><td>相对成绩</td><td>学号</td><td>姓名</td><td>年纪</td></tr>
<tr><td>0040001</td><td>江华</td><td>1.0333</td><td>0040001</td><td>江华</td><td>18</td></tr>
<tr><td>0040002</td><td>杨阳</td><td>0.9517</td><td>0040002</td><td>杨阳</td><td>18</td></tr>
<tr><td>0040003</td><td>欧阳思思</td><td>0.9408</td><td>0040003</td><td>欧阳思思</td><td>17</td></tr>
<tr><td>0040004</td><td>阿里木</td><td>0.7667</td><td>0040004</td><td>阿里木</td><td>19</td></tr>
<tr><td>0040005</td><td>李冰晶</td><td>0.9983</td><td>0040005</td><td>李冰晶</td><td>17</td></tr>
<tr><td>0041271</td><td>潭莉莉</td><td>0.9383</td><td>0041271</td><td>潭莉莉</td><td>19</td></tr>
<tr><td>0041272</td><td>马永强</td><td>1.0433</td><td>0041272</td><td>马永强</td><td>18</td></tr>
<tr><td>0041273</td><td>金明成</td><td>1.015</td><td>0041273</td><td>金明成</td><td>20</td></tr>
<tr><td>0052159</td><td>李永波</td><td>0.9867</td><td>0052159</td><td>李永波</td><td>17</td></tr>
<tr><td>0052160</td><td>李 强</td><td>1.0183</td><td>0052160</td><td>李 强</td><td>17</td></tr>
<tr><td>0052161</td><td>江海强</td><td>0.9533</td><td>0052161</td><td>江海强</td><td>16</td></tr>
</table>

例 5-5 求所有学生在 2004 年的年纪。

> open database "教学管理数据库.dbc"
> select 学号,姓名;
> 2004 - year(出生日期) as 年纪;
>   from 学生表

结果见表 5.3。

二、选择表中的若干元组(选择操作)

选择一个表中的若干元组(或记录)操作，是对该表实行选择操作。其方法是使用 SELECT 语句的 WHERE 子句中的条件。

1. 消除取值重复的行

有时两个本来不完全相同的元组，在选择某些列后，可能变成完全相同了。如果指定 DISTINCT 短语，则表示在计算时要去除重复行。如果不指定 DISTINCT 短语或指定 ALL 短语(ALL 为默认值)，则表示不取消重复值。

例 5-6 输出学生表中所有的籍贯。

> open database "教学管理数据库.dbc"
> select 籍贯;
>   from 学生表

从结果可以看到(表 5.4)，有两行为"吉林"。要消除重复的行，必须使用 DISTINCT 短语。

例 5-7 显示学生表中的学生来自全国哪些地方，即有哪些不同的籍贯。

> open database "教学管理数据库.dbc"

select distinct 籍贯;

　　　from 学生表

结果为只有一个"吉林"，去除了重复的"吉林"行。

表 5.4　例 5-6 的结果

籍贯
江西赣州
江苏南京
湖南岳阳
新疆喀什
江西九江
辽宁沈阳
吉林
吉林
江西南昌
黑龙江哈尔滨
云南大理

表 5.5　WHERE 子句中的条件

操作符	含义
=	等于
==	准确等于
LIKE	字符匹配
<>或!=或#	不等于
>	大于
>=	大于等于
<	小于
<=	小于等于
AND	与，用于多重条件
OR	或，用于多重条件
NOT	非，用于条件取非
BETWEEN…AND	确定范围
IN	确定集合

2. 查询满足条件的元组

查询满足指定条件的元组可以通过 WHERE 子句实现，即实现选择操作。WHERE 子句常用的查询条件如表 5.5 所示。

(1) 大小比较：在 WHERE 子句中可以使用关系运算符来构成条件。关系运算符包括：>、>=、<、<=、=、#(或!=或<>)、==。下面我们给出基于不同数据类型构造 where 条件的例子。

例 5-8　查找入学成绩大于等于 600 的同学的学号、姓名和入学成绩。

　　　open database "教学管理数据库.dbc"

　　　select 学号,姓名,入学成绩;

　　　　　from 学生表;

　　　　　where 入学成绩>= 600

查询结果略。

表 5.6　例 5-9 的结果

学号	姓名	少数民族否
0040004	阿里木	.T.
0041273	金明成	.T.
0052161	江海强	.T.

例 5-9　查找学生表中的少数民族学生。

　　　select 学号,姓名;

　　　　　from 学生表;

　　　　　where 少数民族否 = .T.

查询结果见表 5.6。

例 5-10　求 1987 年以后出生的学生学号和姓名。

　　　select 学号,姓名,出生日期;

　　　　　from 学生表;

　　　　　where 出生日期>={^1987/01/01}

查询结果略。

(2) 多重条件查询：SELECT 语句提供逻辑运算符 AND 和 OR，可用来组合联结多个查询条件。AND 的含义是表示多个条件间的"与"、"同时"或"并且"关系，OR 的含义是表示多个条件间的"或"关系。这里 AND 的优先级高于 OR，但我们可以用括号改变优先级。

例 5-11 查找入学成绩在 500 分以上的少数民族学生，显示学号、姓名和少数民族否。

    select 学号,姓名,少数民族否;

        from 学生表;

        where 入学成绩 >= 500 and 少数民族否 = .T.

查询结果略。

例 5-12 查找入学成绩在 570 分以上的女性学生，显示学号、姓名、性别和入学成绩。

    select 学号,姓名,性别,入学成绩;

        from 学生表;

        where 入学成绩 >= 570;

          and 性别 ='女'

查询结果略。

(3) 确定范围：SELECT 提供谓词 **BETWEEN…AND…**用来查找属性值在指定范围内的元组，其中 BETWEEN 后是范围的下限(即低值)，AND 后是范围的上限(即高值)。

例 5-13 求入学成绩在 500 到 600 间的学生学号、姓名和入学成绩。

    select 学生表.学号, 学生表.姓名, 学生表.入学成绩;

        from 教学管理数据库!学生表;

        where 学生表.入学成绩 between 500 and 600

上述 SQL 语句可以等价于如下 SQL 语句。

    select 学生表.学号, 学生表.姓名, 学生表.入学成绩;

        from 教学管理数据库!学生表;

        where 学生表.入学成绩 >= 500;

          and 学生表.入学成绩 <= 600

如果要求入学成绩不在 500 到 600 间的学生学号、姓名和入学成绩,使用下列 SQL 语句。

    select 学生表.学号, 学生表.姓名, 学生表.入学成绩;

        from 教学管理数据库!学生表;

        where 学生表.入学成绩 not between 500 and 600

(4) 确定集合：SELECT 提供谓词 **IN** 用来查找属性值在指定集合的方法。

例 5-14 求籍贯为"江西南昌"或"吉林"的学生学号、姓名和籍贯。

    select 学生表.学号, 学生表.姓名, 学生表.籍贯;

        from 教学管理数据库!学生表;

        where 学生表.籍贯 in ("吉林","江西南昌")

表 5.7 例 5-14 的结果

学号	姓名	籍贯
0041272	马永强	吉林
0041273	金明成	吉林
0052159	李永波	江西南昌

上述 SQL 语句可以等价于如下 SQL 语句。

    select 学生表.学号, 学生表.姓名, 学生表.籍贯;

        from 教学管理数据库!学生表;

        where 学生表.籍贯 ="吉林";

          or 学生表.籍贯 ="江西南昌"

结果见表 5.7。

例 5-15 求籍贯不为"江西南昌"和"吉林"的学生学号、姓名和籍贯。

    select 学生表.学号, 学生表.姓名, 学生表.籍贯;

        from 教学管理数据库!学生表;

where 学生表.籍贯 not in ("吉林","江西南昌")

上述 SQL 语句可以等价于如下 SQL 语句。

  select 学生表.学号, 学生表.姓名, 学生表.籍贯;

    from 教学管理数据库!学生表;

    where 学生表.籍贯 != "吉林";

      and 学生表.籍贯 != "江西南昌"

(5) 字符匹配：谓词 LIKE 可以用来进行字符串的匹配。其一般语法格式如下：

[NOT] LIKE '<匹配串>' [ESCAPE '<换码字符>']

其含义是查找指定的属性列值与<匹配串>相匹配的元组。<匹配串>可以是一个完整的字符串，也可以含有通配符%和_。其中：

%(百分号)代表在任意位置(长度可以为 0)上的任意字符。例如 a%b 表示以 a 开头，以 b 结尾的任意长度的字符串。如 acb, addgb, ab 等都满足该匹配串。

_(下划线)代表一个位置上任意字符。例如 a_b 表示以 a 开头，以 b 结尾的长度为 3 的任意字符串。如 acb, afb 等都满足该匹配串。

例 5-16 查找以姓"李"开头的学生学号和姓名。

  select 学号,姓名;

    from 学生表;

    where 姓名 like "李%"

结果见表 5.8。

表 5.8 例 5-16 的结果

学号	姓名
0040005	李冰晶
0052159	李永波
0052160	李强

例 5-17 查找以"强"字为最后一个字符的学生学号和姓名。

  select 学号,姓名;

    from 学生表;

    where 姓名 like "%强"

查询结果略。

例 5-18 查找第二个字符为"永"字的学生学号和姓名。

  select 学号,姓名;

    from 学生表;

    where 姓名 like "_永%"

查询结果略。

思考：下列 SQL 语句与上面的有何不同。

  select 学号,姓名;

    from 学生表;

    where 姓名 like "%永%"

例 5-19 查找江西籍的男性学生的学号和姓名。

  select 学号,姓名,性别,籍贯;

    from 学生表;

    where 籍贯 like "江西%";

      and 性别 = "男"

结果见表 5.9。

例 5-20 查找吉林或辽宁籍的学生学号、姓名、性别和籍贯。

表 5.9 例 5-19 的结果

学号	姓名	性别	籍贯
0040001	江华	男	江西赣州
0052159	李永波	男	江西南昌

```
select 学号,姓名,性别,籍贯;
    from 学生表;
    where  籍贯  like "吉林%";
        or 籍贯  like "辽宁%"
```

查询结果略。

例 5-21 查找非吉林和辽宁籍的学生学号、姓名、性别和籍贯。

```
select 学号,姓名,性别,籍贯;
    from 学生表;
    where not (籍贯  like "吉林%");
        and not (籍贯  like "辽宁%")
```

查询结果略。

(6) 查询结果输出到表：SELECT 默认输出给用户浏览。SELECT 同时提供 INTO 或 TO 子句来将查询结果输出重定向，其格式为：

[INTO <目标>] | [TO FILE <文件名>[ADDITIVE] | TO PRINTER]

其中各参数的含义是：

1) [INTO <目标>]表示将查询结果保存到目标中，目标的形式有三种：

ARRAY <数组名>：将查询结果存到指定的数组中。

CURSOR <临时表>：将查询结果存到一个游标中。所谓游标是一个临时表，不同之处在于一旦游标关闭就被删除。

DBF <表> | TABLE <表>：将查询结果存到一个表，如果该表已经打开，则系统自动关闭该表。如果已经设置了 SET SAFETY OFF(将安全功能关闭)，则重新打开它不提示。如果没有指定后缀，则默认为.dbf。在 SELECT 命令执行完后，该表为打开状态。

2) [TO FILE <文件名>[ADDITIVE]]将查询结果输出到指定的文本文件，ADDTIVE 表示将结果追加到原文件后面，否则将覆盖原有文件。

3) [TO PRINTER]的功能是将查询结果送打印机输出。

例 5-22 将籍贯为"吉林"或"辽宁"的学生学号、姓名、性别和籍贯输出到 D 盘的根目录。

```
open database "教学管理数据库.DBC"
    &&打开数据库
set default to "D:\"                                    &&设置输出的目录
select 学号,姓名,性别,籍贯;
    from 学生表;
    into dbf aa;
    where  籍贯  like "吉林%" or 籍贯  like "辽宁%"      &&运行查询
```

```
close all                                    &&关闭数据库
use ″D:\aa.dbf″                              &&打开数据库 aa.dbf
browse                                       &&浏览查询结果
```

三、对查询结果排序

用户可以用 **ORDER BY** 子句对查询结果按照一个或多个属性列的升序(ASC)或降序(DESC)排列，缺省值为升序。

例 5-23 查询所有学生的入学成绩，查询结果按入学成绩的降序排列。

```
select 学号,姓名,入学成绩;
    from 学生表;
    order by 入学成绩 desc
```

查询结果如表 5.10 所示。

表 5.10 例 5-23 的结果

学号	姓名	入学成绩
0041272	马永强	626
0040001	江华	620
0052160	李强	611
0041273	金明成	609
0040005	李冰晶	599
0052159	李永波	599
0052161	江海强	572
0040002	杨阳	571
0040003	欧阳思思	564.5
0041271	潭莉莉	563
0040004	阿里木	460

例 5-24 查询所有学生的入学成绩，查询结果按入学成绩的升序排列。

```
select 学号,姓名,入学成绩;
    from 学生表;
    order by 入学成绩
```

查询结果略。

SELECT 语句支持多个关键字的排序。

例 5-25 按入学成绩排降序和出生日期排降序输出学号、姓名、入学成绩和出生日期。

```
select 学号,姓名,入学成绩,出生日期;
    from 学生表;
    order by 入学成绩 desc, 出生日期 desc
```

四、使用聚集函数

为了进一步方便用户，增强检索功能，SQL 提供了许多聚集函数。所谓聚集函数是指对一个关系进行求和 sum、求平均值 avg 等运算。SQL 提供的聚集函数如表 5.11 所示。

表 5.11 SQL 中的聚集函数

函数	含义
AVG([DISTINCT|ALL]<字段名>)	计算一列值的平均值(此列必须是数值型)
COUNT(*)	统计元组个数
COUNT([DISTINCT|ALL]<字段名>)	统计一列中值的个数
MIN([ALL]<字段名>)	求一列值中的最小值
MAX([ALL]<字段名>)	求一列值中的最大值
SUM([DISTINCT|ALL]<字段名>)	计算一列值的总和(此列必须是数值型)

例 5-26 求学生表中入学成绩在 600 分以上的人数。

```
select count(*);
    from 学生表;
    where 入学成绩 >= 600
```

结果为 4 人。

例 5-27 求学生表中入学成绩的平均成绩。

```
select avg(入学成绩);
```

from 学生表

结果为 580.68 分。

五、对查询结果分组

SELECT 使用 **GROUP BY** 子句来进行分组。我们通过例子来说明分组的功能。

下面给出课程表的内容。

表 5.12 为课程表的内容。

表 5.12　课程表

课程号	课程名	开课学期	课程类别号	课时数	学分
A0101	邓小平理论	1	01	32	2
B1001	计算机应用基础	2	02	64	4
C3004	微机操作	2	02	32	2

例 5-28　按课程类别号，求各种类别课程的门数。

```
select 课程类别号,count(*);
    from 课程表;
    group by 课程类别号
```

结果见表 5.13。

表 5.13　例 5-28 的结果

课程类别号	Cnt
01	1
02	2

通过例子我们看到，当"课程类别"相同时，它们属于同一组。本例中是求记录的个数，故课程类别为"01"的有 1 门，类别为"02"的有 2 门。

表 5.14 为班级表的内容。

表 5.14　班级表

班级号	专业名称	年级	班主任姓名	所在学院	班级人数
CS0301	计算机科学技术 2003–01 班	2003	李一梅	信息管理学院	0
ICS0302	计算机科学技术 2003–02 班	2003	张华	信息管理学院	0
CPA0401	注册会计师 2004–01 班	2004	王平	会计学院	0
CPA0402	注册会计师 2004–02 班	2004	马晓明	会计学院	0
CPA0403	注册会计师 2004–03 班	2004		会计学院	0

表 5.15　例 5-29 的结果

年级	Cnt
2003	2
2004	3

例 5-29　求各个年级的班数。

```
select 年级,count(*);
    from 班级表;
    group by 年级
```

结果见表 5.15。

使用 GROUP BY 子句要注意，SELECT 的字段列表中，凡没有出现在聚集函数中的字段，必须出现在 GROUP BY 子句中。例如"年级"字段出现在字段列表中，但它没有出现在聚集函数中，故字段"年级"必须出现在 GROUP BY 子句中。

有关使用分组和聚集函数更复杂的例子，读者请参阅本章的多表查询的例子。

5.2.2　多表查询

一、多表查询的工作原理

所谓多表查询是指 from 子句包括多个数据表。在介绍多表查询的工作原理之前，先看个例子。

例 5-30　多表查询中，不使用 WHERE 子句的例子。

open database "教学管理数据库.dbc"

select * ;

    from 学生表,成绩表

由图 5.2 可以看到，语句"select * from 学生表,成绩表"的结果非常庞大，有 13 个字段，176 条记录。这是因为如果 SELECT 从两表检索结果，且不带 WHERE 子句时，首先从前一个表(此处为"学生表")中取一条记录然后与后面的表(此处为"成绩表")中的每条记录进行逐一匹配。结果是"学生表"的 10 个字段，与"成绩表"的 3 个字段结合得到 13 个字段，注意到由于"学生表"和"成绩表"均含有"学号"字段，故结果中分为"学号_a"和"学号_b"；结果的记录数是"学生表"(共 11 条记录)与"成绩表"(共 16 条记录)相乘得到 176 条记录。简单地说，如果 SELECT 从两表检索结果，且不带 WHERE 子句的关键字相等约束时，结果为在横向上(字段数)是两表的字段数相加；在纵向上(记录数)是两表的记录数相乘。即如果 SELECT 从两表检索结果，且不带 WHERE 子句的关键字相等约束时，结果存在组合爆炸的问题，这会产生很多无用的垃圾数据。

图 5.2 不带 where 子句多表查询的例子

下面我们就两个表之间自然联接与主键、外键约束的关系加以讨论。SELECT 从两表检索结果时，要得到有效的数据必须带 WHERE 子句，通常两个表之间必须有主外键的约束，即两个表中有共同的字段(或字段集)，这个字段或字段集在一个表中为主键，在另一个表中为外键。如果二表是多对多的关系，也可以转化为两个一对多的关系。我们使用自然联接对二表进行查询。

例 5-31 将学生表和课程表进行自然联接，求结果集。

open database "教学管理数据库.dbc"

```
select * ;
    from 学生表,成绩表 ;
    where 学生表.学号 = 成绩表.学号
```

上述 SELECT 语句的等价 SQL 语句如下：

```
select * ;
    from 学生表 inner join 成绩表 ;
        on 学生表.学号 = 成绩表.学号
```

结果如图 5.3 所示。

学号_a	姓名	性别	出生日期	少数民族否	班级号	籍贯	入学成绩	简历	照片	学号_b	课程号	成绩
0040001	江华	男	04/20/86	F	ICS0301	江西赣州	620.0	Memo	Gen	0040001	B1001	67.0
0040004	阿里木	男	03/05/85	T	ICS0302	新疆喀什	460.0	memo	gen	0040004	A0101	87.0
0040001	江华	男	04/20/86	F	ICS0301	江西赣州	620.0	Memo	Gen	0040001	C3004	76.0
0040001	江华	男	04/20/86	F	ICS0301	江西赣州	620.0	Memo	Gen	0040001	B1001	95.0
0040002	杨阳	女	12/16/86	F	ICS0301	江苏南京	571.0	Memo	Gen	0040002	B1001	75.0
0040003	欧阳思思	女	12/05/87	F	ICS0301	湖南岳阳	564.5	Memo	Gen	0040003	C3004	85.0
0040004	阿里木	男	03/05/85	T	ICS0302	新疆喀什	460.0	memo	gen	0040004	B1001	46.0
0040005	李冰晶	女	06/12/87	F	ICS0402	江西九江	599.0	memo	gen	0040005	A0101	100.0
0040002	杨阳	女	12/16/86	F	ICS0301	江苏南京	571.0	Memo	Gen	0040002	C3004	81.0
0041271	潭莉莉	女	06/06/85	F	CPA0401	辽宁沈阳	563.0	memo	gen	0041271	A0101	86.0
0041271	潭莉莉	女	06/06/85	F	CPA0401	辽宁沈阳	563.0	memo	gen	0041271	B1001	66.0
0041271	潭莉莉	女	06/06/85	F	CPA0401	辽宁沈阳	563.0	memo	gen	0041271	C3004	78.0
0052161	江海强	男	06/21/88	T	CPA0502	云南大理	572.0	memo	gen	0052161	C3004	45.0
0052161	江海强	男	06/21/88	T	CPA0502	云南大理	572.0	memo	gen	0052161	A0101	66.0
0052160	李 强	男	04/14/87	F	CPA0502	黑龙江哈尔滨	611.0	memo	gen	0052160	C3004	88.0
0052160	李 强	男	04/14/87	F	CPA0502	黑龙江哈尔滨	611.0	memo	gen	0052160	B1001	78.0

图 5.3　多表查询带 where 子句的例子

例 5-31 中的子句"WHERE 学生表.学号 = 成绩表.学号"(或 from 学生表 inner join 成绩表 on 学生表.学号 = 成绩表.学号)表示的是"学生表"和"成绩表"进行自然联接操作。它的含义是判断"学生表"中的学号与"成绩表"中的学号,当它们相等时,这条记录才加入最终的输出结果集中。或者说,先做不带 WHERE 子句的运算,得到一个大的结果集后,再判断"学号_a"是否等于"学号_b",如果相等才认为是所要的结果。需要注意的是,由于先做不带 WHERE 子句的运算,得到一个大的结果集后,再进行相等判断的方法在效率上非常低,实际并不进行这样的操作,这里只是从概念上加强对如何得到结果集的理解。

自然联接操作是数据库 SQL 检索语句中最常用的操作。要求参与自然联接操作的两个关系表间存在一对多的约束,即两个关系表间存在外键约束,这样的自然联接才有意义。

在数据库中,使用最多的是一对多的关联。这里关联有一端为参照表(我们称为多表),另一端为被参照表(我们称为一表),如"班级表"与"学生表"的关联中,"班级表"为一表,而"学生表"为多表。同理"学生表"与"成绩表"的关联为一对多关联;"课程表"与"成绩表"的关联也为一对多关联。如图 5.4 所示。

一对多的自然联接的结果是一个关系表,关系表的结果为:横向上(字段数)为两表的字段相叠加;纵向上(记录数)以多表的记录为最终结果。以"学生表"与"成绩表"的关联为例,由于"成绩表"中有 16 条记录,故使用 SELECT 中的子句"WHERE 学生表.学号 = 成绩表.学号"表示将两表进行自然联接操作,其结果中字段为 13 个,记录为 16 条。

例 5-32　求课程成绩在 85 分以上人的学号、姓名和成绩。

```
open database "教学管理数据库.dbc"
select 学生表.学号,姓名,成绩 ;
```

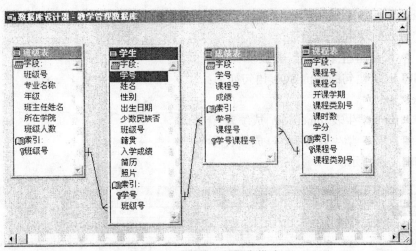

图 5.4　教学管理数据库模式

> 　　from　学生表,成绩表;
> 　　　where　学生表.学号 = 成绩表.学号;
> 　　　　　and　成绩>=85

结果见表 5.16。

表 5.16　例 5-32 的结果

学号	姓名	成绩
0040004	阿里木	87
0040001	江华	95
0040003	欧阳思思	85
0040005	李冰晶	100
0041271	潭莉莉	86
0052160	李强	88

注意："学生表.学号"表示学生表的学号,因为如果只写"学号",对 Visual FoxPro 来说,不知道是"学生表"的学号,还是"成绩表"的学号。

为简化 SELECT 的书写,SQL 中允许使用表的别名,表别名的含义是给表取个小名。例如上例中我们可以写成如下 SELECT 语句。

> 　　select a.学号,姓名,成绩;
> 　　　from　学生表　a,成绩表　b;
> 　　　　where　a.学号 = b.学号;
> 　　　　　　and　成绩>=85

这里 a 表示是数据表"学生表"的别名,b 是数据表"成绩表"的别名。

本例中,我们先在自然联接的基础上,求得一个大的集合,然后我们筛选出课程成绩在 85 分以上的学号、学生姓名和课程成绩。

下面的例子,将二表之间的自然联接扩展到了三表。

例 5-33　将"学生表"、"成绩表"和"课程表"进行自然联接,求结果。

> 　　select *;
> 　　　from　学生表,成绩表,课程表;
> 　　　　where　学生表.学号 = 成绩表.学号;
> 　　　　　　and　课程表.课程号 = 成绩表.课程号

结果如图 5.5 所示。

该条语句的功能是,先将"学生表"和"成绩表"自然联接,得到一个关系表。这里"学生表"为一表,"成绩表"为多表,结果以多表为准,即得到的关系表有 16 条记录,字段是"学生表"和"成绩表"字段的叠加。再将得到的关系表与"课程表"进行自然联接。这里"课

学号_a	姓名	性别	出生日期	少数民族否	班级号	籍贯	入学成绩	简历	照片	学号_b	课程号_a	成绩	课程号_b	课程名
0040001	江华	男	04/20/86	F	ICS0301	江西赣州	620.0	Memo	Gen	0040001	B1001	67.0	B1001	计算机应用基础
0040001	江华	男	04/20/86	F	ICS0301	江西赣州	620.0	Memo	Gen	0040001	A0101	95.0	A0101	邓小平理论
0040001	江华	男	04/20/86	F	ICS0301	江西赣州	620.0	Memo	Gen	0040001	C3004	76.0	C3004	微机操作
0040002	杨阳	女	12/16/86	F	ICS0301	江苏南京	571.0	Memo	Gen	0040002	C3004	81.0	C3004	微机操作
0040002	杨阳	女	12/16/86	F	ICS0301	江苏南京	571.0	Memo	Gen	0040002	B1001	75.0	B1001	计算机应用基础
0040003	欧阳思思	女	12/05/87	F	ICS0301	湖南岳阳	564.5	memo	gen	0040003	C3004	85.0	C3004	微机操作
0040004	阿里木	男	03/05/85	T	ICS0302	新疆喀什	460.0	memo	gen	0040004	B1001	45.0	B1001	计算机应用基础
0040004	阿里木	男	03/05/85	T	ICS0302	新疆喀什	460.0	memo	gen	0040004	A0101	87.0	A0101	邓小平理论
0040005	李冰晶	女	06/12/87	F	ICS0402	江西九江	599.0	memo	gen	0040005	A0101	100.0	A0101	邓小平理论
0041271	谭莉莉	女	06/06/85	F	CPA0401	辽宁沈阳	563.0	memo	gen	0041271	A0101	86.0	A0101	邓小平理论
0041271	谭莉莉	女	06/06/85	F	CPA0401	辽宁沈阳	563.0	memo	gen	0041271	C3004	78.0	C3004	微机操作
0041271	谭莉莉	女	06/06/85	F	CPA0401	辽宁沈阳	563.0	memo	gen	0041271	B1001	66.0	B1001	计算机应用基础
0052160	李 强	男	04/14/87	F	CPA0502	黑龙江哈尔滨	611.0	memo	gen	0052160	C3004	88.0	C3004	微机操作
0052160	李 强	男	04/14/87	F	CPA0502	黑龙江哈尔滨	611.0	memo	gen	0052160	B1001	78.0	B1001	计算机应用基础
0052161	江海强	男	06/21/88	T	CPA0502	云南大理	572.0	memo	gen	0052161	C3004	45.0	C3004	微机操作
0052161	江海强	男	06/21/88	T	CPA0502	云南大理	572.0	memo	gen	0052161	A0101	66.0	A0101	邓小平理论

图 5.5   三表关联的例子，结果记录以多表为准

程表"是一表，而前面得到的关系表为多表。因此最终的结果为 16 条，即以"成绩表"的记录为准，最终的结果是将三个表的字段叠加，但记录是在"成绩表"的基础上扩展相关字段得到。本例中当然也可以理解为先进行"课程表"与"成绩表"的自然联接，然后再用得到的关系与"学生表"进行自然联接。

通过例子我们知道，在知道各个数据表的字段和它们表间的关联后才能进行 SQL 语句的编写。即我们必须首先知道数据库模式，才能编写正确的 SQL 语句。这里我们得到一个数据库导航概念，就是根据给出的已知条件，求需要的数据。这里已知条件是在一个表中的某个字段取值，所求数据是我们感兴趣的字段。那么我们要从已知的数据表出发，通过表间的关联到达目的表，最后根据题目要求筛选相关的字段和记录。下面我们给出例子。

二、多表的自然联接查询例子

例 5-34   求"江华"的成绩表。

根据给出的数据库模式，我们知道已知条件为"学生表"的"姓名"字段，其内容等于"江华"，待求的是"课程表"中的"课程号、课程名"和"成绩表"中的"成绩"。这样我们使用三表的自然联接。

```
select 课程表.课程号,课程名,成绩;
    from 学生表,成绩表,课程表;
    where 学生表.学号 = 成绩表.学号;
        and 课程表.课程号 = 成绩表.课程号;
        and 姓名 ="江华"
```

结果见表 5.17。

表 5.17   例 5-34 的结果

课程号	课程名	成绩
B1001	计算机应用基础	67
A0101	邓小平理论	95
C3004	微机操作	76

例 5-35   求计算机科学技术 2003-01 班的所有成绩单。

分析：已知条件为"班级表"中的"专业名称"，待求为"学生表"的"姓名"；"课程"表的"课程号、课程名"；"成绩表"的"成绩"。

```
select 姓名,课程表.课程号,课程名,成绩;
    from 学生表,成绩表,课程表,班级表;
    where 学生表.学号 = 成绩表.学号;
        and 课程表.课程号 = 成绩表.课程号;
        and 班级表.班级号 = 学生表.班级号;
```

and 专业名称 ="计算机科学技术 2003-01 班"

结果见表 5.18。

表 5.18 例 5-35 的结果

姓名	课程号	课程名	成绩
江华	B1001	计算机应用基础	67
江华	A0101	邓小平理论	95
江华	C3004	微机操作	76
杨阳	C3004	微机操作	81
杨阳	B1001	计算机应用基础	75
欧阳思思	C3004	微机操作	85

例 5-36 求"计算机科学技术 2003-01 班"的《微机操作》成绩单。

select 姓名,课程表.课程号,课程名,成绩;

    from 学生表,成绩表,课程表,班级表;

    where 学生表.学号 = 成绩表.学号;

    and 课程表.课程号 = 成绩表.课程号;

    and 班级表.班级号 = 学生表.班级号;

    and 专业名称 ="计算机科学技术 2003-01 班";

    and 课程名 ="微机操作"

结果见表 5.19。

表 5.19 例 5-36 的结果

姓名	课程号	课程名	成绩
江华	C3004	微机操作	76
欧阳思思	C3004	微机操作	85
杨阳	C3004	微机操作	81

下面我们给出多表查询中使用 GROUP BY 子句的例子。

例 5-37 求每个学生所修的总学分数。

select 姓名,sum(学分);

    from 学生表,成绩表,课程表;

    where 学生表.学号 = 成绩表.学号;

    and 课程表.课程号 = 成绩表.课程号;

    group by 姓名

结果见表 5.20。

表 5.20 例 5-37 的结果

姓名	SUM_学分
阿里木	6
江海强	4
江华	8
李强	6
李冰晶	2
欧阳思思	2
潭莉莉	8
杨阳	6

表 5.21 例 5-38 的结果

姓名	SUM_学分
阿里木	6
江华	8
李强	6
潭莉莉	8
杨阳	6

例 5-38 求总学分在 6 分以上的学生姓名。

```
select  姓名,sum(学分)
    from  学生表,成绩表,课程表
    where  学生表.学号  =  成绩表.学号
        and  课程表.课程号  =  成绩表.课程号
    group by  姓名
        having sum(学分)>= 6
```

结果见表 5.21。

比较例 5-37 和例 5-38，不难看出 HAVING 子句可以过滤 GROUP BY 子句的结果。

最后我们给出 SELECT 语句的完整格式：

SELECT

　　　　[ALL | DISTINCT] [TOP <数值表达式> [PERCENT]]

　　　　[<别名>.] <字段表达式> [AS <字段名>]

　　　　[, [<别名>.] <字段表达式> [AS <字段名>]…]

　　FROM [FORCE]

　　[<数据库名>!] <表名> [[AS] <别名>]

　　[[INNER | LEFT [OUTER] | RIGHT [OUTER] | FULL [OUTER] JOIN

　　<数据库名>!] <表名> [[AS] <别名>]

　　[ON <联接条件> …]

　　　　[[INTO <目的>]

　　　　| [TO FILE <文件名> [ADDITIVE] | TO PRINTER [PROMPT]

　　　　| TO SCREEN]]

　　[PREFERENCE PreferenceName]

　　[NOCONSOLE]

　　[PLAIN]

　　[NOWAIT]

　　　　　　[WHERE <联接条件> [AND <联接条件> …]

　　　　　　[AND | OR <条件> [AND | OR <条件> …]]]

　　[GROUP BY <分组列> [, <分组列> …]]

　　　　[HAVING <条件>]

　　[UNION [ALL] <SELECT 命令>]

　　[ORDER BY <排序表达式> [ASC | DESC]

　　　　[, <排序表达式> [ASC | DESC] …]]

5.2.3 创建和使用视图

前面我们已经知道基本表和视图的差别，这里介绍 Visual FoxPro 中创建和使用视图的方法。

一、创建视图

这里创建视图所用的数据源为本地的基本表，视图创建语句如下：

CREATE SQL VIEW <视图名>;

AS SQLSELECT <语句>

例 **5-39**　创建一个考试成绩视图，该视图包括如下字段：专业名称，学号，姓名，课程名，成绩。

```
create sql view 考试成绩;
    as;
        select 专业名称, 学生表.学号, 姓名, 课程名,成绩;
            from   课程表,成绩表,学生表,班级表;
            where   班级表.班级号 = 学生表.班级号;
                and   学生表.学号 = 成绩表.学号;
                and   课程表.课程号 = 成绩表.课程号
```

视图创建的结果是在数据库中增加了一个名为"考试成绩"的视图。使用命令"modify projct ?"，打开项目文件后，可以看到如图 5.6 所示的视图，单击右侧的"浏览"按钮可以看到视图结果；如图 5.7 所示。

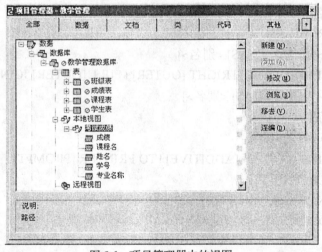

图 5.6　项目管理器中的视图

专业名称	学号	姓名	课程名	成绩
计算机科学技术2003-01班	0040001	江华	邓小平理论	95.0
计算机科学技术2003-01班	0040001	江华	微机操作	76.0
计算机科学技术2003-01班	0040001	江华	计算机应用基础	67.0
计算机科学技术2003-01班	0040002	杨阳	微机操作	81.0
计算机科学技术2003-01班	0040002	杨阳	计算机应用基础	75.0
计算机科学技术2003-01班	0040003	欧阳思思	微机操作	85.0
计算机科学技术2003-02班	0040004	阿里木	计算机应用基础	46.0
计算机科学技术2003-02班	0040004	阿里木	邓小平理论	87.0
注册会计师2004-01班	0041271	潭莉莉	微机操作	78.0
注册会计师2004-01班	0041271	潭莉莉	邓小平理论	86.0
注册会计师2004-01班	0041271	潭莉莉	计算机应用基础	66.0

图 5.7　视图的结果

创建视图的另一种写法如下：

```
create sql view 考试成绩;
    as;
```

```
select 班级表.专业名称,学生表.学号,学生表.姓名,课程表.课程名,成绩表.成绩;
    from  教学管理数据库!课程表  inner join  教学管理数据库!成绩表;
        inner join  教学管理数据库!学生表;
        inner join  教学管理数据库!班级表  ;
            on  班级表.班级号  =  学生表.班级号  ;
            on  学生表.学号  =  成绩表.学号  ;
            on  课程表.课程号  =  成绩表.课程号
```

二、使用视图

可以像对待基本表一样对待视图。

例 5-40 从视图"考试成绩"中，查询专业名称为"计算机科学技术 2003-01 班"的成绩表。

```
select *;
    from 考试成绩;
    where 专业名称 ='计算机科学技术 2003-01 班'
```

5.3 数 据 操 纵

数据操纵语句包括插入(INSERT)、删除(DELETE)和更新(UPDATE)三种。注意这里的 DELETE 语句是 SQL 语句，它不是我们前面所学的 Visual FoxPro 的记录删除语句。SQL 中的 DELETE 语句是 SQL 中的标准语句，用它编写的数据库操纵语句有很好的可移植性，而 Visual FoxPro 的记录删除语句 DELETE 是 Visual FoxPro 特有的语句。

5.3.1 插入记录

语句格式：

```
INSERT INTO <表名> [(<字段名 1> [, <字段名 2>, …])]
    VALUES (<表达式 1> [, <表达式 2>, …])
```

INSERT INTO 命令功能：向表中插入一条记录。

例 5-41 向学生表中插入一条记录。

```
use 学生表
insert into 学生表;
    values ("0043022",;
        "李莉",;
        "女",;
        {^1989/06/01},;
        .F.,;
        "CPA0403",;
        "北京",;
        588,;
        ' ',;
        ' ')
```

插入语句也可指定需插入数据的字段名。使用该语句时，如果违反数据表的约束，即表中要求不能为空的或主键冲突的数据将不能插入数据表中。

例 5-42　向学生表插入一条记录，不包括简历和照片两字段。

```
insert into 学生表;
        (学号,姓名,性别,出生日期,少数民族否,班级号,籍贯,入学成绩);
            values ("0043023",;
                "张强",;
                "男",;
                {^1989/08/01},;
                .F.,;
                "CPA0403",;
                "辽宁大连",;
                592)
```

5.3.2　删除记录

语句格式：

DELETE FROM [<数据库名>!]<表名>
　　　[WHERE <条件 1> [AND | OR <条件 2> …]]

DELETE FROM 命令功能：从表中删除满足条件的记录，注意该语句只是标上删除标记，要物理删除必须使用 PACK 语句。如果没有指定条件将删除所有记录，此时如果希望恢复请使用 RECALL ALL 命令。

例 5-43　删除学号为 0043022 的学生。

```
delete;
        from 学生表;
        where 学号 = "0043022"
    pack
```

5.3.3　更新记录

语句格式：

UPDATE　[<数据库名 1>!]<表名 1>
　　　SET <字段名 1>=<表达式 1>
　　　　　[, <字段名 2>=<表达式 2> …]
　　　WHERE <条件 1> [AND | OR <条件 2> …]]

UPDATE 命令功能：更新表中满足条件的记录。

例 5-44　将学号为 0043023 的学生入学成绩改为 612 分。

```
update 学生表;
        set 入学成绩 = 612;
        where 学号 = '0043023'
```

注意：由于 UPDATE 语句对数据表更新是不可逆的。所以，UPDATE 语句中的 WHERE 条件必须仔细写好。

5.4 数据定义

SQL 中的数据定义语言(DDL)用来定义数据库模式。它包括建立表(CREATE TABLE)、删除表(DROP TABLE)和修改表结构语句(ALTER TABLE)。由于在 Visual FoxPro 环境中可以使用图形化的界面完成上述功能,在这里我们仅给出有关 SQL 语法结构,有兴趣的读者可以参考有关书籍。

5.4.1 建立表结构

语句格式:

CREATE TABLE | DBF <表名 1> [NAME Long<表名>] [FREE]

(<字段名 1> FieldType [(nFieldWidth [, nPrecision])]

    [NULL | NOT NULL]

    [CHECK <逻辑表达式 1> [ERROR <提示信息 1>]]

    [DEFAULT <表达式 1>]

    [PRIMARY KEY | UNIQUE]

    [REFERENCES <表名 2> [TAG <标记名 1>]]

    [NOCPTRANS]

    [, FieldName2 …]

    [, PRIMARY KEY <表达式 2> TAG <标记名 2>

    |, UNIQUE <表达式 3> TAG <标记名 3>]

    [, FOREIGN KEY <表达式 4> TAG <标记名 4> [NODUP]

    REFERENCES <表名 3> [TAG <标记名 5>]]

    [, CHECK <逻辑表达式 2> [ERROR <提示信息 2>]])

    | FROM ARRAY ArrayName

CREATE TABLE 命令功能:新建一个数据表,指定相关的字段和它的数据类型,定义表的主键和外键。

例 5-45 使用 SQL 语句创建自由表 my_student。

```
create table my_student(;
    学号              C(7),;
    姓名              C(8),;
    性别              C(2),;
    出生日期          D,;
    少数民族否         L,;
    班级号            C(8),;
    籍贯              C(12),;
    入学成绩          N(5,1),;
    简历              M,;
    照片              G;
    )
```

注意：在本例中，null 字段、主关键字(primary key)、永久关系、默认值(default)、有效性规则或者触发器等数据库表的专有特性，不能在自由表上使用。

例 5-46　使用 SQL 语句创建数据库 "my 教学管理数据库" 和数据表 "my 班级表、my 学生表、my 课程表、my 成绩表"。

```
create database my 教学管理数据库
create table my 班级表(;
        班级号                C(8);
                primary key,;
        专业名称              C(30),;
        年级                  C(4),;
        班主任姓名            C(8),;
        所在学院              C(10),;
        班级人数              I(8);
)
create table my 学生表(;
        学号                  C(7);
                primary key,;
        姓名                  C(8),;
        性别                  C(2),;
        出生日期              D,;
        少数民族否            L,;
        班级号                C(8);
                references my 班级表,;
        籍贯                  C(12),;
        入学成绩              N(5,1),;
        简历                  M,;
        照片                  G;
)
create table my 课程表(;
        课程号                C(5);
                primary key,;
        课程名                C(14),;
        开课学期              C(1),;
        出生日期              C(2),;
        课程类别号            C(3),;
        课时数                N(3);
)
create table my 成绩表(;
        学号                  C(7),;
        课程号                C(5),;
```

課时数　　　　　　　　N(5,1),;

　　　　primary key(学号 ＋ 课程号) tag 学号课程号,;

　　　　foreign key 学号 tag 学号 references　my 学生表,;

　　　　foreign key 课程号 tag 课程号 references　my 课程表;

　　)

　　modify database　　　　　　&&打开数据库设计器，察看数据库模式

结果如图 5.8 所示。

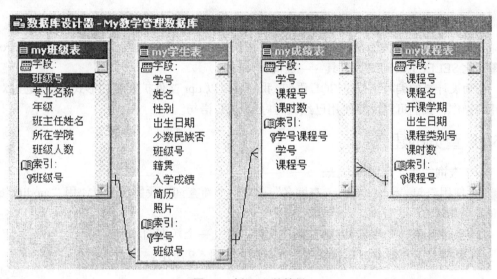

图 5.8　例 5-46 的结果

注：上面 SQL 语句使用不同数据库名和表名是为防止覆盖原来的教学管理数据库。

比较使用数据设计器建立教学管理数据库的过程，不难发现使用 SQL 语句可以方便地一次编写多次使用。

5.4.2　删除表

语句格式：

DROP TABLE <表名> | <文件名> | ? [RECYCLE]

DROP TABLE 命令功能：删除指定的表，注意这是物理删除，不可恢复。

5.4.3　修改表结构

语句格式：

ALTER TABLE <表名 1>

　ADD | ALTER [COLUMN] <字段名 1>

　　　　　　　FieldType [(<宽度> [, <精度>])]

　　[NULL | NOT NULL]

　　[CHECK <逻辑表达式 1> [ERROR <提示信息 1>]]

　　[DEFAULT <表达式 1>]

　　[PRIMARY KEY | UNIQUE]

[REFERENCES <表名 2> [TAG <标记名 1>]]
[NOCPTRANS]
[NOVALIDATE]

ALTER TABLE 命令功能：修改数据表的结构，包括修改字段名和字段类型；添加或删除字段等操作。

5.5 Visual FoxPro 查询设计器

通过前面的介绍，我们知道 SQL 语句中最常用和最复杂的语句是 SELECT 语句。建立正确 SELECT 语句的关键是我们必须正确知道所操作数据库的模式。本节介绍 Visual FoxPro 的图形化 SELECT 语句编写工具——查询设计器。

查询设计器的编写结果是 SQL 语句，我们可以以 qpr 文件扩展名的形式保存。通过对 qpr 文件的操作，我们可以反复使用已经编写好的 SQL 语句。

5.5.1 查询的建立

一个查询的建立有多种方法：

(1) 使用语句 "create query 查询名" 建立一个新查询，我们也可以使用 "modify query 查询名" 来修改一个查询。

(2) 通过菜单 "文件/新建/视图/新建文件" 建立一个新查询。

(3) 从项目管理器中打开或修改一个查询，如图 5.9 所示。

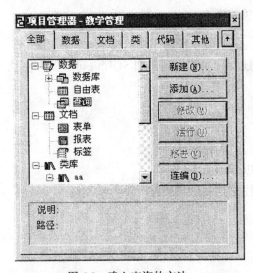

图 5.9　建立查询的方法

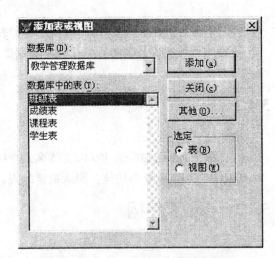

图 5.10　添加表或视图对话框

当我们选择建立一个新查询时，出现 "添加表或视图" 窗口，如图 5.10 所示。将创建视图所需的表选中，并按 "添加" 按钮，如是多个表，则重复选多次。添加完毕按 "关闭" 按钮关闭窗口。

Visual FoxPro 出现如图 5.11 所示的 "查询设计器" 窗口。

这里 "查询设计器" 选项卡的上半部分放置添加的表即数据库模式，下半部分是设置视

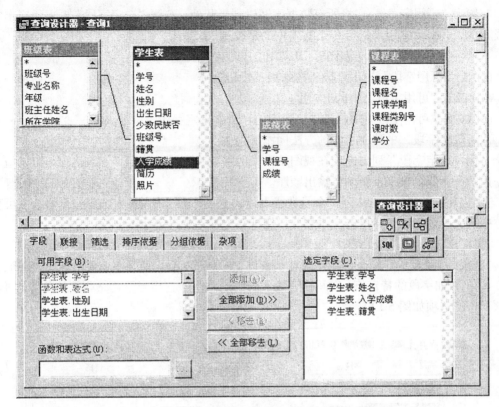

图 5.11　查询设计器窗口，字段选项卡

图的"字段"、"联接"、"筛选"、"排序依据"、"分组依据"、"更新条件"、"杂项"七个选项卡。另外，还有查询设计器工具栏，它浮在查询设计器上，通常在右上角。下面我们逐一介绍它们的功能。

一、查询设计器工具栏

利用查询设计器工具栏可以很方便地完成查询设计器许多常用的功能操作。表 5.22 给出了查询设计器工具栏按钮名称及其功能说明。

表 5.22　查询设计器工具栏按钮说明

按钮	名称	功能说明
	添加表	显示"添加表或视图"对话框，从而可以向设计器窗口添加一个表或视图
	移去表	从设计器窗口的上窗格中移去选定的表
	添加联接	在视图中的两个表之间创建联接条件
SQL	显示/隐藏 SQL 窗口	显示或隐藏建立当前视图的只读 SQL 语句
	最大化/最小化 上部窗口	放大或缩小"查询设计器"的上窗格

二、字段选项卡

字段选项卡如图 5.11 所示。字段选项卡用来指定在视图中的字段，SUM 或 COUNT 之类的合计函数，或其他表达式。

左侧为"可用字段",它将所有数据库字段列于此处,右侧"选定字段"框表示输出的字段或其他表达式。它用来指定 SELECT 中的字段列表。

从"可用字段"向"选定字段"中添加的方法:

(1) 在"可用字段"选中字段,按添加"按钮"。

(2) 双击"可用字段"中的选中字段。

(3) 按住"可用字段"中的选中字段,拖动到"选定字段"中。

从"选定字段"中移去字段的方法同添加类似。

右侧"选定字段"列出出现在视图结果中的字段、合计函数和其他表达式,可以拖动字段左边的垂直双箭头来重新调整输出顺序。

"函数和表达式"用来指定一个函数或表达式。用户既可从列表中选定一个函数又可直接在框中键入一个表达式,单击"添加"按钮把它添加到"选定字段"框中。

三、联接选项卡

"联接"选项卡的作用是实现多表联接查询,它用来匹配一个或多个表或视图中的记录指定联接条件(如字段的特定值,表间临时关系的联接条件)。它相当于自然联接的条件。"联接"选项卡中的选项如图 5.12 所示。

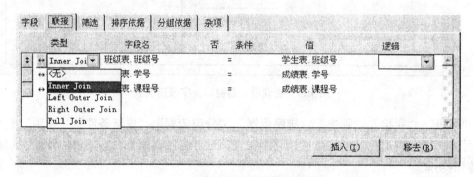

图 5.12　查询设计器中的联接选项卡

"联接条件"即"类型"左边的水平双箭头。如果有多个表联接在一起,则会显示此按钮。单击它可以在"联接条件"对话框中编辑(如图 5.13 所示)已选的条件或查询规则。我们看一下"联接条件"对话框,其选项我们在"类型"中解释。

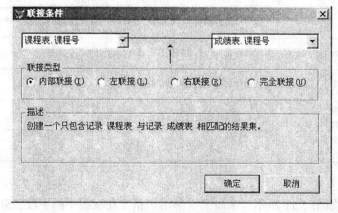

图 5.13　联接条件对话框

"类型"指定联接条件的类型。默认情况下,联接条件的类型为"InnerJoin"(内部联接)。新建一个联接条件时,单击该字段可显示一个联接类型的下拉列表如图 5.12 所示。

"字段名"指定联接条件的第一个字段。在创建一个新的联接条件时,单击字段,显示可用字段的下拉列表。

"否"指定反转条件,排除与该条件相匹配的记录。

"条件"用来指定比较类型,选项有=、==、>、<、>=、<=、Is NULL、Between、In 和 Like。

"值"指定联接条件中的其他表和字段。

"逻辑"在联接条件列表中添加 AND 或 OR 条件。

"插入"按钮在所选定条件之上插入一个空联接条件。"移去"按钮从查询中删除选定的条件。

四、筛选选项卡

"筛选"选项卡用来指定选择记录的条件,比如在字段内指定值,或在表之间定义临时关系的联接条件。它用来指定 WHERE 中的条件。

"筛选"选项卡选项:

"字段名"指定筛选条件的第一个字段,在创建一个新的筛选条件时,单击下拉可用字段列表中的字段;"实例"指定比较条件;"大小写"指定在条件中是否与实例的大小写(大写或小写)相匹配;其他选项、按钮与"联接"选项卡相同。

例如使用"学生表",在"字段"选项卡中,选择"学号、姓名、入学成绩、籍贯"四个字段。筛选条件如图 5.14 所示,如果我们单击"查询设计器"工具栏上的"SQL"按钮,可以得到图 5.15 所示的 SELECT 语句。

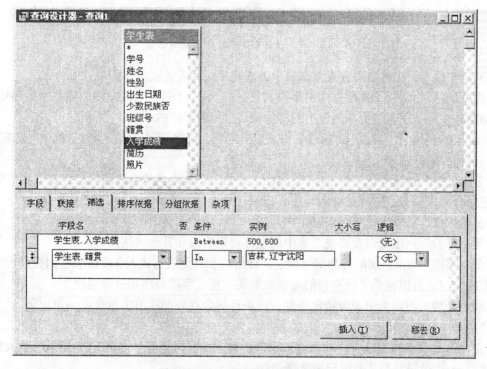

图 5.14 查询设计器的筛选对话框

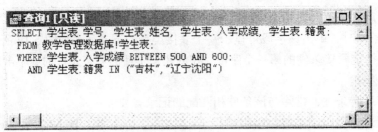

图 5.15 查询设计器中察看 SQL 语句的结果

我们如图中所示设置筛选条件是想将籍贯在吉林或辽宁沈阳、入学成绩在 500 到 600 分的记录筛选出来。单击右键，在快捷菜单中选择"运行查询"或"程序/运行"，将输出查询结果。

五、排序依据选项卡

"排序依据"选项卡用来指定字段、合计函数 SUM、COUNT 或其他表达式，设置查询中检索记录的顺序。它等价于 ORDER BY 子句。

如果在"杂项"选项卡中已选定"交叉数据表"选项，则自动创建排序字段的列表。

"排序依据"选项卡选项(见图 5.16)：

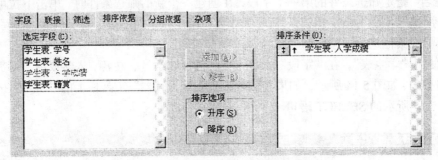

图 5.16 查询设计器中的排序依据对话框

"选定字段"列出将出现在查询结果中的选定字段和表达式。

"排序条件"指定用于排序查询的字段和表达式，显示于每一字段左侧的箭头指定递增(向上)或递减(向下)排序。箭头左侧显示的移动框可以更改字段的顺序。

"排序选项"中的"升序"、"降序"指定以升序还是降序排序"排序条件"框中的选定项。

六、分组依据选项卡

"分组依据"选项卡用来指定字段，SUM 或 COUNT 之类的合计函数，或把有相同字段值的记录合并为一组，实现对视图结果的行进行分组。它等价于 GROUP BY 子句。

"分组依据"选项卡选项(见图 5.17)：

"可用字段"列出查询表或视图表中的全部可用字段和其他表达式。

"分组字段"列出添加的分组的字段、合计函数和其他表达式。字段按照它们在列表中显示的顺序分组。可以拖动字段左边的垂直双箭头，更改字段顺序和分组层次。

"满足条件"可以为记录组指定条件，该条件决定在查询输出中包含哪一组记录。

七、"杂项"选项卡

"杂项"选项卡指定是否要对重复记录进行检索，同时是否对记录(返回记录的最大数目或最大百分比)做限制等其他的记录选择条件。

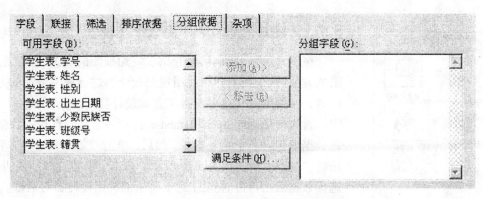

图 5.17　查询设计器中的分组依据对话框

其中"无重复记录"等价于 DISTINCT 选项，用来清除重复记录。

"列在前面的记录"表示选择框在结果中，选择记录的数目或百分比。在指定数目或百分比时，可在"查询和查询设计器"使用"排序依据"选项卡，以选择哪些记录位于结果集的前部。

5.5.2　查询的保存、修改和输出重定向

一、查询的保存和修改

在查询设计器中，设计完成查询后，可以保存查询设计结果。单击工具栏上的"保存"按钮即可。查询文件的扩展名为.qpr。

如果要修改已经保存的查询，可以先打开项目管理器，再选中"数据"下的"查询"后，单击右侧的"修改"按钮即可打开查询设计器进行修改。或使用如下命令格式：

MODIFY QUERY <查询名> | ?

结果同样是打开查询设计器，如果使用选项?，则会出现对话框，此时可以选择所希望修改的查询文件进行修改。

二、查询的输出重定向

在查询设计器中，可以将查询的结果定向到不同的输出目的中。其中"查询"菜单如图 5.18 所示。单击"查询"菜单的"查询去向…"出现图 5.19 所示的对话框。根据要求可以选择不同的输出目的。

图 5.18　查询菜单中的选项

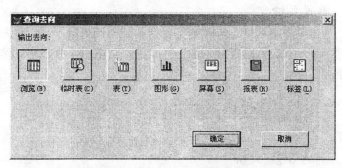

图 5.19　查询去向对话框

图 5.20 新建文件对话框

5.5.3 使用视图设计器设计视图

在 5.2.3 中，我们已经介绍了使用视图的 SQL 语句创建视图的方法。这里我们介绍使用视图设计器进行视图设计的方法。注意，在视图设计器中没有"查询设计器"工具栏。

首先使用语句 open database 打开一个已经存在的数据库，该数据库包含若干个基本表。然后，单击"文件/新建"菜单项，选择"视图"后，如图 5.20 所示。单击"新建文件"按钮。在选择数据表后可以看到图 5.21 所示的视图设计器对话框。其他选项卡与查询设计器相同，仅"更新条件"选项卡不同。

下面是"更新条件"选项卡的含义。

一、表

指定视图所使用的哪些表可以修改。此列表中所显示的表都包含了"字段"选项卡"选定字段"列表中的字段。

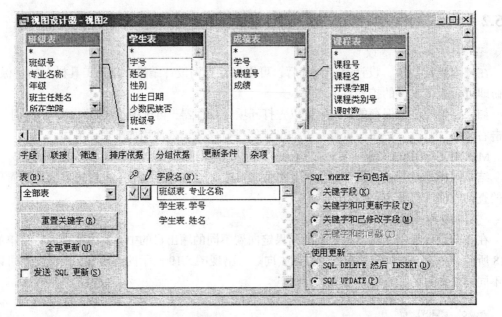

图 5.21 视图设计器中的更新条件选项卡

二、重置关键字

从每个表中选择主关键字字段作为视图的关键字字段，对于"字段名"列表中的每个主关键字字段，在钥匙符号下面打一个"√"。关键字字段可用来使视图中的修改与表中的原始记录相匹配。

三、全部更新

选择除了关键字字段以外的所有字段来进行更新，并在"字段名"列表的铅笔符号下打一个"√"。

四、发送 SQL 更新

指定是否将视图记录中的修改传送给原始表。

五、字段名窗格

显示所选的、用来输出(因此也是可更新的)的字段。

关键字段(使用钥匙符号作标记):指定该字段是否为关键字段。

可更新字段(使用铅笔符号作标记):指定该字段是否为可更新字段。

字段名:显示可标志为关键字字段或可更新字段的输出字段名。

六、SQL WHERE 子句包括

控制将哪些字段添加到 WHERE 子句中,这样,在将视图修改传送到原始表时,就可以检测服务器上的更新冲突。

冲突是由视图中的旧值和原始表的当前值之间的比较结果决定的(OLDVAL( )和CURVAL( )之间比较)。如果两个值相等,则认为原始值未做修改,不存在冲突;如果它们不相等,则存在冲突,数据源返回一条错误信息。

1. 关键字段

如果在原始表中有一个关键字字段被改变,设置 WHERE 子句来检测冲突。对于由另一用户对表中原始记录的其他字段所做修改,不进行比较。

2. 关键字和可更新字段

如果另一用户修改了任何可更新的字段,设置 WHERE 子句来检测冲突。

3. 关键字和已修改字段

如果从视图首次检索(默认)以后,关键字字段或原始表记录的已修改字段中,某个字段做过修改,设置 WHERE 子句来检测冲突。

4. 关键字段和时间戳

如果自原始表记录的时间戳首次检索以后,它被修改过,设置 WHERE 子句来检测冲突。只有当远程表有时间戳列时,此选项才有效。

七、使用更新

指定字段如何在后端服务器上更新。

1. SQL DELETE 然后 INSERT

指定删除原始表记录,并创建一个新的在视图中被修改的记录。

2. SQL UPDATE

用视图字段中的变化来修改原始表的字段。

习   题

1. SELECT 语句如何实现投影操作? 如何实现选择操作?

2. 试述两个表之间的自然联接操作工作原理,要实现二表之间的自然联接对两个表有什么要求? 如何将二表之间的自然联接扩展到多个表?

3. 假设图书管理数据库包括:图书分类.DBF、图书.DBF、读者.DBF 和借阅.DBF(图 5.22)。它们的模式及表结构分别如下:

图书分类(分类号 C(3),分类名称 C(20))

图书(图书编号 C(10),分类号 C(3),图书名称 C(50),作者姓名 C(8),出版社名称 C(20),出版号 C(17),单价 N(7, 2),出版时间 D(8),入库时间 D(8))

读者(读者编号 C(8),姓名 C(8),性别 C(2),身份证号 C(18),工作单位 C(50))

借阅(读者编号 C(8),图书编号 C(10),借阅日期 D(8),归还日期 D(8),是否归还 L(1))

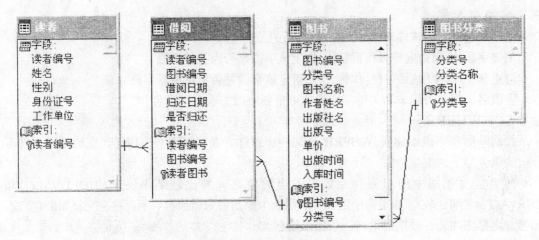

图 5.22　图书管理数据库模式

(1) 试标示各表的主键字段，画出它们之间的约束关系。

(2) 求读者"李默"所借阅图书的所属分类名称(去除重复的记录)。

(3) 求在 2006 年 7 月间所有借阅图书名称和单价。

(4) 求所有包含"人"二字的图书名称、出版社名和单价。

(5) 求读者"邓国枝"未归还的所有图书名称、出版社名和单价。

(6) 按分类名称，求各类图书数量。

(7) 求"电子工业出版社"的所有图书名称和单价。

(8) 求作者"魏超"的图书为哪些读者和工作单位所借阅。

(9) 求分类名称为"自动化"的所有图书为哪些单位借阅(去除重复的记录)。

(10) 求图书"网络广告"为哪些单位借阅(去除重复的记录)。

(11) 求借阅日期为 2006 年 7 月且尚未归还的图书编号和图书名称。

(12) 求图书"网络广告"为哪些读者借阅。

(13) 求工作单位为"江西财经大学信息管理学院"的读者姓名。

(14) 按出版社分类求各出版社出版图书数量。

(15) WHERE 子句中的"借阅.借书证号=读者.借书证号"对应的关系操作。

(16) 用 insert 语句插入一个读者信息：09626，力学所，孙强，男，助教，不详。

(17) 用 delete 语句删除借书证号为 04375 的读者。

(18) 用 update 将编号为 TT 开头的书单价增加 20%。

4. 试编写基于"产品销售数据库"的数据检索语句(表 5.23~5.26)。

数据库模式如图 5.23 所示，试完成下列操作。

(1) 请显示"顾客表"所有姓"古"的顾客姓、名和公司名称。

(2) 请查找"产品表"出厂单价在 1000 到 1500 元的产品号、产品名称。

(3) 请查找在 2004 年 07 月 01 日到 2004 年 07 月 31 日之间所销售的产品号、产品名称、销售日期、数量明细表。

(4) 请统计在 2004 年 07 月 01 日到 2004 年 07 月 31 日之间所销售的产品号为"0012"的数量之和。

(5) 已知顾客号为"8867"，求其所购买的所有产品名称。

表 5.23	客户.DBF			
字段	字段名	类型	宽度	小数位
1	顾客号	字符型	15	
2	姓名	字符型	15	
3	公司名称	字符型	30	
4	地址	字符型	80	
5	城市	字符型	30	
6	省	字符型	2	
7	邮政编码	字符型	10	
8	国家	字符型	15	
9	电话号码	字符型	15	
10	传真号码	字符型	20	
11	备注	备注型	4	

表 5.24	订单.DBF			
字段	字段名	类型	宽度	小数位
1	订单号	字符型	15	
2	顾客号	字符型	15	
3	订单日期	日期型	8	
4	要求日期	日期型	8	
5	准许日期	日期型	8	
6	船名	字符型	30	
7	船运日期	日期型	8	
8	船经由	字符型	15	
9	载重量	数值型	15	2

表 5.25	产品.DBF			
字段	字段名	类型	宽度	小数位
1	产品号	字符型	15	
2	产品名称	字符型	20	
3	分类号	字符型	15	
4	供应商号	字符型	15	
5	串码	字符型	30	
6	出厂单价	数值型	15	2

表 5.26	订单明细.DBF			
字段	字段名	类型	宽度	小数位
1	订单明细号	字符型	15	
2	订单号	字符型	15	
3	产品号	字符型	15	
4	销售日期	日期型	8	
5	数量	数值型	10	
6	销售单价	数值型	15	2
7	折扣	数值型	5	2
8	销售税	数值型	15	2

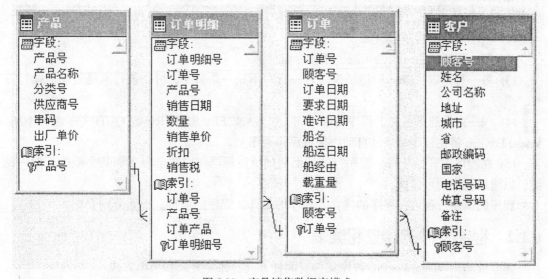

图 5.23　产品销售数据库模式

(6) 已知顾客号为"8867"，求其在 2004 年 07 月 01 日到 2004 年 07 月 31 日之间所购买的金额。

(7) 插入一条记录到产品表中，记录内容自行定义。

(8) 删除订单明细表中，产品号包含"P001"的所有明细记录。

(9) 更新产品编号为包含"001"的所有产品折扣为 0.65。

第六章 Visual FoxPro 程序设计基础

20世纪人类最伟大的发明之一就是电子计算机，它改变了我们这个世界的面貌，计算机的影响已经渗透到我们生活的各个方面，而计算机具有应用多样性的原因在于计算机运行了不同的程序。在第三章我们介绍了构成 Visual FoxPro 语言的元素，本章我们将介绍如何使用这些语言元素编写具有特定功能的程序。

6.1 Visual FoxPro 程序的建立与执行

Visual FoxPro 除了可以使用菜单和命令交互方式运行外，还提供了程序执行方式。使用程序方式，编程人员可将解决某一实际问题所用的命令按一定的逻辑顺序编制成程序，并以文件的形式存放于磁盘。执行程序时，计算机按顺序自动连续高速地执行程序文件中的每条命令。通过 Visual FoxPro 语言编程可以解决大量的实际问题。

6.1.1 Visual FoxPro 程序的基本构成

在 Visual FoxPro 中，程序文件又称为命令文件，它是由 Visual FoxPro 中的命令和一些程序控制语句所组成的，程序文件扩展名为 PRG。在 Visual FoxPro 中程序的基本组成规则是：

(1) 程序由若干程序行组成。

(2) 每一程序行由一条语句或一条命令组成。

(3) 每一行都以"Enter"键结束。若一行写不完一条命令，可在该行末尾处加上续行符号";"。

(4) 程序末尾通常可加上程序结束语句，如 CANCEL、RETURN 或 QUIT 等；也可不加，Visual FoxPro 将在程序结束处自动添加程序结束语句。

(5) 在程序的开始或每一程序行的后面可加上注释语句对整个程序和某个程序行做一说明，以增加程序的可读性。

程序的编制过程为：程序的建立、程序的编译、程序的运行。下面分别介绍。

6.1.2 程序文件的建立和编辑

建立或编辑 Visual FoxPro 程序文件有两种方式：命令方式和菜单方式。

一、命令方式

命令格式：MODIFY COMMAND[<程序文件名>|?]

MODIFY COMMAND 命令功能：启动 Visual FoxPro 提供的文本编辑器来建立或编辑程序文件。若程序文件不存在，则建立新的程序文件；若程序文件已存在，则从磁盘调入程序文件到内存并显示在编辑器窗口以便修改。

说明：<程序文件名>是指要建立或要编辑的程序文件名。若省略文件名，则系统自动取名；若省略扩展名，则系统自动在文件名后加上.PRG。在文件名中如果使用通配符*或?，则系统会同时打开几个窗口编辑各个文件。若用?号代替文件名，则用户可从"打开"文件对话框中选择需编辑的文件。

例 6-1 用命令方式建立程序文件。

第一步：在命令窗口中键入命令，如图 6.1 左图所示。

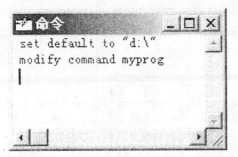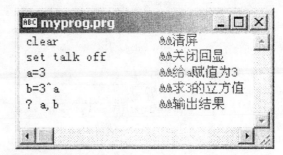

图 6.1　程序的建立或编辑

第二步：在编辑窗口中输入程序命令，如图 6.1 右图所示。

二、菜单方式

程序文件的建立可以通过菜单方式实现。

1. 建立文件步骤

（1）在"文件"菜单中选择"新建"命令选项，在屏幕显示的"新建"对话框中选择"程序"项进入编辑窗口，如图 6.2 所示。

（2）在编辑窗口中输入命令行。

（3）输入完成后，在"文件"菜单中选择"保存"命令选项或按 Ctrl+W 键，此时系统会自动提示让用户输入程序文件名。在用户正确输入程序文件名后，系统自动将程序文件存入磁盘。

2. 编辑文件步骤

（1）在"文件"菜单中选择"打开"命令选项。

（2）在屏幕显示的"打开"对话框中输入或选择要修改的文件名，系统自动按输入的文件名将程序文件调入内存并显示在文本编辑窗口中以供修改，如图 6.3 所示。

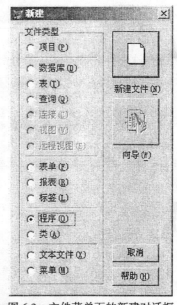

图 6.2　文件菜单下的新建对话框

（3）修改完成后，在"文件"菜单中选择"保存"命令选项或按 Ctrl+W，系统将修改后的程序文件用原文件名存盘，而修改之前的文件仍保留，只是文件名后的扩展名自动改为了.BAK。修改后的程序文件也可重新命名，在"文件"菜单中选择"另存为"命令选项，用户输入新文件名即可。

（4）在"文件"菜单中选择"关闭"命令选项或按 Ctrl+Q 键可放弃本次的修改，退出编辑状态。

6.1.3　程序文件的编译和执行

一、程序文件的编译

Visual FoxPro 提供了将源程序转换为目标程序的编译功能，编译后的目标文件扩展名为

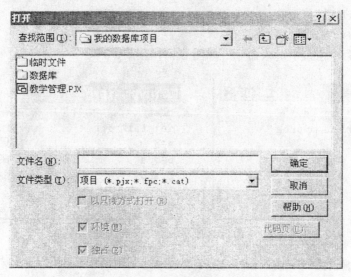

图 6.3　打开对话框

FXP。程序文件的编译有命令和菜单两种方式。

1. 命令方式

命令格式：COMPILE <程序文件名>|?

功能：对指定的程序文件进行编译。

例如：

compile　d:\myprog.prg

2. 菜单方式

(1) 在"程序"菜单中选择"编译"命令选项，如图 6.4 所示。其中左图为没有使用 modify command 命令打开程序文件时，"程序"菜单的选项；右图为打开了"myprog.prg"程序后，"程序"菜单的选项。

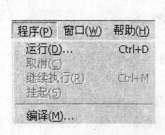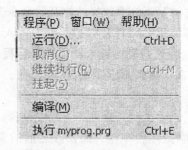

图 6.4　程序菜单选项

(2) 在屏幕显示的"编译"对话窗口中输入或选择程序文件名，系统则自动对该程序文件进行编译。

二、程序文件的执行

程序文件输入存盘或再经编译后，系统可自动连续执行文件中的每条命令或语句。程序文件的执行有命令和菜单两种方式。

1. 命令方式

命令格式：DO <程序文件名>1?

功能：将程序文件从磁盘调入内存并执行。

说明：系统执行该程序文件时，首先查找以 FXP 作为后缀名的文件，若无该文件，则查找同名的 PRG 文件，并将其编译成.FXP 目标文件后再执行。

例如：

DO　D:\myprog

3　　27.00(输出结果)

2. 菜单方式

在 Visual FoxPro 环境下，选择"程序"菜单中的"运行"命令选项，然后在屏幕显示的对话框中确定或输入要执行的程序文件名。

6.1.4　Visual FoxPro 命令方式的输入输出语句

人机交互使计算机提出有关问题，人们回答这些问题后，计算机继续运行，最后得到所要的结果。具体来说，计算机的输入输出语句可以完成人机交互功能。Visual FoxPro 作为一套完整的程序设计语言，有它自己的输入输出语句。下面我们介绍 Visual FoxPro 命令方式的输入输出语句。所谓命令方式下的输入输出语句是指基于早期 DOS 字符界面的输入输出语句，它们的特点是简单，易于使用。我们这里介绍这些命令的目的是使大家能够尽快理解结构化程序的编写，即我们将注意力重点集中在程序的结构上，而不是在程序的输入输出上。图形化下的输入输出语句是我们在后面章节介绍的文本框、下拉列表框等各种控件。

一、注释符*/&&

语句格式 1：　*　[<注释>]

语句格式 2：　&&　[<注释>]

功能：* 或 && 的功能是在程序中起注释作用，给程序注释的目的是使程序易于自己和别人理解，即有好的可读性。注释语句在 Visual FoxPro 中是非执行语句，即包含注释语句的程序，在执行时，Visual FoxPro 将忽略这些注释语句，因为它们仅起注释作用。

说明：* 的功能是注释一整行，它通常放在最前面。&&的功能是放在语句后起注释作用。通常*用来对整个程序进行注释，即说明该程序的功能；&&用来对一条语句进行注释，即说明该语句的功能。

例 6-2　注释示例程序，

```
*程序名称为 ex6-2.prg
* 我的第一个程序
clear                    &&清屏
a=3                      &&给 a 赋值为 3
b=3^a                    &&求 3 的立方值
? a,b                    &&输出结果
```

二、交互式输入语句

Visual FoxPro 提供三种交互式输入语句。

语句格式 1：INPUT [<提示信息>] TO <内存变量>

语句格式 2：ACCEPT [<提示信息>] TO <内存变量>

语句格式 3：WAIT [<提示信息>][TO <内存变量>] [TIMEOUT<等待时间>]

功能：系统执行上述命令时自动停下，等待用户从键盘输入信息到计算机内存变量中，系统接收到信息后自动往下继续执行。

说明：在语句 1 中，可输入 N、C、L 和 D 型数据。输入 C 型数据时，要使用单引号或双引号作为定界符。输入 L 型数据时，.T.和.F.两边的小圆点不能省略。输入 D 型数据时，要用 CtoD( )函数或大括号"{ }"将字符串转换成日期型变量。

语句 2 只能输入 C 型数据，输入数据时可不用定界符。

语句 3 只能输入一个字符的 C 型数据，并可指定等待时间。若超过等待时间仍无输入，则系统自动将 0 作为输入值，使程序继续执行。语句 3 输入结束后可不按 Enter 键。

注意：INPUT 命令和 ACCEPT 命令以及后面介绍的格式化输出命令在 Visual FoxPro 中很少使用。它们的功能是为兼容原来的 FoxPro 程序。WAIT 命令是等待用户按任意键后程序继续运行。

例 6-3 在"学生表"中，按姓名查找某学生的情况。程序编制如下：

```
*程序名为 ex6-3.prg
clear
xm=''                                    &&为空串
set default to "D:\我的数据库项目\数据库"   &&设置默认的目录位置
use  学生表
accept '请输入姓名: ' to xm
list for  姓名 = xm
wait '按任意键继续'
clear
? '查询完毕'
cancel
```

执行上述程序屏幕显示：

请输入姓名：李永波(回车)

……(李永波的信息，此处略)

查询完毕。

三、格式化输出命令@…SAY

语句格式：@ ROW, COL SAY <表达式>

在指定的行列位置显示表达式运算结果。ROW 表示输出结果所在行的位置，COL 表示输出结果所在列的位置。其中屏幕和打印机纸张的左上角定义为<0, 0>。包含此命令是为了提供向前兼容性。在 Visual FoxPro 应用程序中，可用标签控件命令来显示文本，用文本框控件显示字段与变量内容。

四、程序结束语句

在程序设计中，部分语句的功能是使程序做"结束、返回、退出"操作，下面介绍这些语句。

1. CANCEL 命令

语法：CANCEL

说明：停止当前 Visual FoxPro 程序的执行。当交互使用 Visual FoxPro 时，控制权返回命令窗口。若执行一个独立的发布应用程序，CANCEL 终止该应用程序并将控制权返回 Windows；若设计时在 Visual FoxPro 中执行一个程序，CANCEL 终止该程序，并将控制权返回命令窗口。执行 CANCEL 将释放所有局部变量。

2. RETURN 命令

将程序控制权返回给调用程序。

语法：RETURN [<表达式> | TO MASTER | TO <过程名>]

参数描述：

<表达式>用来指定返回给调用程序的表达式。如果省略 RETURN 命令或省略返回表达式，则自动将"真"(.T.)返回给调用程序。

TO MASTER 将控制返回给最高层的调用程序。

TO<过程名>将控制权返回给指定过程。

选项的后两项是 Visual FoxPro 支持程序模块化的方法，关于模块化方法详见本章 6.5 节。

说明：RETURN 终止程序、过程或函数的运行，并将控制返回给调用程序、最高次调用程序、另一个程序或命令窗口；当执行 RETURN 命令时，Visual FoxPro 释放 PRIVATE 类型的变量。

通常，RETURN 放在程序、过程或函数的末尾，用来将控制返回给高层的程序。但是，如果省略 RETURN 命令，一个隐含的 RETURN 命令也将被执行。

3. QUIT 命令

结束当前 Visual FoxPro 程序的运行，退出 Visual FoxPro，返回到操作系统。

语法：QUIT

注意：请始终使用 QUIT 命令来终止 Visual FoxPro 程序。如果打开了 Visual FoxPro，没有发出 QUIT 命令而直接关闭了计算机，那么可能有数据丢失的危险。

4. SUSPEND 命令

我们知道，当程序运行遇到 CANCEL、QUIT 语句时，程序将结束。而 SUSPEND 语句的功能是将正在运行的程序挂起，这使得程序进入到交互状态。此时我们可以使用?!??、DISPLAY MEMORY 等命令查看内存变量的值。在程序挂起状态下，可以用命令 CANCEL 终止程序的运行；也可以使用后面介绍的 RESUME 命令来继续程序的运行。一般情况下，我们仅使用 SUSPEND 命令来调试程序。

5. RESUME 命令

RESUME 命令的功能是：当程序运行到 SUSPEND 语句被挂起后，程序进入交互状态，在查看完相关的变量值后，如果在命令窗口输入 RESUME 命令，可以使程序继续运行。

五、其他常用语句

1. CLEAR 命令

此处，CLEAR 用来清屏。CLEAR 的另一项功能是从内存中释放指定项。

语法：CLEAR [ALL | WINDOWS]

ALL 表示从内存中释放所有的变量和数组以及所有用户自定义菜单栏、菜单和窗口的定义；CLOSE ALL 也能关闭所有表，包括所有相关的索引、格式和备注文件，并且选择工作区 1。

2. SET DEFAULT 命令

设置 Visual FoxPro 默认的驱动器和目录。

语法为：SET DEFAULT TO [<默认目录>]

<默认目录>的构成为：[驱动器:][\路径\]目录名。路径是使用分割符"\"将目录由根开始加以分割的字符串。如果不带<默认目录>，则表示使用 Visual FoxPro 自己默认的目录。

6.2 结构化程序设计基础

程序是计算机为完成特定目的相关的计算机指令集合。计算机指令是计算机 CPU 能识别并运行的二进制代码。程序执行的过程就是程序中所有指令按序被逐条解释、执行的过程。

6.2.1 程序设计过程

程序设计即是计算机用户根据解决某一问题的步骤，按一定的逻辑关系，将一系列的指令组合在一起。

使用计算机设计程序是一个复杂的过程，简单地说，由图 6.5 所示的过程构成。

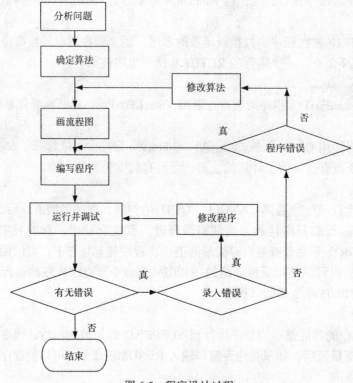

图 6.5　程序设计过程

(1) 分析问题：对需解决的应用问题进行详细分析，对于一些大型项目还要分析用户需求、技术条件、成本核算及经济和社会效益等问题。

(2) 确定算法：选择解决问题的方法和步骤，对于某些问题还需确定数学模型或计算方法。一些较大的项目应画出流程图。根据应用的要求可能要设计数据库，并根据需要建立数据库。

(3) 编写程序：根据解题步骤和流程图编制程序。

(4) 上机调试：将设计好的程序输入计算机，运行、调试并修改程序，直到运行结果满意为止。

    (5) 分析运算结果：确认程序在各种可能的状态下都能正确执行，输出的结果准确无误。

    (6) 文档资料编制：编写程序的使用和维护说明书。

    (7) 维护和再设计：对程序的日常维护和进一步改进某些功能。

6.2.2 算法

    程序的设计过程，核心问题是设计一个合理、有效的算法。"算法"(algorism)一词最早来自 9 世纪波斯数学家比阿勒·霍瓦里松的一本影响深远的著作《代数对话录》。一般认为，算法就是在有限的时间内，可以根据明确规定的运算规则，在有穷步骤内得出确切计算结果的机械步骤或能运行的计算程序。广义地说，日常生活中的许多事情需要算法，如机械部件的加工等。需要注意的是算法本身独立于一个特定的程序语言，如使用算法描述的运算，可以使用 Visual FoxPro 实现，也可以使用 Visual Basic 实现。算法具有以下特性：

    (1) 有限性，即解题步骤是有限的，无穷的步骤意味无解。

    (2) 确定性，每一步骤的操作是确定的，这样可以保证后继操作的输入是可以确定的。

    (3) 有序性，步骤间都是有序的。

    此外，算法可以没有输入(因为输入可由计算机自动产生)，但一定要有输出，输出用来表示问题是否有解。

    为使算法易于人们理解，具有好的可读性和可维护性，在进行算法设计时只能使用三种基本结构(也称为三种基本控制结构)及其它们的嵌套，这三种基本结构是顺序结构、分支结构和循环结构。

    顺序结构是程序设计中最基本的结构。在该结构中，程序的执行是按命令出现的先后顺序依次执行的。

    分支结构是按给定的选择条件成立与否来确定程序的走向。分支结构可分为双重分支选择和多重分支选择。在任何条件下，无论分支多少，只能选择其一。

    循环结构是一种重复结构，即某一程序段将被反复执行若干次。按循环的嵌套层次，循环可分为简单循环结构和循环嵌套(也称为多重循环)结构。按循环体执行的条件性质，循环又可分为 While 循环和 Until 循环。无论何种类型的循环结构，都要确保循环的重复执行能够终止。

    结构化程序是指仅由三种基本控制结构组成的程序，它具有以下特点：

    (1) 整个程序模块化。

    (2) 每个模块只有一个入口和一个出口。

    (3) 每个模块都应能单独执行，且无死循环。

    (4) 采用黑箱的思想，宏观地描述任何一个程序，可以将它看成为顺序结构。

    在算法中为方便描述上述三种基本结构，我们使用程序流程图，流程图是用一种图标的方式来表示解决问题的思路和方法的图。流程图是由简单的几何图形、简短的文字说明等组成。常用的流程图有美国国家标准协会(ANSI)推出的标准 ANSI 流程图和 N-S 盒图。

6.2.3 程序流程图及示例

一、ANSI 流程图

    ANSI 流程图的特点是容易使用、程序流向清晰但控制结构的作用域不太明确。**ANSI** 流程图使用的符号和含义如图 6.6 所示。这里圆角矩形框用来表示程序的开始或结束；矩形框表示处理功能，即在此需要实现的处理内容或命令序列；平行四边形表示输入或输出操作；菱形框表示选择或判断，它有一个输入，表示进入判断，框内是表示条件的关系表达式或逻辑表达式，有两个输出，分别表示条件成立时和条件不成立时的情况；带箭头的线段是流程线，表示程序的流程方向；带双线的矩形框表示调用子程序或过程；小圆圈表示流程线的连接，可在小圆圈内标注不同的序号以区别不同的连接。

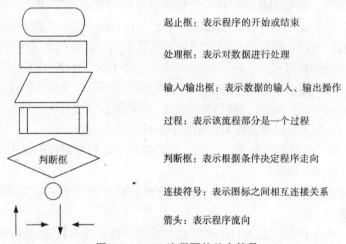

起止框：表示程序的开始或结束

处理框：表示对数据进行处理

输入/输出框：表示数据的输入、输出操作

过程：表示该流程部分是一个过程

判断框：表示根据条件决定程序走向

连接符号：表示图标之间相互连接关系

箭头：表示程序流向

图 6.6　ANSI 流程图的基本符号

使用 ANSI 图元描述的三种基本结构如图 6.7 所示。这里语句块是一组语句，在 Visual FoxPro 中，由于结构化语句只有一个入口和一个出口，因此将若干条语句合在一起称为语句块。

我们可以看到，顺序结构中语句的执行过程是按语句的先后顺序进行的，图 6.7 中是按<语句块 1>、<语句块 2>和<语句块 3>顺序执行。

分支结构是首先进行条件判断，如果<条件>为真时，执行<语句块 1>，此时<语句块 2>不会被执行；如果<条件>为假时，则执行<语句块 2>，此时<语句块 1>不会被执行。

对于多重条件分支结构，首先是判断<条件 1>，若<条件 1>结果为真，则执行<语句块 1>；若不成立，则判断<条件 2>，若<条件 2>的结果为真，则执行<语句块 2>，依此进行。如果所有的条件的结果均为假，则执行<语句块>。我们注意到多重条件分支结构依然是一个入口和一个出口。

循环结构分为两种：While 型和 Until 型。在 **While** 型循环中，首先是判断<循环条件>，如果<循环条件>为真，则进入<循环体>。这里<循环体>同样是语句块，只不过在循环结构中，它有可能反复被执行，所以称为循环体。执行完循环体后再判<循环条件>，若<循环条件>为真，则再次执行<循环体>中的语句。直到<循环条件>为假时，才退出循环。**Until** 型循环与 While 型循环的不同之处在于，它首先执行一遍<循环体>语句，然后判断<循环条件>，如果<循环条件>为假，则继续执行<循环体>语句，直到<循环条件>为真时才退出循环。

我们知道，算法的有限性要求循环结构一定不能是死循环。对 While 型循环，初始的<循环条件>肯定是真，如果为假，则不能进入循环状态，这失去循环的意义。但在<循环体>语句中，必然存在某些语句，它会改变<循环条件>的结果，否则<循环条件>不能改变将不能退出循环。与此相同，Until 型循环也要求在循环体语句中存在改变<循环条件>结果的语句。

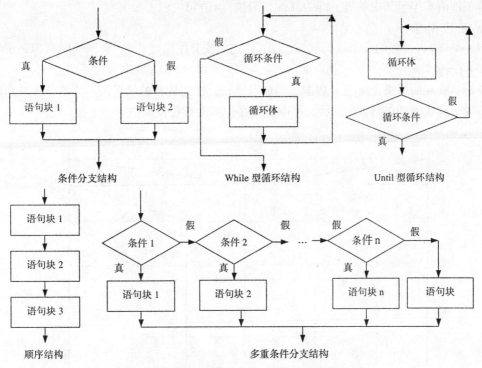

图 6.7　使用 ANSI 图元表示三种基本程序结构

二、N-S 图

N-S 图的特点是控制结构的作用范围明确；不允许任意的转移控制；嵌套关系清晰，容易表示模块的层次结构。**N-S** 图表示结构化程序设计基本符号如图 6.8 所示。N-S 图的三种基本结构的执行顺序与 ANSI 流程图相同。这里我们来看多重条件分支结构，首先是判断条件，若条件的值为<值 1>，则执行<语句块 1>；若条件的值为<值 2>，则执行<语句块 2>，依此进

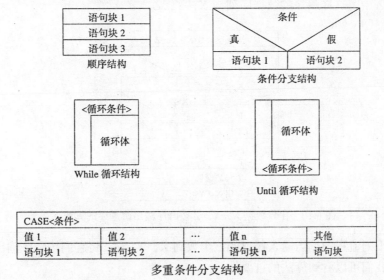

图 6.8　使用 N-S 图元表示三种基本程序结构

行，若条件值不等于其中的值，即为其他，则执行<语句块>。

三、算法应用举例

例 6-4　输入任意的三个数到 X，Y，Z，将它们按升序输出。注：具体程序名为 ex6-4.prg 和 ex6-4-1.prg。

分析：直观的想法是将三个数据之间加以比较，根据比较的结果按不同的顺序输出变量 X，Y，Z。其流程图如图 6.9 所示。可以看到在理解上有些复杂。

输入 X，Y，Z					
T　　　　　　X>Y　　　　　　F					
T　Y>Z　F		T　X>Z　F			
	T　X>Z　F		T　Y>Z　F		
输出 Z，Y，X	输出 Y，Z，X	输出 Y，X，Z	输出 Z，X，Y	输出 X，Z，Y	输出 X，Y，Z

图 6.9　比较数据 X，Y，Z 按升序输出算法

图 6.10 是改进后的算法。其思想是首先比较 X 和 Y，将较大的数据放在变量 Y 中，接着比较 X 和 Z，将较大的数据放在 Z 中，此时 X 中一定是最小的数据。再比较 Y 和 Z，将较大的数据放在 Z 中，这样顺序的数据序列为 X，Y，Z。

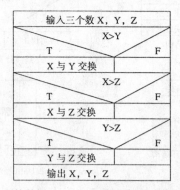

图 6.10　比较数据 X，Y，Z 按升序输出改进后的算法

思考：画下列流程图，当输入任意的三个数到 X，Y，Z，将它们按降序输出。

通过例子我们可以看到算法的重要性。

例 6-5　"学生表"中包含有"入学成绩"字段，求所有学生的平均入学成绩。

分析：设用变量 sum 来存放所有学生的入学成绩之和。在进行数据的累加之前，将变量

sum 清零。用变量 num 作为计数器来记录累加的次数。将学生表中的入学成绩检索出来，逐个将其加到变量 sum 中，每加一次，计数器 num 的值也相应增加 1。这样的过程重复进行，直到检索完学生表中的所有记录。最后将变量 sum 中的值除以 num，即得到所有学生的平均入学成绩，将平均入学成绩放入变量 mean 中，最后输出 mean 的内容(图 6.11)。

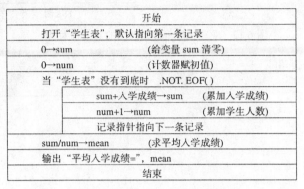

图 6.11　例 6.5 的 N-S 流程图

算法描述：

(1) 打开"学生表"，指向第一条记录。

(2) 0→sum。　　　　　　　　　　注：符号→的含义是赋值，即将 0 赋给 sum。

(3) 0→num。

(4) sum+检索的当前记录的入学成绩→sum。　　注：累加入学成绩

(5) num+1→num。　　　　　　　　注：累加学生人数

(6) 如果没有到"学生表"最后一条记录，将记录指针指向下一条记录后，返回第(4)步，否则到步骤(7)。

(7) sum/num→mean。　　　　　　注：变量 mean 表示平均入学成绩

(8) 输出平均成绩 mean。

从上述例子中可看出，算法中每个步骤的含义清楚，步骤执行的次数确定。

6.3　Visual FoxPro 程序的控制语句结构

前面我们介绍了三种基本的控制结构的流程图表示，与这三种基本控制结构对应，Visual FoxPro 提供相应的控制语句。下面我们加以介绍。

6.3.1　顺序结构程序

顺序结构程序在 Visual FoxPro 中没有特定的语句与之对应，只要程序中的语句是按顺序逐条执行就是顺序结构。图 6.12 给出了例 6-2 中的程序对应的 N-S 图。

6.3.2　分支结构程序

在日常生活中，常常需要对给定的条件进行分析、比较和判断，并根据判断结果采取不同的操作。例如，对成绩不及格者要发补考通知，而成绩及格者则不需要。Visual FoxPro 提供了语句用于分支结构编程。

开始	
clear	&&清屏
a = 3	&&给 a 赋值为 3
b = 3^a	&&求 3 的立方值
? a,b	&&输出结果
结束	

程序：

```
clear            &&清屏
A = 3            &&给 a 赋值为 3
B = 3^a          &&求 3 的立方值
?a,b             &&输出结果
```

程序　　　　　　　　　　　　　　　N-S 图

图 6.12　顺序执行程序及对应的 N-S 流程图

一、双重分支选择语句

语句格式：

```
IF <条件>
    <语句块 1>
[ELSE
    <语句块 2>]
ENDIF
```

功能：系统执行该语句时，首先判断条件表达式的值，若为真，则执行<语句块 1>，然后执行 ENDIF 后的语句；若为假，则执行<语句块 2>，然后执行 ENDIF 后的语句。

说明：IF、ELSE 和 ENDIF 必须配对使用，且这三条子句应各占一行。由于<语句块 2>为可选项，如果没有<语句块 2>，则不需要 ELSE 部分。为增加程序的可读性，可用程序缩格使得程序清晰、易懂，即<语句块 1>和<语句块 2>必须缩格。在程序编制时，通常使用 Tab 键完成缩格。后面将看到<语句块 1>和<语句块 2>中可以嵌套 IF 语句(图 6.13)。

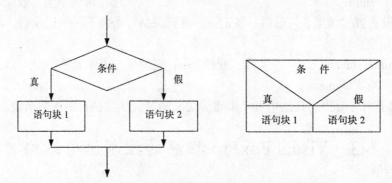

图 6.13　双重分支结构程序的 ANSI 和 N-S 流程图

例 6-6　实现例 6-4 中对 x，y，z 排升序的改进后程序。

```
*程序名为 ex6-6.prg
clear
input "请输入 x" to x
input "请输入 y" to y
input "请输入 z" to z
if x>y
    t=x
    x=y
```

```
                y=t
        endif
        if x>z
                t=x
                x=z
                z=t
        endif
        if y>z
                t=y
                y=z
                z=t
        endif
        ? x,y,z
```

例 6-7 根据"学生表"中的入学成绩来决定某学生是否能得到奖学金，例如成绩大于 600 分即可获得奖学金。程序编制如下：

```
*程序名为 ex6-7.prg
clear
set default to "d:\我的数据库项目\数据库"
use 学生表
accept '请输入学生姓名:' to xm
locate for trim(姓名) = = trim(xm)
if 入学成绩 >= 600
        ? 姓名+'同学可以获得奖学金'          &&缩格是使程序有好的可读性
else
        ? 姓名+'同学不能获得奖学金'
endif
use
```

程序运行结果如下：

请输入学生姓名:李永波

李永波　同学不能获得奖学金

可以看到，该程序存在问题，当输入一个不存在的同学时，将输出"XX 同学不能获得奖学金"，后面我们将看到该程序的改进版。

二、多重分支选择语句

语句格式：

```
DO   CASE
    CASE <条件表达式 1>
        <语句块 1>
    CASE <条件表达式 2>
        <语句块 2>
        …
```

CASE <条件表达式 n>

    <语句块 n>

    OTHERWISE

    <语句块>

ENDCASE

功能：系统从多个条件中依次测试条件表达式的值，若为真，即执行相应<条件表达式>后的<语句块>。若所有的条件表达式的值均为假，则执行 OTHERWISE 后面的语句块。DO CASE 语句的程序流程如图 6.14 所示。

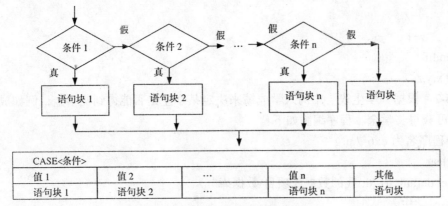

图 6.14　多重分支结构的程序流程

使用 DO CASE 语句要注意以下几点：

(1) DO CASE 和第一个 CASE 子句之间不能插入任何语句。

(2) DO CASE 和 ENDCASE 必须配对使用，且 DO CASE、CASE、OTHERWISE 和 ENDCASE 各子句必须各占一行。

(3) 为增加程序的可读性，要正确使用缩格。

(4) DO CASE 语句中的<语句块>中可嵌套 DO CASE 语句。

例 6-8　从键盘随机输入成绩分数，根据成绩分数来判断该成绩属于优、良、中还是差。规定：90≤成绩≤100 为优；80≤成绩<90 为良；60≤成绩<80 为中；成绩<60 为差；其他为非法输入。使用多重分支结构，程序编制如下：

```
*程序名为 ex6-8.prg
clear
rate = ''          &&表示等级
input '请输入成绩:' to grade
do case
    case 90 <= grade .and. grade <= 100
        ? str(grade,3) + '的成绩为:' + '优'          &&缩格的目的是增加可读性
    case 80 <= grade .and. grade < 90
        ? str(grade,3) + '的成绩为:' + '良'
    case 60 <= grade .and. grade < 80
        ? str(grade,3) + '的成绩为:' + '中'
```

```
        case 0 <= grade .and. grade < 60
                ? str(grade,3) + '的成绩为:' + '差'
        otherwise
                ? '您输入的成绩不对!'
    endcase
    return
```

三、分支的嵌套

Visual FoxPro 允许在 IF…ELSE…ENDIF 的<语句块>中使用 IF…ELSE…ENDIF 语句，这样就发生了 **IF** 语句的嵌套。下面我们通过例子来说明。

例 6-9 改进程序 6-7 中的缺陷。

```
*程序名为 ex6-9.prg
clear
set default to "d:\我的数据库项目\数据库"
use 学生表
accept '请输入学生姓名:' to xm
locate for trim(姓名) == trim(xm)
if found()                                    &&外层的 IF 语句，判是否查到记录
        if 入学成绩 >= 600                    &&内层的 IF 语句
            ? 姓名+'同学可以获得奖学金'       &&注意内层 if 语句的缩格
        else
            ? 姓名+'同学不能获得奖学金'
        endif                                 &&内层的 IF 结束
    else
        ? "查无该同学"
    endif                                     &&外层的 IF 结束
    use
    return
```

注意：上述程序，使用了正确的缩格，来保证程序的可读性，减少发生错误的可能性。

例 6-10 随机输入年份，判断该年是否为闰年。判断闰年的条件是：年份如能被 4 整除但不能被 100 整除，是闰年；若年份能被 400 整除，则是闰年。

分析：当随意输入一年份时，该年份如不能被 4 整除，则该年肯定不是闰年。问题是当该年份能被 4 整除时，有可能是闰年，也可能不是闰年。因为 100 是 4 的倍数，400 又是 100

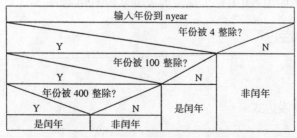

图 6.15 求闰年的程序流程图

的倍数。因此我们首先判断该年份是否被 4 整除，再判断是否被 100 整除，最后判断是否被 400 整除。程序流程如图 6.15 所示。

流程图编写的要点是在每种情况下，只有一个结论：是闰年或不是闰年。

根据流程图，程序编制如下：

```
*程序名为 ex6-10.prg
clear
input "请输入年份: "to nyear
if nyear/4 = int(nyear/4)
        if nyear/100 = int(nyear/100)
              if nyear/400 = int(nyear/400)
                    ?"闰年"
              else
                    ?'非闰年'
              endif
        else
              ?'闰年'
        endif
else
        ?'非闰年'
endif
return
```

我们可以看到使用 **IF** 的嵌套可以清晰表示出问题。如果将条件综合，我们可以得到如下求闰年的程序。该程序的理解要点是要清楚算符运算的优先级。

```
*程序名为 ex6-10-1.prg
clear
input '请输入年份:' to y
if y/4 = int(y/4) .and. y/100 <> int(y/100) .or. y/400 = int(y/400)
        ? y,'是闰年'
else
        ? y,'不是闰年'
endif
return
```

思考：将例 6-4 中的图 6.9 算法，编写为 Visual FoxPro 程序。

6.3.3　循环结构程序

一、DO WHILE 循环

语句格式：

DO WHILE <条件表达式>

　　<语句块>

　　[LOOP]

[EXIT]

ENDDO

这里<条件表达式>是循环条件，它用来决定循环是继续还是结束。循环执行时先测试循环条件的值。若循环条件为真，则进入循环，执行循环体内的语句，即 DO 与 ENDDO 之间的语句；若循环条件为假，则退出循环，执行 ENDDO 后面的语句(图 6.16)。循环语句的使用要注意下列几点：

(1) DO WHILE 和 ENDDO 子句要配对使用，ENDDO 的作用是使循环回到循环的开始，即 DO WHILE 语句。

(2) 在第一次执行到 DO WHILE 语句时，循环条件必须为真，才能进入循环体。在执行完成循环体语句后，再判断循环条件是否为真，如果为真，则继续循环，直到循环条件为假时，才退出循环语句，执行 ENDDO 后面的语句。

(3) 循环体中，一定存在一条或若干条语句在改变循环条件。如果循环条件恒为真，则是死循环。

(4) 要小心改变循环条件，如果不适当地修改循环条件，则循环将不能按预先的设想进行，程序也达不到预期的效果。

(5) 为增加程序的可读性，使程序清晰易懂，必须使用缩格。

(6) 关于 LOOP 和 EXIT 语句使用参见本节后面的内容。

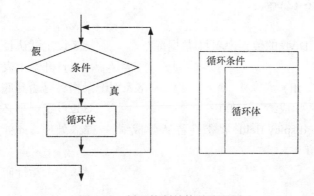

图 6.16 循环控制结构的流程图

例 6-11 求 1 加到 10 的累加和，即 S=1+2+3+…+8+9+10。

分析：简单地看是一个赋值过程，但由于是求多个数值的和，问题变得有些复杂。可以利用一个变量 i 控制循环的开始和结束过程，即 i 从 1 变到 10。然后循环结束。在 i 每次变化前，引用 i 的值(注意是引用，而不是对 i 赋值)。即循环体中使用一个累加式 s=s+i，该式称为循环不变式，即语句形式不变，但数值随循环次数变化。当循环结束时，S 的数值为所求，即在循环语句外输出循环结果。程序编制如下：

```
*程序名为 ex6-11.prg:
s=0                 &&求累加和的变量
i=1                 &&循环变量赋初值
do while i<=10      &&循环条件，使用缩格，提高可读性
    ?i              &&此处输出变量 i 的值是方便理解循环的过程
```

i 值	s 值
1	1
2	3
3	6
4	10
5	15
6	21
7	28
8	36
9	45
10	55

图 6.17　变量值的变化

```
        s=s+i            &&求累加，即循环不变式
        ?? s             &&输出 s 的结果，理解每次累加
                           结果的变化
        i = i+1          &&改变循环变量的值
    enddo
    ? s                  &&循环体外输出结果
```

每次循环变量 i 和变量 s 值的变化如图 6.17 所示。

思考：仿照上面的程序结构，求 1000 以内偶数的累加和，即
$$S=2+4+6+\cdots+996+998+1000$$

图 6.18 给出了在循环结构中处理此类问题的一般程序结构。

图 6.18　在循环中处理循环不变式的一般结构

例 6-12　显示学生表中入学成绩高于 550 分的所有记录。程序编制如下：

```
*程序名为 ex6-12.prg
clear                                   &&清屏
set default to "D:\我的数据库项目\数据库"   &&设定默认目录
use 学生表                               &&打开学生表
do while .not. eof()                    &&判记录指针是否到底，到底则结束循环
    if 入学成绩 >= 500                   &&设定记录必须满足的条件
        display field 学号,姓名,入学成绩   &&处理，此处为显示输出
    endif
    skip                                &&记录指针向下移动
enddo
```

这里我们用图 6.19 所示的流程图给出在循环结构中处理数据库记录的一般结构。

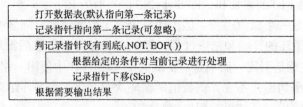

图 6.19　在循环中处理记录一般结构

例 6-13　根据学生表中的"少数民族否"字段，对学生表中的入学成绩加 30 分后输出。
根据我们前面给出的程序模式，程序编制如下：

```
*程序名为 ex6-13.prg
clear
set default to "D:\我的数据库项目"
```

```
use 学生表
do while .not. eof()
        if 少数民族否 = .t.
                display field 学号,姓名,入学成绩 + 30
        endif
        skip
enddo
return
```

二、循环结构中的 LOOP 和 EXIT 命令

Visual FoxPro 提供两条仅在循环体中使用的语句 LOOP 和 EXIT。这两条语句必须在分支结构中，即当某种特殊条件成立时，它们才会被执行。

LOOP 语句的功能是终止本次循环的执行，返回到循环起始语句，再判断循环条件是否为真，以决定是否继续执行下一次循环。即 LOOP 语句的作用是使 LOOP 后面的语句块在本次循环时不被执行。包含 LOOP 语句的循环结构流程图及程序语句的一般格式如图 6.20 所示，图中可以看出 LOOP 语句必须包含在 IF…ENDIF 语句中。

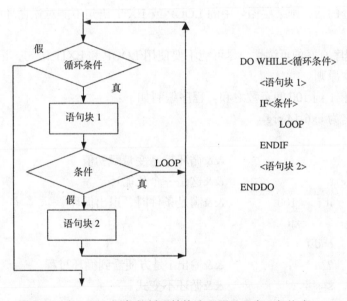

图 6.20 含 LOOP 语句的循环结构流程图及程序一般格式

EXIT 可以出现在循环体内的任何位置，**EXIT** 语句的功能是退出循环语句，即结束循环语句的执行，转去执行循环语句后面的语句。这种执行是强制的，它不考虑循环条件。包含 EXIT 语句的循环结构流程图及程序语句的一般格式如图 6.21 所示，与 LOOP 语句相同，EXIT 语句必须包含在 IF…ENDIF 语句中。

在使用 LOOP 和 EXIT 语句时需注意一下几点：

(1) LOOP 和 EXIT 语句不能在循环体外使用。LOOP 和 EXIT 语句不但可以出现在 DO WHILE-ENDDO 循环中，也可以出现在后面我们将介绍的 FOR-ENDFOR 循环和 SCAN-ENDSCAN 循环中。

(2) 由于循环结构允许嵌套，LOOP 和 EXIT 语句只对它们所在的循环结构起作用，即如

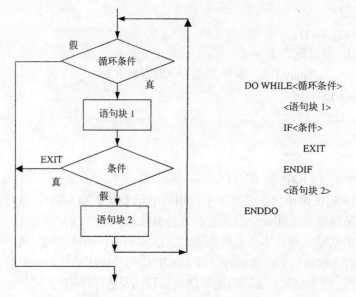

DO WHILE<循环条件>
　　　<语句块 1>
　　IF<条件>
　　　　EXIT
　　ENDIF
　　　<语句块 2>
ENDDO

图 6.21　含 EXIT 语句的循环结构流程图及程序一般格式

果循环结构嵌套的话，则某层循环中的 LOOP 或 EXIT 语句不能对该循环结构的内层或外层循环起作用。

(3) 为使程序有好的可读性，尽可能不要使用 LOOP 和 EXIT 语句，记住在程序编制中，简洁易懂是基本原则。

例 6-14　求 1 到 100 间奇数之和。程序编制如下：

```
*程序名为 ex6-14.prg
s=0
i=1                         &&循环控制变量赋初值
do while .t.                &&这是一个死循环
        if i >= 100         &&满足条件时，退出循环
            exit
        endif
        ?? i                &&输出 i 是方便看到循环过程
        s=s+i               &&循环不变式
        i = i+2             &&修改循环控制变量，按奇数变化
enddo
? s                         &&循环体外输出结果
return
```

三、FOR 循环

语句格式：

FOR < 循环变量> = <循环初值> TO < 循环终值>[STEP<步长>]

　　<语句块>

　　[LOOP]

　　[EXIT]

ENDFOR | NEXT

功能：系统执行该语句时，首先将循环初值赋给循环变量，然后判断循环变量的值是否超过终值。若超过则跳出循环，执行 ENDFOR 后面的语句；否则执行循环体内的语句块。当遇到 ENDFOR 子句时，返回 FOR 语句，并将循环变量的值加上步长值再一次与循环终值比较。如此重复执行，直到循环变量的值超过循环终值。

说明：当省略步长值时，系统默认步长值为 1。当初值小于终值时，步长值为正值；当初值大于终值时，步长值为负值。步长值不能为零，否则造成死循环。在循环体内不要随便改变循环变量的值，否则会引起循环次数发生改变。

LOOP 和 EXIT 语句的功能和用法与条件循环中该语句的功能和用法相同。

例 6-15　求 N!，即求 N 的阶乘。

分析：P=N!=1×2×3×4×⋯×(N–1)×N。这里每个数字较前面的数字大 1，可以通过引用循环变量 i 的值，在循环体中使用循环不变式 p=p*i 来求 N 的阶乘。程序编制如下：

```
*程序名为 ex6-15.prg
clear
p=1
input '请输入 n 的值:' to n
for i=1 to n step 1
        p = p * i          &&循环不变式，完成累乘
        ?? p               &&输出 p 值，是方便理解程序的运行过程
                           &&同时，可以判断程序是否存在错误
next
? str(n,5)+'的阶乘是:'+str(p,5)
NOTE 函数 str()的功能是将数值型数据转换为字符型
return
```

思考：请画出该程序的流程图，理解其编程思路。

四、SCAN 循环

语句格式：

```
SCAN [<范围>] [FOR <条件>] [WHILE <条件>]
    <语句块>
    [LOOP]
    [EXIT]
ENDSCAN
```

该语句的功能是在当前打开的数据表文件中，按指定的范围和条件查找记录，然后使用 <语句块>中的命令，逐条处理记录，使用该语句可方便地对当前库文件中所有满足条件的记录进行处理，避免了在循环体内重复执行库文件查询等命令。FOR<条件>和 WHILE<条件> 的区别是 FOR<条件>将扫描整张表，即使中间有不满足条件的记录；而 WHILE<条件>当扫描到不满足条件的记录时，将退出 SCAN 循环。

[LOOP]和[EXIT]语句的功能和用法与条件循环中该语句的功能和用法相同。

例 6-16　查询"学生"表中入学成绩大于 560 分的所有女生的姓名。程序编制如下：

```
*程序名为 ex6-16.prg:
```

```
clear
set default to "D:\我的数据库项目"
use 学生表
scan for 入学成绩>=560 .and. 性别 ='女'
        display field 学号,姓名,性别,入学成绩
endscan
return
```

思考：下列程序与上面程序的区别：

```
*程序名为 ex6-16-1.prg
clear
set default to "D:\我的数据库项目"
use 学生表
scan for 入学成绩>=560
        if 性别 ='女'
            display field 学号,姓名,性别,入学成绩
        endif
endscan
return
```

例 6-17 下面程序给出了 FOR<条件>和 WHILE<条件>的区别。

```
*程序名为 ex6-17.prg
*参见本书 P11 页的"学生表"
clear
set default to "D:\我的数据库项目"
use 学生表
scan for 性别 ='男'              &&输出多条记录
        **如果改成 scan while 性别 ='男'，则输出一条记录
        display field 学号,姓名,性别,入学成绩
endscan
return
```

五、循环的嵌套

循环体内又嵌套循环的情况称为多重循环或循环嵌套。处于循环体内的循环称为内循环，处于外层的循环称为外循环。内外循环的层次必须分明，不允许有交叉现象出现。内外循环的循环变量不要同名。在嵌套情况下，EXIT 语句使控制跳到下方离其最近的 ENDDO 之后，而 LOOP 语句使控制跳到其上方离其最近的 DO…WHILE 语句中。关于循环嵌套的例子，我们在下面的例子中加以说明。

图 6.22 说明了使用 for 语句与 next 语句的配套情况，即每个 for 语句有自己的循环控制变量，对图中的不允许的情况，Visual FoxPro 将自动解释为循环 for1/next2 中包含循环 for2/next1。程序在编译过程中不会出现错误，但程序不能达到所要求的结果。正确使用程序缩格，可以方便判断程序嵌套是否存在错误。

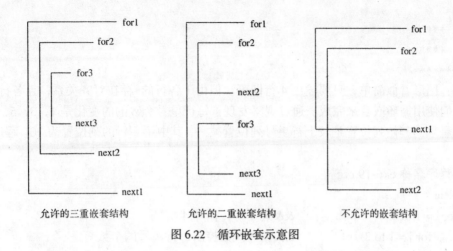

| 允许的三重嵌套结构 | 允许的二重嵌套结构 | 不允许的嵌套结构 |

图 6.22　循环嵌套示意图

6.3.4　程序设计举例

例 **6-18**　打印九九乘法表。程序编制如下：

*程序名为 ex6-18.prg：

note　打印九九乘法表

clear

for i = 1 to 9

　　　　** 循环用来生成第一行的数据

　　　　**i*3 的功能是确定列所在的位置，乘 3 可以清晰打印数据。

　　　　@ 0, i*3 say str(i,2)

　　　　for j = 1 to i

　　　　　　@ i,j*3 say str(i*j,2)

　　　　next

　　next

　　return

程序运行结果如下：

```
1  2   3   4   5   6   7   8   9
1
2  4
3  6   9
4  8   12  16
5  10  15  20  25
6  12  18  24  30  36
7  14  21  28  35  42  49
8  16  24  32  40  48  56  64
9  18  27  36  45  54  63  72  81
```

例 **6-19**　打印如图所示对称三角图形，要求第一行的*在第 10 列。

```
       *
      ***
     *****
    *******
```

分析：图形看似简单，只要输出 4 行即可。但由于各行*存在对齐关系，且各行*数量不同，我们使用循环嵌套来完成。通过观察发现：每行星号个数的的变化是 1，3，5，7；每行第一个星号的起始列位置是较上行星号列位置减一，其中第一行的列位置为 10。程序编制如下：

```
*程序名称 ex6-19.prg
clear
for i = 1 to 4              &&共 4 行，循环 4 次
    for j = 1 to 2*i-1        &&循环次数控制每行星号的个数
        *下面的注释对@…say 加以说明
        *i 用来控制星号输出所在的行
        *10 - i + j 用来控制星号所在的列
        *j=1 时是该行第一个星号输出的所在列数
        @ i , 10 - i + j say '*'
    next
next
return
```

例 6-20 输入一个大于 1 的正整数，判断该数是不是素数。

分析：所谓素数又称为质数，是指只能被 1 和它自身整除的数。如果给定数据 x，要判断它是否能够被 3 整除，我们使用条件表达式：x/3=int(x/3)。函数 int 的功能是取整。假定变量 x 的值分别为 8、9，将两个数据带入上面的条件表达式，不难理解条件表达式 x/3=int(x/3) 是如何判断整除的。对于输入的数据 x，判断它是否为素数的过程，就是修改上面条件表达式的分母，让分母的数值从 2 变到 x-1，如果分母从 2 到 x-1 都不能整除 x，则 x 是素数。实际上程序可以改进，只需让分母从 2 变到 int(x/2)，这是因为如果一个确定的整数 P，其中 P=I*J，当 I 增大时，则 J 减小，反之相同。只要让 I 变化到 int(P/2)，即可判断 P 是否能够被整除的情况。因为 P 最多等于(int(P/2))*(int(P/2))。程序编制如下：

```
*程序名称为 ex6-20.prg
clear
flag = .T.                 &&设置标志，假定为素数
input '请输入整数数据：' to x
*通过循环将 x 除以 2 到 int(x/2)的数
*如果有整除发生，则 x 不是素数，退出循环
for i = 2 to int(x/2)
    if x/i = int(x/i)        &&另一种条件表达式为 mod(x,i) = 0
        flag = .F.
        exit
    endif
```

```
        next
        *下面的 if 语句为输出结果
        *通过判断标志 flag 来决定 x 是否为素数
        if flag
                ? str(x) + '是素数。'
        else
                ? str(x) + '不是素数。'
        endif
        return
```

求 x 能否被 3 整除的另一个条件表达式为 mod(x, 3)=0，函数 mod( )的功能是求余数，若 mod(x, 3)=0，则 x 可以整除 3。思考：将上面程序关于整除的条件改为使用 mod 的关系表达式。

6.4　数组的应用

在第三章，我们知道 Visual FoxPro 数组是具有相同变量名而下标不同，且按一定顺序排列的一组变量。数组被使用前要对数组进行定义。每个数组有一个作为标识的名字称为数组名，数组中元素的顺序号称为下标。

例如：

一维数组 A：A(1)，A(2)，A(3)，…，A(n)

二维数组 B：

B(1, 1)，B(1, 2)，…，B(1, m)

B(2, 1)，B(2, 2)，…，B(2, m)

……

B(n, 1)，B(n, 2)，…，B(n, m)

数组名及其不同的下标值表示了不同的数组元素。由于数组中的元素是由下标来进行区别的，所以数组元素也称为下标变量，下标放在数组名后面的括号内，例如 A(2)是一个下标变量。通过改变下标可以方便引用不同的下标变量，这为排序等运算提供方便。

数组主要有以下特点：

(1) 数组元素的类型，由所赋的值来决定。

(2) 数组变量可以不带下标使用。当数组在赋值语句的右边时，表示该数组第一个元素；当数组在赋值语句的左边时，表示该数组所有元素。

(3) 数组和数据表之间可相互转换。即数据表中数据可以转换为数组数据，或数组数据也可以转换为数据表中的数据。

6.4.1　数组中常用的语句

一、数组说明语句

数组在使用之前，必须加以定义，然后才能使用该数组。数组定义或数组说明语句格式为：

DIMENSION <数组名 1>(<数值表达式 1>[,<数值表达式 2>,…])

[,<数组名 2>(<数值表达式 1>[,<数值表达式 2>,…])…]

功能：定义一个或多个数组中下标变量的个数。说明：语句中的数值表达式是指所定义数组中下标的上限值，数值表达式可以是常量、变量或表达式，但必须大于 0，如果是非整数，则系统自动取整。数组可以重复定义，重复定义时，前面定义的元素保持不变。

二、数组的赋值语句

语句格式 1：STORE<表达式>TO<数组名表>|<数组元素表>

语句格式 2：<数组名>|<数组元素>=<表达式>

功能：将表达式的值赋给数组或数组元素。

说明：格式 1 可以将表达式的值同时赋给多个数组或数组元素，而格式 2 只能赋给一个数组或数组元素。若语句中使用数组名，则表示将表达式的值赋给数组中的每一个下标变量。

例 6-21 随机输入 N 个数据到数组，并对数组的数据进行降序排列。

分析：假定数据已经输入到下列数组中。

| A(1) | A(2) | …… | A(N–1) | A(N) |

要降序排列，其过程如下：首先取 A(1)的数据，逐个与后面 A(2)到 A(N)的数据进行比较，假定比较数据为 A(x)，如果 A(x)>A(1)，则将 A(x)与 A(1)变量的数据进行交换；处理完 A(1)后，A(1)中存放了该数组所有元素的最大数据。处理 A(2)的过程与 A(1)相同，即将 A(2)逐个与后面 A(3)到 A(N)的数据进行比较，完成后，A(2)为次大的数据。再依次处理 A(3)，A(4)，…，A(N–1)，这样可以完成整个降序排列的过程。之所以处理到 A(N–1)是因为最后 A(N)肯定是最小的数据。对数组 A(N)进行降序排列的核心代码如下：

```
for i=1 to N – 1
*i 是指针，表示将 A(i)与后面的 A(i+1)到 A(N)数据相比，必须是最大的数据
    for j=i+1 to N        &&用来对 A(i+1)到 A(N)数据进行逐个比较
        if A(i)<A(j)
            *下面这段代码是交换 A(i)和 A(j)的数值
            t=A(i)
            A(i)=A(j)
            A(j)=t
        endif
    next
next
```

思考：如何将上面程序改成排升序的程序。完整的程序编制如下：

```
*程序名为 ex6-21.prg
clear
input '请输入待排序的数据总数：' to N
dimension A(N)        &&定义数组
&&循环用来输入数据到数组
for i=1 to N
        input '请输入数据：' to A(i)
next
*下面对数组进行排序
```

```
            for i=1 to N – 1
                    for j=i+1 to N
                            if A(i)<A(j)
                                    t=A(i)
                                    A(i)=A(j)
                                    A(j)=t
                            endif
                    next
            next
            *输出排序后的结果
            for i=1 to n
                    ?A(i)
            next
            return
```

程序运行结果此处略。

三、数据库中的数据传送到数组的语句

语句格式：SCATTER [FIELDS <字段名表>] TO <数组名> [MEMO]

功能：把数据库中当前记录中的字段按<字段名表>的顺序依次传送给数组元素。

说明：若省略<字段名表>，则将当前记录中的所有字段按顺序依次传递给数组元素，用 MEMO 来指明字段中有备注型字段。在字段传送过程中，数据库记录指针保持不变。在传送中，如果字段数多于定义的数组元素个数，则系统会自动扩大数组元素来接受字段内容；如果定义的数组元素的个数多于字段个数，则多余的数组元素保持原来的值不变。

四、数组中的数据传送到数据库的语句

语句格式：GATHER FROM <数组名> [FIELDS <字段名表>][MEMO]

功能：从数组元素的第一个元素开始，按顺序依次将数据传送给数据库文件的当前记录中指定的字段。

说明：数组与库文件各字段的类型必须一致。省略<字段名表>，则向当前记录中所有字段依次传送数据。如果在传送过程中数组元素的个数少于字段个数，则多余字段内容用空格插入；如果数组元素的个数多于字段个数，则多余的数组元素中的数据不传送。

6.4.2 数组中常用的函数

一、数组的插入函数

格式：AINS(<数组名>，<数值表达式>[，2])

功能：将数组元素插入到一维数组中，或插入一行或一列到二维数组中。

说明：<数值表达式>是说明数组中的某一行号或列号。可选项 2 表示插入列元素。如果插入成功，则返回函数值 1。

二、数组的删除函数

格式：ADEL(<数组名>，<数值>[，2])

功能：删除数组的行或列元素。

说明：<数值>是说明数组的行号或列号。可选项 2 表示删除列元素。如果删除成功，返回函数值 1。

三、数组的排序函数

格式：ASORT(<数组名>[，<起始元素或起始行号>

[，<排序元素个数或行数>[，<0ǀ1>]]])

功能：将数组中的元素进行排序。

说明：在排序中可以指定排序元素的起始位置、排序元素的个数或行数。选择 0 表示按升序排列，选择 1 表示按降序排列。排序成功返回函数值 1，否则返回–1。

四、数组的复制函数

格式：ACOPY(<源数组名>，<目标数组名>[，<源数组起始元素>[，<复制元素个数>

[，<目标数组起始元素>]]])

功能：复制源数组中的指定元素到目标数组中。

说明：如果不指定数组元素的起始位置和个数，则将源数组中所有元素完全复制到目标数组中。复制成功返回复制元素的个数。

6.5　程序的模块化方法

现实世界中，实际的问题往往非常复杂。解决这类问题时，人们常常采用将一个大的、复杂的问题分解成若干个小的、简单的问题的方法。在一个个小的、简单问题解决后，再将它们拼装在一起来解决大的、复杂问题。这种解决问题的思路称为模块化。Visual FoxPro 提供了模块化程序设计方法，它们是子程序、过程和自定义函数。

6.5.1　子程序

一、子程序的概念

在程序设计中，可能有某段程序要重复使用，可以把它设计成独立的程序，这种具有相对独立性和通用性的程序段称为子程序。子程序在形式上是独立书写的一段程序。子程序能被别的程序多次调用，调用子程序的程序称为主程序，被调用的子程序执行后又自动返回到调用它的主程序。使用子程序设计，可以将一个较大的程序按一定的功能分解成若干个小的子程序，这样可以简化程序的设计和调试过程，缩短程序设计时间，方便复杂程序的开发和维护管理。

子程序的设计与一般的程序设计方法一样，子程序以独立的程序文件方式存放在磁盘上。在程序执行中，主程序能够调用子程序，而子程序又可以调用另一个子程序，但子程序不能调用主程序。

二、子程序的建立与调用

建立子程序的方法与建立一般程序的方法相同，但在子程序适当位置要加上返回语句 RETURN，以便主程序在调用子程序后，能执行调用语句后的第一条可执行语句。

子程序中的返回语句格式：RETURN [<表达式>ǀTO <程序文件名>ǀTO MASTER]

主程序调用子程序语句格式：DO <子程序文件名> [WITH <参数列表>]

主程序执行 **DO** 调用语句时，将指定的子程序调入内存并执行。当执行到子程序中的 RETURN 语句时，则**返回**到调用该子程序的主程序，并执行主程序中调用语句下的第一条可执行语句。可选参数 WITH<参数列表>是程序调用中的参数传递方法，具体参见后面。

在子程序的返回语句中，若使用可选项<表达式>，则将表达式的值返回给调用该子程序的主程序。使用可选项[TO<程序文件名>]，可直接返回指定的程序文件。使用可选项[TO MASTER]，则不论前面有多少级调用而直接返回到第一级主程序。

三、子程序的嵌套

主程序调用子程序，子程序又调用子程序，这样形成一种嵌套的调用方式。在子程序的嵌套中，一定要注意调用和返回的路径。子程序的嵌套调用如图 6.23 所示。如果子程序 2 的返回语句为 return to master，则返回主程序的调用语句的下一条可执行语句。

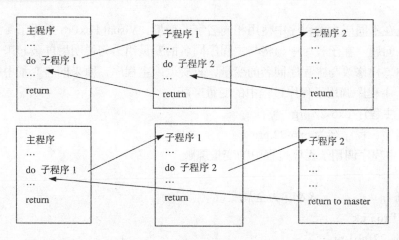

图 6.23　子程序嵌套示意图

四、程序调用中的变量作用范围

在主程序和子程序中，如果使用相同的内存变量名，若程序之间存在影响，有时会不清楚这些变量的当前的具体值，而发生混淆情况。如两人分别编写子程序和主程序，两人均偏好使用内存变量 x，当程序运行时，主程序调用子程序后，主程序的变量 x 和子程序的变量 x 如果存在一定的影响，则二人的程序结果就不可预测。可以看到同名内存变量间最好不相互影响。这里有变量作用范围的概念。变量的作用范围是指，在当前程序或非当前程序中的其他变量可以引用该变量值时，所处在的程序位置。程序设计原则中，有一条称为程序作用的局部性原则。这是指一个变量作用范围要越小越好。Visual FoxPro 提供一套规则来限定变量的作用范围。

1. 全局变量和局部变量

根据变量的作用范围，Visual FoxPro 分为局部变量和全局变量。局部变量将与当前程序变量同名的上层调用程序变量隐藏起来，局部变量的作用范围包括：声明这些局部变量的程序；被声明局部变量程序调用的各级子程序中。编程状态下，用赋值语句或数组说明语句定义内存变量后，这个变量自动被默认为是局部变量。局部变量只要退出说明它的程序，其变量值自动消失。

所谓全局变量，是指在任何命令和任何一级子程序或过程中均可以使用的内存变量，即变量的作用域是全局的。在命令窗口中定义的变量均为全局变量。在程序或过程中必须要用 PUBLIC 进行声明才能定义全局变量，否则所定义的变量均为局部变量。用 PUBLIC 命令声明全局变量，必须在给内存变量赋值之前声明，否则会出现语法错误。用 PUBLIC 命令声明的内存变量的初始值均为.F.。

内存变量声明语法如下：

声明全局变量的语句为：

    PUBLIC <内存变量表>

这里<内存变量表>中的变量可以是简单变量，也可以是下标变量。

声明局部变量的语句为

    PRIVATE <内存变量表> [ALL [LINK | EXCEPT<通配符>]]

这里<内存变量表>中的变量可以是简单变量，也可以是下标变量。

2. 变量屏蔽

为了避免在不同层次的程序中使用相同名字的变量，Visual FoxPro 采用了变量屏蔽的方式来解决这一问题。在子程序中，将与主程序同名的变量用语句说明后屏蔽起来，这样，不论在子程序中怎样修改与主程序同名的变量，只要返回主程序，原来同名变量中的值不变。

例 6-22　主程序调用子程序过程中的变量屏蔽。

程序一、主程序 ex6-22.prg

```
*主程序，程序名为 ex6-22.prg
note  主程序调用子程序过程中的变量屏蔽
clear
public i,j              &&i,j 为全局变量
store 1 to i,j,k
do ex6-22sub1.prg
? '主程序的输出结果:'
? 'i='+str(i,2),'j='+str(j,2),'k='+str(k,2)
?
display memory like *
```

程序二、子程序 ex6-22sub1.prg

```
note  程序名为 ex6-22sub1.prg
note  子程序中的变量屏蔽
private j,k             &&声明 j,k 为局部变量
i=i*2                   &&i=1*2，因为 i 为全局变量，此处是其作用范围
j=i+1                   &&j=2+1
k=j+1                   &&k=3+1
? '子程序 1 中的输出结果:'
? 'i='+str(i,2),'j='+str(j,2),'k='+str(k,2)
?
display memory like *
do ex6-22sub2.prg
return
```

程序三、子程序 ex6-22sub2.prg

```
note  程序名为 ex6-22sub2.prg
note  演示子程序中的变量屏蔽
&&虽然没有声明变量 j，但在调用程序 ex6-22sub1.prg 中，声明为局部变量
```

&&故此处为 ex6-22sub1.prg 中的 j，即变量值为 3

? '程序 2 中的输出结果:'

? 'i=' + str(i,2),'j=' + str(j,2),'k=' + str(k,2)

?

display memory like *

return

程序运行结果如下:

子程序 1 中的输出结果:

i=2 j=3 k=4

I	Pub	N	2	(2.00000000)		i、j、k 在 ex6-22 中声明，由于 ex6-22sub1.prg 中 j、k 声明为 Private，故对 sub1 中的 display memory 语句，ex6-22 中的 j、k 为隐藏
J	(hid)	N	1	(1.00000000)		
K	(hid)	N	1	(1.00000000)	ex6-21	
J	Priv	N	3	(3.00000000)	ex6-21sub1	j、k 在 ex6-22sub1.prg 声明，display memory 语句在 ex6-22sub1.prg 中，故为 Private 变量对 display memory 语句可见
K	Priv	N	4	(4.00000000)	ex6-21sub1	

子程序 2 中的输出结果:

i=2 j=3 k=4

I	Pub	N	2	(2.00000000)		同前
J	(hid)	N	1	(1.00000000)		
K	(hid)	N	1	(1.00000000)	ex6-21	
J	Priv	N	3	(3.00000000)	ex6-21sub1	j、k 在 sub2 中没有声明，但在 ex6-22sub1.prg 声明，即 sub2 中的 display memory 语句可见在 sub1 声明的变量 j、k
K	Priv	N	4	(4.00000000)	ex6-21sub1	

主程序的输出结果:

i=2 j=1 k=1

I	Pub	N	2	(2.00000000)		i、j、k 在 ex6-22 中声明，由于 display memory 语句在主程序中，故可见这些变量值
J	Pub	N	1	(1.00000000)		
K	Priv	N	1	(1.00000000)	ex6-21	

说明：此处(hid)表示被隐藏的变量，语句 display memory like *显示内存变量使用情况，ex6-22 表示变量在此处声明。

五、子程序调用过程中的参数传递

为了使数据能够共享，在程序调用过程中，子程序和主程序之间应有数据的传递，这种传递称为程序间的参数传递。

根据黑箱的观点，当子程序设计为必须接收参数时，调用它的主程序就必须带相关的参数值。这里，在设计子程序时所指定的参数为形参，而调用该子程序的主程序必须带相应的参数值，称为实参。Visual FoxPro 要求实参的个数、类型与形参的个数、类型要完全一致。

子程序中的形参说明语句为 PARAMETERS<形参变量表>，这里形参变量就是内存变量，PARAMETERS 语句必须放在子程序内的首行。

主程序调用时的语句格式要求为：

DO <子程序名> WITH <参数表>

其中 WITH <参数表>为实参，实参可以是常量、变量或表达式。如果实参是常量或表达式，则形参值的改变不影响实参值的改变。如果实参是变量，则它与形参的数据传送是通过共用一个存储单元来进行的，因此，在子程序中改变了形参的值就直接改变了实参的值。

例 6-23 编制程序求 S=1!+2!+3!++9!+10!。

分析：由前面的例子我们知道，该程序既有累乘又有累加。我们编制一个子程序完成累乘功能。在主程序中，提供调用子程序求得阶乘的值，主程序自身完成累加功能，即传入子程序的参数为 x，返回的结果为 x!。程序分为两个文件，一个是求阶乘的子程序 ex6-23sub.prg，程序编制如下：

```
*程序名为 ex6-23sub.prg
note 求阶乘子程序，程序名称为 ex6-23sub.prg
note 参数为 x
parameter x              &&参数为 x
p=1
for i = 1 to x
        p=p*i            &&循环不变式求累乘
next
return                   &&返回结果
```

下面是主程序。

1	1
2	2
3	6
4	24
5	120
6	720
7	5040
8	40320
9	362880
10	3628800
S=	4037913

图 6-24 运行结果

```
*程序名为 ex6-23.prg
note 主程序，求累加和
note 调用子程序 EX6-23sub.prg 求累乘
clear
s=0
for i = 1 to 10
        do ex6-23sub with i
        &&调用子程序，求阶乘
        ? i,p            &&通过打印语句察看中间结果
        s=s+p            &&循环不变式，求累加和
next
? 's=',s
```

要求程序结果，只要运行主程序，运行结果如图 6-24 所示。程序间存在参数传递过程，由于变量的作用域不够清晰，该程序在可读性上不是太好，其改进版请看 6.5.3 的例子。

6.5.2 过程

子程序的引入使程序设计的效率大大提高，同时使程序的层次结构更加清晰。但是在程序中频繁地调用子程序就会不断地访问磁盘，这样会导致程序的执行速度降低。为了解决这一矛盾，Visual FoxPro 提供了过程文件的功能，过程文件即是将多个子程序合并成一个文件，在这个文件中，每个子程序仍是相互独立的。程序执行中将过程文件一次调入内存，主程序

调用子程序就直接在内存的过程文件中去调用，这样就避免了频繁调用子程序，提高了系统运行效率。

一、过程定义

过程与子程序的概念基本相同，所不同的是过程既可以像子程序那样独立存在，也可以放在调用它的主程序后面作为程序的一部分，过程头以 PROCEDURE<过程名>作为标志。过程的基本书写格式：

PROCEDURE <过程名>

    [PARAMETERS <参数表>]

    <语句块>

RETURN

1. 过程文件的建立语句

语句格式：MODIFY COMMAND <过程文件名>

功能：建立过程文件

2. 过程文件的基本书写格式

PROCEDURE <过程名 1>

    <语句块 1>

    RETURN

ENDPROC

PROCEDURE <过程名 2>

    <语句块 2>

    RETURN

ENDPROC

……

PROCEDURE <过程名 n>

    <语句块 n>

    RETURN

ENDPROC

二、过程调用

1. 打开和关闭过程文件语句

打开过程文件语句格式为：

    SET PROCEDURE TO <过程文件名> [ADDITIVE]

语句功能是打开指定的过程文件，将过程文件中所包含的子程序全部调入内存。选项[ADDITIVE]的功能是打开一个过程文件而不关闭当前打开的过程文件。

关闭过程文件语句格式为：

    RELEASE PROCEDURE <过程文件名 1> [, <过程文件名 2> …]

这里文件名不需使用引号。

要关闭所有过程文件可以使用语句 SET PROCEDURE TO。

2. 过程的调用语句

语句格式：DO <过程名> [WITH <参数表>]

语句功能是调用并执行过程。有关过程文件的使用示例参见 6.5.3 中的例 6-24。

6.5.3 自定义函数

Visual FoxPro 除了给用户提供第三章介绍的系统函数外，Visual FoxPro 还提供用户按需要定义自己的函数的功能。自定义函数与过程的概念基本相同，但与过程不同的是自定义函数执行结束后必须要返回一个函数值。自定义函数的设计方法与过程的设计方法基本相同，只是在返回语句中要说明函数的返回值，并将程序名改为函数名。自定义函数与过程一样，可以独立存放于磁盘，也可放在程序中作为程序的一部分。

一、自定义函数的定义

自定义函数的书写格式：

```
FUNCTION <函数名>
      [PARAMETERS <参数表>]
      <语句块>
      RETURN <表达式>
ENDFUNC
```

说明：若自定义函数是作为程序的一部分放在程序中，则语句 FUNCTION 不能省略，该语句作为自定义函数的开始标志放在自定义函数的前面。自定义函数不能与系统函数和已定义的内存变量同名。

二、自定义函数的调用

自定义函数的调用方式：<函数名>([参数表])

说明：与系统函数一样，自定义函数的调用符号只能出现在表达式中。

例 6-24 用过程文件中的函数求阶乘 N!，再使用调用函数的方法编制程序，求 S=1!+2!+3!++9!+10!。

分析：本例是例 6-22 的另一种形式。为一个文件：包括一个函数和一个主程序。函数为求 x 阶乘的函数 factorial(x)。程序编制如下：

```
note  主程序，求累加和
note  程序文件名为 ex6-24.prg
clear
set procedure to ex6-24.prg        &&指向自己的过程或函数
s=0
for i = 1 to 10
     p1 = factorial(i)
     ? i,p1                        &&通过打印语句察看中间结果
     s=s+p1                        &&循环不变式，求累加和
next
? 's=',s
note  求阶乘函数
function factorial
     parameter x                   &&参数为 x
     private p,i                   &&使变量的作用范围尽可能小
     p=1
```

```
        for i = 1 to x
            p=p*i                    &&循环不变式求累乘
        next
        return p                     &&返回结果
    endproc
```
运行程序，运行结果同例 6-21，该程序还克服了例 6-21 中变量作用域不详的缺点。

6.6 Visual FoxPro 程序调试方法

在程序的设计、编制中，可以将编程思想通过 Visual FoxPro 程序加以实现，再通过程序的运行来验证。但是，在程序编制完成后，由于各种原因，程序的运行不能立刻得到所期望的结果。这时需要程序的调试。这里我们介绍一些程序调试的方法。

程序运行结果的正确是靠编程人员设计的算法保证的。程序调试不过是一种使得程序能够正确运行的手段。因此在调试程序时，必须正确理解程序的设计思路，并将机器运行的结果，与程序在编程人员心中运行的结果加以对比。如果出现不一致的情况，需要判断是程序在计算机上运行错误，还是程序在人的大脑中运行结果不对。如果是前一种情况，要通过程序调试，排除程序中的错误；如果是后一种情况，则需要和其他编程人员探讨、交流来发现是什么地方出现错误，通过修改算法来完成。这里我们只介绍前一种情况下的程序排错方法。

6.6.1 程序错误的种类

程序的错误分为语法错误和算法错误。所谓语法错误是指存在书写错误，如 For/Next 不配对、运算符(或分隔符)符号使用全角等，这些错误使得 Visual FoxPro 根本无法编译、运行程序，Visual FoxPro 会给出报错信息。

例 6-25 下列程序为排序程序。

```
*程序名为 ex6-25.prg
clear
input'请输入待排序的数据总数：' to n
dimension s(n)
for i=1 to n
    *clear
    accept'请输入数据：' to s(i)
next
for i=1 to n-1
    for j=i+1 to n
        if s(i) < s(j)
            t=s(i)
            s(i)=s(j)
            s(j)=t
        endif
    next
```

```
                        &&遗漏了 Next 语句，导致循环嵌套错误
    for i=1 to n        &&此处有错误，运算符=为全角符号
        ? s(i)
    next
    return
```

由于程序中存在语法错误，当运行程序时，出现图 6.25 所示的程序错误对话框。

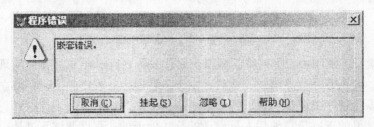

图 6.25　程序错误对话框

各按钮的含义如下：

(1) 取消：该选项等价于 Visual FoxPro 的 cancel 命令。其结果是终止程序的运行。在程序终止后，可以重新编辑、修改程序，然后再次运行程序。

(2) 挂起：该选项等价于 Visual FoxPro 的 suspend 命令。其结果是使程序处于挂起状态，此状态下，程序没有从内存中退出，可以使用?或??等命令查看变量的值。这样可以发现错误。如果希望程序继续运行，可在命令窗口键入 Resume 命令。

(3) 忽略：忽略程序的错误，使程序继续运行。一般不使用该选项。

发生错误后，选择挂起，Visual FoxPro 自动打开程序文件，且将光标定位到发生错误的语句处，即 for 语句处，通过仔细检查，发现是由于遗漏了一个 Next 语句，使得循环嵌套发生错误。修改该处错误。Visual FoxPro 出现图 6.26 所示的对话框，选择"取消"，将修改的程序保存后再次运行。

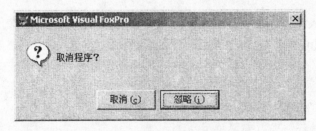

图 6.26　取消程序运行对话框

由于最后一个 for/next 循环，在循环条件处有错，Visual FoxPro 出现图 6.25 所示的对话框，选择"挂起"按钮，Visual FoxPro 将自动打开程序编辑器，且使光标定位到错误处。由于此处使用了一个全角符号，错误比较隐蔽，在此重新输入循环表达式。再次运行，程序不报错误。

6.6.2　使用 Visual FoxPro 调试器调试程序

我们先熟悉 Visual FoxPro 如图 6.27 所示的程序调试器界面。它包括跟踪窗口、监视窗

口、调用堆栈窗口、调试输出窗口和局部窗口。

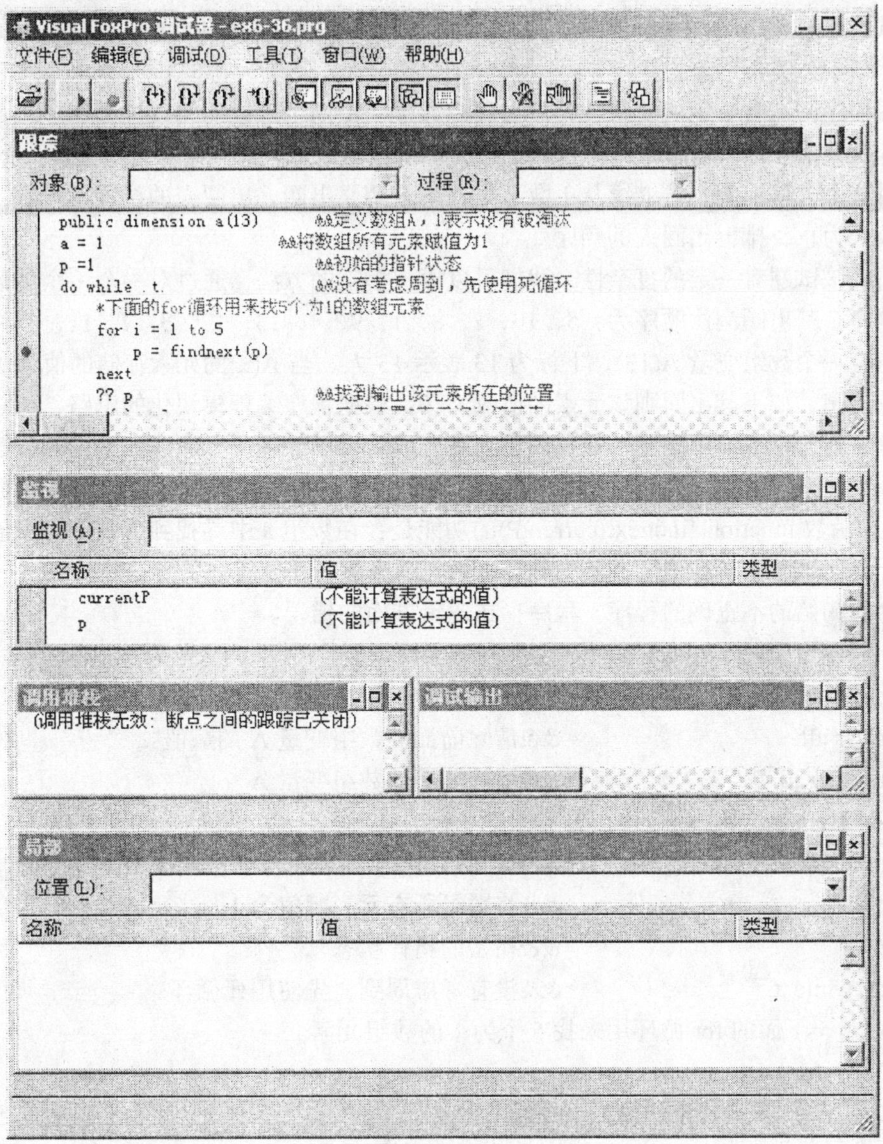

图 6.27　程序调试器窗口

一、跟踪窗口

在该窗口包含运行的程序代码，使用窗口提供的按钮可以大范围或局部运行相关的语句来定位出现错误的程序语句。按钮 功能是：它每次执行程序的一个代码行，执行后程序暂停。如果被跟踪的程序调用了一个函数或过程，则跟踪进入调用过程或函数的内部。按钮 的功能是：每次执行程序的一个代码行，执行后程序暂停，但不跟踪被调用的过程或函数。按钮 功能是：执行完当前过程或函数中的其余代码，然后回到调用程序。按钮 的功能是：运行当前程序到包含光标的行。

二、局部窗口和监视窗口

它们的功能是观察变量的值随程序运行的变化，通过和大脑中运行结果的对比可以判断程序是否出现错误，以及错误的位置。局部窗口可以查看所有的变量值，监视窗口可以查看感兴趣的变量或表达式的值。

调试器还有调用堆栈和事件跟踪功能，这里不介绍，有兴趣的同学可以参阅有关资料。

三、程序调试实例

由于程序调试有一定的复杂性，这里我们通过一个例子来说明调试过程。

例 6-26 有 13 个人围成一圈，每人一个的编号为(1，2，3，…，13)，从第一个人数起，报到 5 时这个人就出圈，再继续从 1 数，报到第 5 个又出圈，出圈人的位置不再数，直到只剩下一个人为止，排出出圈人的顺序。

分析：该试题有一定的复杂性，我们可以模拟手工的方法，通过对一个一个的计数来决定出局顺序。其出圈淘汰顺序为：5，10，2，8，1，9，4，13，12，3，7，11，6。

这里有一个数组变量 A(13)，下标为 13 表示 13 人。当 A(x) 的元素存储的值为 1 时，表示其没有出圈，如果其出圈则该元素的值改为 0。根据程序编程模块化的思路，可将一个复杂问题分解为若干个简单问题，通过简单问题合成后可以处理复杂问题。这里的分解是编写一个查找下一个没有被淘汰数字所在位置的程序(一个函数)，另一个是数到第 5 个数的程序(主程序)。函数 function findnext(currentP) 的功能是：在数组 a 中寻找到下一个元素值为 1 的元素，并返回该元素所在位置，其中 currentP 表示当前所在位置。

下面为初始的不正确的程序，程序存在逻辑方面的错误。

```
*程序名为 ex6-26.prg
clear                    &&清屏
clear all                &&清除前面的数组变量 A 的赋值
release all              &&清除前面的数组变量 A
set procedure to ex6-25
public dimension a(13)   &&定义数组 A，1 表示没有被淘汰出圈
a = 1                    &&将数组所有元素赋值为 1
p = 1                    &&初始的指针状态
do while .t.             &&没有考虑周到，先使用死循环
    *下面的 for 循环用来找 5 个为 1 的数组元素
    for i = 1 to 5
        p = findnext(p)
    next
    ?? p                 &&找到输出该元素所在的位置
    a(p) = 0             &&元素值置 0 表示淘汰该元素
    p = p + 1            &&从下一个位置开始另 5 次的计数
enddo
set procedure to
return
function findnext(currentP)
        *功能是在数组 a 中寻找到下一个元素值为 1 的元素，并返回该元素所在位置
        do while .t.
            if currentP = 13
```

```
                    if a(13) = 1     &&如果数到下一个为第 13 个，且没有出圈，则退出
                        exit                    &&退出且返回元素所在位置
                    else
                        currentP = 1
                        &&如果第 13 个元素已经出圈，则从第 1 个元素继续数数
                    endif
                endif
                if a(currentP) = 1              &&当数到下一个元素的值为 1(未出圈)
                    exit                        &&退出且返回元素所在位置
                else
                    currentP = currentP +1   &&如果已经出圈，则查看下一个的值
                endif
            enddo
            return currentP                    &&返回下一个未出圈元素的位置
        endfunc
```

程序初次运行，其结果为："下标越界"程序错误。我们选择"取消"。然后需使用 Visual FoxPro 调试器进行程序的调试。

通过阅读本程序，知道下标越界是由于数组 A 中的最大元素为 A(13)，如果企图访问 A(14)，则会报此错误。由于开始不知道程序错误具体的位置，我们只能在主程序处来定位错误位置。

过程如下：打开 Visual FoxPro 菜单中的"工具/调试器"菜单项。点击调试器中的"文件/打开"项，调入要调试的程序。通过分析知道在主程序中引用数组的语句为 p=findnext(currentP)。故在这里设置一个断点。方法是在该语句的左侧灰色竖条上双击，出现一个红色的点，则程序运行到此处将会暂停，黄色小箭头表示程序当前将要运行的语句。同时在监视窗口加入变量 p(在监视处输入 p 后回车)和函数中的 currentP 变量，可以查看每次运行时变量 p 的数值变化，红色表示程序运行在子程序内的值变化，黑色表示程序运行在主程序中的值变化。现在单击 🔾运行，程序到断点处停止，可以在监视窗口看到变量 p 的值为 1。每次单击 🔾(表示程序单步运行)，可以看到在 for 循环中，语句 p=findnext(p)被反复执行，但变量 p 的值总为 1，根据设计要求，p 应该是下一个元素值为 1 的元素位置，即其返回的数值依次为 2，3，…，直到 5 为止。故可以判断子程序没有完成应有的功能。

下一步，单击 🔾(表示进入程序内部进行调试)，可以看到调试器进入到子程序中，如图 6.28 所示。通过观察变量 currentP 的值变化，仔细分析后知道，给出当前位置 currentP 后，必须使其指向下一条元素的位置才能完成有关功能。故在子程序增加一条语句 currentP= currentP+1。方法是：单击按钮 🔾停止程序的运行，修改程序后，再次调试程序。

下面我们增加另一个断点位置为输出语句?? p，如图 6.29 所示。每次单击 🔾，发现程序输出值为 6，而不是预先设想的 5，仔细分析后知道，应该将语句 for i=1 to 5，改为 for i=1 to 4，这是因为知道元素的位置其应该算为 1，下面只要数 4 个即可。

修改错误后，下面再次调试程序，这次只有一个断点，即输出语句?? p。在调试器中再次运行程序，设置断点到语句?? p 处，每次单击 🔾观察输出语句 p 值变化，结果依次为：5，10，第 3 次单击 🔾再次出现"下标越界"错误。单击按钮 🔾停止程序的调试，再次将程序调

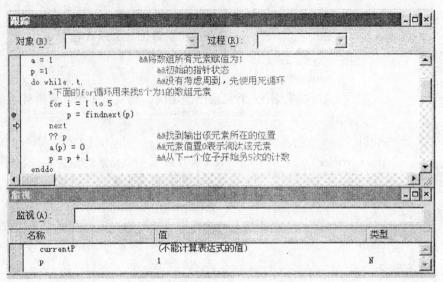

图 6.28　程序调试中的跟踪与运行

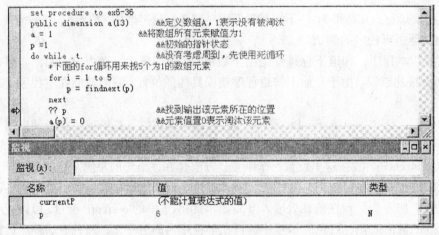

图 6.29　断点设置

入调试器, 断点依然在输出语句 ?? p 处, 单击两次按钮 ▶, 此时 p 值为 10, 然后单击几次 ◐,
使 p 值为黑色的 12, 再单击 ◐, 进入函数内部进行调试, 如图 6.30 所示。可以发现函数正
常返回 13 的位置, 再次单击 ◐, 此时出现下标越界错误, 原因是当 currentP 为 13 进入函数
后, 函数语句中的 currentP=currentP+1 使下标越界, 故修改语句 if currentP=13 为 if
currentP>=13, 此时没有错误出现。

再次在调试器中运行程序, 单击三次按钮 ▶, 又出现下标越界错误。和前面相同的方法,
发现 currentP=15 导致程序错误, 这是因为当元素 a(13) 值为 1 时, 函数不能正确指向下一个
元素值为 1 的元素, 故修改程序语句 if a(13)=1 为 if currentP=13 .and. a(13)=1。

再次将程序调入调试器, 运行程序, 观察输出语句 p 的结果为: 5, 10, 2, 8, 1, 7。等
一下! 这里有问题, 程序运行结果前面正确, 但在 1 后面应该是 9 而不能是 7, 故程序有错
误。通过前面所介绍的方法先使用按钮 ▶ 运行程序使其输出 p 到 1 的值, 再使用 ◐ 或 ◐ 调
试, 发现错误在主程序的语句 p=p+1, 其功能是从下一个元素值为 1 的元素进行计数, 故修
改为 p=findnext(p)。再次运行程序, 结果正确。

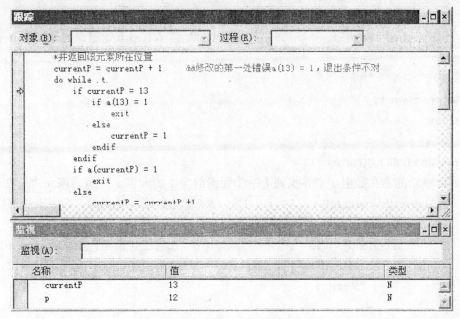

图 6.30　进入子程序调试

下面考虑如何将死循环修改为可以正常退出的循环语句。我们采用变量 S 来控制循环的次数为 13 次，这样保证程序正常结束。下面为调试通过的程序。

```
*程序名为 ex6-26-1
clear
release all
set procedure to ex6-25-1
dimension a(13)
a = 1                    &&将数组所有元素赋值为 1
?"出圈顺序："
p = 1
s=0
do while .t.
    *下面 for 循环的功能是发现第 5 个为 1 的元素位置
    for i = 1 to 4       &&第二处错误，原来为 for i=1 to 5
        *?? str(p) + 'a'  &&有时使用简单的输出变量值语句可以发现错误
        p = findnext(p)
        *?? p                &&有时使用简单的输出变量值语句可以发现错误
    next
    ? p                  &&输出被选中的
    a(p) = 0
    s=s+1
    if s=13
        exit
```

```
        endif
        p = findnext(p)                                &&第五处错误，原来为 p=p+1
    enddo
    ? "end"
    set procedure to
    return


    function findnext(currentP)
        *功能是在数组 a 中寻找到下一个元素值为 1 的元素，并返回该元素所在位置
        currentP = currentP + 1                    &&修改的第一处错误，程序不能扫描数组
        do while .t.
            if currentP >= 13                       &&第三处错误，原来为 currentP =13
                if currentP = 13 and a(13) = 1      &&第四处错误，原来为 if a(13) = 1
                    exit
                else
                    currentP = 1
                endif
            endif
            if a(currentP) = 1
                exit
            else
                currentP = currentP + 1
            endif
        enddo
        return currentP
    endfunc
```

程序调试的方法是先定位大的错误发生位置，再通过逻辑的分析对比逐步定位到发生错误的语句。因此，在程序调试中正确使用输出语句?(或??)将变量的值加以输出是非常关键的。

习　　题

1. 什么是算法？算法有什么特性？如何表示一个算法？
2. 什么是结构化程序设计？它的三种基本结构是什么？它们有什么特点？
3. 分支语句中的条件是什么表达式？已知学生表结构如前所示，你能按不同的数据类型写出下列条件表达式吗？
姓王的所有学生；
1986 年以前出生的学生；
少数民族学生；
云南地区的少数民族学生；
入学成绩在 580 分以上的北京籍学生
4. 程序改错：下面的每个程序均有两个错误，试调试修改正确。

(1) 计算 1+2+3+…+N 的值。

```
INPUT TO N
S=1
I=1
DO WHILE I<N
    S=S+I
    I=I+1
ENDDO
? "S="+S
```

(2) 程序的功能是计算公式 $Y=1-1/3!+1/5!-1/7!…$，式中除第 1 项外，其余各项可用 $1/(2N+1)$ 表示。

```
INPUT "请输入计算公式中 1 后面的项目个数：" TO MM
STORE 1 TO N,P
STORE 1 TO Y
DO WHILE N=<MM
    K=2*N+1
    P=P*(K-1)*K
    Y=Y+(-1)/P
    N=N+1
ENDCASE
? "Y="+STR(Y,10,8)
```

5. 乘火车旅行的行李收费标准如下：成年人可免费携带重量 20 公斤的行李，未成年人可免费携带 10 公斤的行李，超出这个重量，火车站将加收费用，收费标准是每公斤每百公里收费为 0.20 元，不足百公里按百公里记。试编程按不同类型的人和行李重量来记收费用。

6. 编写程序，求一元二次方程 $Ax^2+Bx+C=0$ 的解，输入为系数 A，B 和 C。

7. While 型循环结构的程序构造中，对循环结构的要求是什么？

8. 下列程序完成求和 $S=1+(1+2)+(1+2+3)+…+(1+2+…+10)$，填空完成程序。

```
clear
store 0 to s,p
i=1
do while i<=10
        p=_____
        ? i,p
        s=s+p
        _____
enddo
? "s=",s
```

9. 求下列程序运行结果

```
clear
store 0 to x,y
```

```
for i=1 to 8
        if mod(i,2)<>0
            x=x−i
        else
            y=y+i
        endif
    next
? 'i='+str(i,2)
? 'x=',x
? 'y=',y
return
```

10. 求下列程序的运行结果

```
clear
m=28
s=0
k=1
do while k<=int(m/2)
        if int(m/k)=m/k
        ? k
        s=s+k
        endif
        k=k+1
enddo
? 's='+str(s,2)
return
```

11. 当 n=10 时, 求下列程序运行结果

```
clear
input 'n=,n>=3' to n
if   n <= 2
            return
endif
a1 = 1
a2 = 1
?
?? a1
?? a2
for i = 2 to n − 1
        a3 = a1 + a2
        a1 = a2
        a2 = a3
```

next

return

12. 试根据"学生表"的数据表结构，求所有男生的人数和平均入学成绩，要求不能使用第四章中的语句，而使用循环结构，通过编程来完成。

13. 编程求 100 到 200 之间即能被 3 整除又能被 5 整除的正整数的个数，并显示这些数。

14. 编程完成下列图形的打印。其中第一个*所在列为第 10 行，第 20 列。

```
   *
  ***
 *****
*******
```

编写完成后运行你的程序，并使用 @10,20 say "#" 验证程序结果的正确性。

15. 编程求 2 到 100 间的所有质数，并求它们的和。

16. 有 M 个人围成一圈，每人一个的编号(1，2，3，…，M)，从第一个人数起，报到 N 时这个人就出圈，再继续数，报到第 N 个又出圈，出圈人的位置不再数，直到只剩下一个人为止，排出出圈人的顺序。

17. 有一老人临死前告诉三个儿子，将 19 头牛分了，其中老大分 1/2，老二分 1/4，老三分 1/5，说完便死了。按当地习俗，不能宰牛，问三个儿子各能分多少？

18. 将最大为 12 位的用阿拉伯数字书写的金额转换成用汉字数字书写的大写形式。提示：使用函数 STR( ) 将数值型转换为字符型，再使用函数 SubStr( )，求各位的数值。

19. 已知二年期人民币整存整取年利率为 2.25%，王大妈选择二年期整存整取，存款金额 10000 元，她希望有 1000 元以上的净利息。由于银行对最后的利息征 20% 所得税，故至少要税前为 1250 元利息，才有 1000 元的净利息。请你编程帮王大妈算一算，要存几年才能达到她的目标。

20. 使用循环嵌套语句编程求：在 0 至 999 的范围内，找出所有这样的数，其值等于该数中各位数字的立方和。如：$153=1^2+5^2+3^2$。

21. 有一个分数数列：

$$\frac{2}{1}, \frac{3}{2}, \frac{5}{3}, \frac{8}{5}, \frac{13}{8}, \frac{21}{13}, \cdots$$

求出这个数列前 20 项之和。

22. 用"辗转相除法"计算两个整数 m 和 n 的最大公约数。该方法的基本思想是计算 m 和 n 相除的余数，如果余数为 0 则结束，此时的被除数就是最大公约数。否则，将除数作为新的被除数，余数作为新的除数，继续计算 m 和 n 相除的余数，直到余数为 0。

23. 输入两个正整数 m 和 n，求其最大公约数和最小公倍数。

24. 在数组 a 中任意输入 10 个数字，然后用"插入法"对数组 a 进行由小到大的排序。经典算法提示：简单插入排序算法的基本思想使将数组处理 n-1 次，第 k 次处理是将第 k 个元素插入到目前的位置。第 k 次的元素是这样插入的：在第 k 次处理时，前面的元素 a[0]，a[1]，…，a[k-1] 必定已排成了升序，将 a[k] 与 a[k-1]，a[k-2]，…，a[0] 逐个比较(由后向前)，若有 a[j]<a[k]，则 a[k] 插入到 a[j] 之后，否则 a[k] 维持原位不变。

第七章　面向对象程序设计基础

在第六章我们已经初步理解了 Visual FoxPro 结构化程序设计方法。Visual FoxPro 不但支持标准的结构化程序设计，而且在语言上还进行了扩展，提供了面向对象程序设计的强大功能，这使得它具有更大的灵活性。

面向对象的程序设计方法与编程技术不同于标准的结构化程序设计。程序设计人员在进行面向对象的程序设计时，不再是单纯地从代码的第一行一直编到最后一行，而是考虑如何创建对象，利用对象来简化程序设计，提供代码的可重用性。对象可以是应用程序的一个自包含组件，一方面具有私有的功能，供自己使用，另一方面又提供公用的功能，供其他用户使用。

7.1　面向对象的基本概念

基于面向对象的系统观认为，一个系统是由若干对象和对象间的交互构造而成。这通常称为面向对象系统观，它反映了基于面向对象的方法如何构造系统。

7.1.1　面向对象核心概念

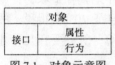

图 7.1　对象示意图

一、对象

简单地说，对象就是现实或抽象世界中具有明确含义或边界的事物。例如，学生"江华"就是一个对象。为描述对象，面向对象系统认为对象由对象属性和对象行为构成，即对象是属性和行为的封装体。如图 7.1 所示。

二、属性

属性是为刻画对象的一个方面，其所具有的数据值。例如，江华的籍贯为"江西赣州"。这里"江西赣州"为学生"江华"的籍贯属性取值。属性取值不同，可以使对象具有不同的状态。

三、行为

行为是对象具有的一种功能或变换。如学生"江华"的"注册学籍"、"选修课程"操作表示对象具有的行为。在后面我们将看到 Visual FoxPro 根据行为的触发方式不同，行为又分为事件和方法。为使得概念简明、清晰，在本节我们仅使用行为这个术语。

四、接口

简单地说，接口就是特殊的属性和行为，它表示一个对象对外提供的服务。对外服务包括对象向其他对象公开的属性和行为。对于一个 Visual FoxPro 对象来说，就是那些对外公开的属性和行为。由于接口中的属性和行为为其他对象所知道，故其他对象通过发送消息到该对象来实现对象间的交互。

五、消息

消息实现了对象间的交互。一个对象通过接口向外界公布其提供的属性和行为，其他对象通过发送一个特定的消息来与这个对象进行交互，可能有结果返回到发送消息的对象，也可能没有结果返回发送消息的对象。消息的描述除了和对象公布的属性和行为有关外，它还有特定的格式。有关 Visual FoxPro 消息格式请参阅 7.2 节相关介绍。

六、类

在面向对象程序设计中，每个对象由一个类来定义，类可以看作生产具有相同行为方式对象的模板。我们一般利用类的相似性来组织对象。在面向对象系统和程序中，具有相同结构和功能的对象一般用类进行描述，并把对象称之为所属类的实例。简单地说，类描述的是具有相同属性和行为的一组对象。例如，江华和杨阳都是学生，即他们是"学生"类的实例，他们都具有"学号"、"姓名"等属性，同时都具有"注册学籍"、"选修课程"等行为(操作)。为此，面向对象方法中提出将具有相同属性和行为对象抽象到类的方法，即类是对象的抽象，而一个具体对象是某个类的实例。

总之，在面向对象概念中，类是对象的抽象，对象是类的实例。但由于类与对象使用相同的描述方式，即都具有属性和行为，这使得类、对象的概念容易混淆。下面我们通过一个例子来说明两者的区别。我们可以将一个图章看成是一个类，而图章所盖出的图章印是一个对象。由于一个图章可以盖出多个图章印，即一个类可以被实例化为多个对象。

7.1.2 类或对象的特性

类和对象有许多特性，下面我们给出描述。

一、对象的可标识性

每个对象都有自己的标识号(英语为 identifier，简写为 ID)。例如，如果图章具有自动改变序号功能，则每个实例化出来的图章印，虽具有相同的属性和操作，但它们具有不同的标识号——序号不同。

二、类(对象)的封装性

类(对象)的封装性表现在对象将属性和行为封装在对象中。对象封装的好处是可以隐藏对象内部的实现细节，即所谓的信息隐蔽原则，也可以理解为黑箱。信息隐蔽原则使得人们在使用一个对象时，只关心它提供的功能，不关心对象的功能是如何编写实现。信息隐蔽原则的另一个好处是可以杜绝由于某个对象的行为改变对其他对象的影响，通过独立的分治原则可以减低问题的复杂性。

三、对象的状态性

对象的状态性是通过给对象的属性赋值来表现的。例如，学生"江华"对象，这里类为"学生"，类"学生"的姓名属性值为"江华"。

四、对象的自治性

由于对象是属性和行为的封装。对象状态的改变是由该对象自身实施的。即其他对象通过发送消息，请求一个对象改变其状态，该对象的状态是否改变取决于该对象当前的状态，在某些状态下可能无法改变该对象的状态。这称为对象的自治性。

五、类的继承性

面向对象的概念中，我们讨论了类与对象间的关系，类与类之间是否存在关系呢？在语意上，一个类与另一个类之间可能存在类继承关系。例如图 7.2 中，"汽车"类是一个抽象的类，它具有一般汽车具有的属性和行为，这里它被称为父类(也被称为基类)。"小汽车"类代表"汽车"类下面的一个分类，这里被称为子类，子类继承了所有父类的属性和行为。即"小汽车"类具有"汽车"类所具有的所有属性和行为，如属性：自重、载重；行为：驱动方式等。同样，"客车"子类和"货车"子类也继承了"汽车"父类的所有属性和行为。我们可以将在"小汽车"子类的基础上，再使用继承，得到"上海大众小汽车"类，在此基础上进行实例化，得到"李纲拥有的上海大众牌号为沪 A－76456 的小汽车"实例。所得对象的属性和行为不仅包括在子类中定义的属性和行为，还包括在基类中定义的属性和行为。继承性的好处是可以减少代码冗余，实现一次编码，多处使用的特性，即在减少系统开发工作的同时，可以减少系统的维护工作量。这是面向对象编程方式带来的好处。

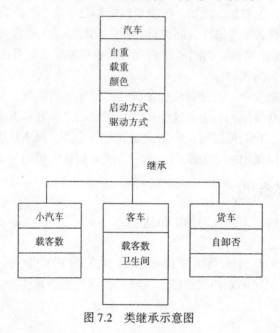

图 7.2　类继承示意图

六、对象的多态性

将同样的消息发给同一个对象，根据对象当前所处状态的不同，对象可能给出不同的响应，这称为对象的多态性。

需要指出，类与对象所出现的范畴(地方)是不同的。对于面向对象程序设计语言来说，编写具备特定功能程序的过程大致分为二步。首先，定义实现该程序中所有需要的类，这里一个类是将相关的属性与方法封装到该类中，即编写程序实现所有定义类的不同方法(或属性)。其次，将类实例化为对象后，编写程序实现对象间的交互。对于大部分 Visual FoxPro 初学者而言，类的定义是 Visual FoxPro 基类库提供的，初学者只是需要编写这些类实例化为对象后的交互实现部分的程序。这样更多的是使用面向对象特性中的对象可标识性、对象状态性和对象自治性。

7.2　Visual FoxPro6.0 对面向对象方法的支持

根据面向对象的观点，构造一个系统的过程，是根据给出的实际问题，抽象出相关的名词术语，即先刻画该系统中的各个核心概念——类。在刻画完成各个类具有的属性和行为后，再将类实例化为类的对象，进一步描述这些对象间的交互，即这些对象间消息的关系，来描述和构造一个系统。

在使用 Visual FoxPro 中编制应用程序时，Visual FoxPro 提供许多内置标准的类来帮助开发人员完成程序的编制，这些内置类有自己预先定义的属性和行为，Visual FoxPro 称为基类，因为基类是用户创建子类的模板。Visual FoxPro6.0 所包括的内置标准基类如图 7.3 所示。这些标准基类的英文名称和可视控件对应的图标如表 7.1 所示。

表 7.1　Visual FoxPro 基类名(英中对照)

基类名称	图标	基类名称	图标	基类名称	图标
ActiveDoc		Form 表单		OptionGroup 选项按钮组	☉
CheckBox 复选框	☑	FormSet 表单集		Page 页※	
Column 表格列※		Grid 表格	▦	PageFrame 页框	▦
ComboBox 组合框	▤	Header 表格头※		ProjectHook	
CommandButton 命令按钮	▭	Hyperlink 超级链接	▦	Relation 关系	
CommandGroup 命令按钮组	▤	Image 图像	▣	Separator 分隔符	⊐⊏
Container 容器	▣	Label 标签	A	Shape 形状	▱
Control 控件		Line 线条	╲	Spinner 微调控件	▤
Cursor 游标		ListBox 列表框	▤	TextBox 文本框	abl
Custom 自定义		OLEControl OLE 容器控件 或称为 ActiveX 控件	▥	Timer 计时器	⏲
DataEnvironment 数据环境		OLEBoundControl OLE 绑定型控件 或 ActiveX 绑定控件	▥	ToolBar 工具栏	
EditBox 编辑框	▤	OptionButton 选项按钮※			

注：1) 表中带※表示这些类是它的父容器类的一部分，在"类设计器"中不能子类化。
　2) 凡用户自定义的子类，它没有预先定义的属性、事件和方法，其父类均为 Custom。

根据对象可视性，Visual FoxPro 将其提供的对象分为可视对象与非可视对象。根据对象出现的位置 Visual FoxPro 将其提供的对象分为容器对象和控件对象。

一、可视与非可视对象

　　一个 Visual FoxPro 应用系统包括可见的用户界面和不可见的数据加工处理，即可视的对象和非可视的对象。可视对象构成用户与计算机交互的界面，图 7.4 所示的为一个计算机对话界面，在界面上包括页框、选项按钮组、文本框、复选框、组合框和命令按钮等。计算机

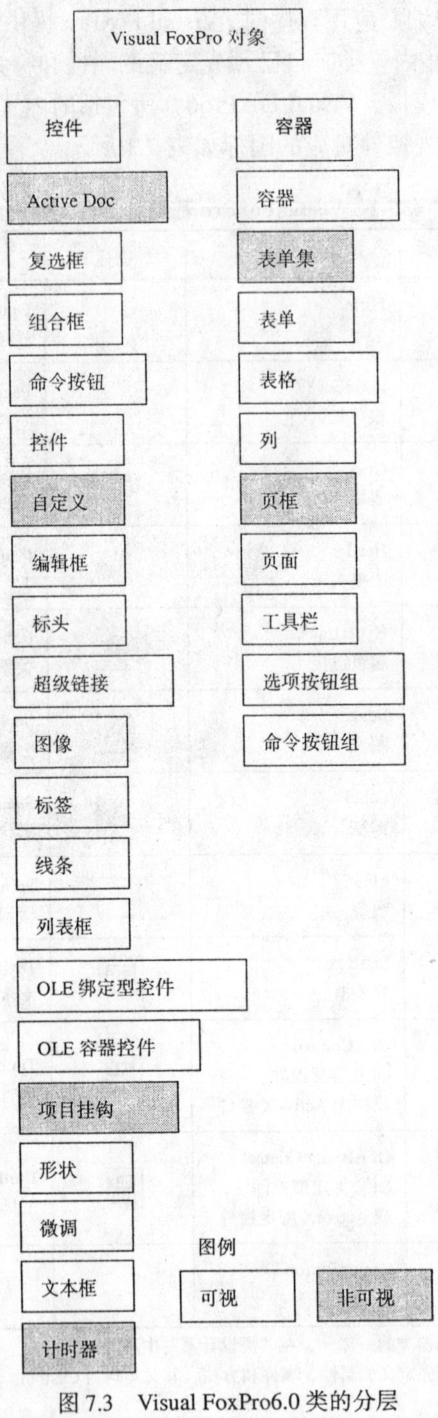

```
                    Visual FoxPro 对象

         控件                      容器

      Active Doc                   容器

       复选框                      表单集

       组合框                      表单

      命令按钮                     表格

        控件                        列

       自定义                      页框

       编辑框                      页面

        标头                      工具栏

      超级链接                  选项按钮组

        图像                   命令按钮组

        标签

        线条

       列表框

    OLE 绑定型控件

     OLE 容器控件

       项目挂钩

        形状

        微调                  图例

       文本框            可视        非可视

       计时器
```

图 7.3　Visual FoxPro6.0 类的分层

通过这些界面元素向用户提出问题，用户通过选择或回答界面中的元素选项来回答计算机的提问。即通过这些标准元素实现用户与计算机的对话。Visual FoxPro 非可视的对象主要用来完成用户数据的处理，即非可视对象主要用来完成数据的统计累加等有关按某种流程的操作。

二、容器与控件

　　根据对象出现的位置不同，Visual FoxPro 将对象分为容器类和控件类。容器类可以包含

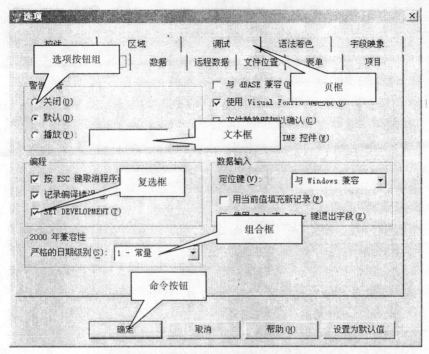

图 7.4 对话框构成的人机交互界面

其他容器类或控件类，并且允许容器访问这些被包含的类。例如，Visual FoxPro 中表单是容器类，这里表单就是我们通常的窗口或窗体，表单中允许摆放各种容器和控件，如命令按钮是控件，页框是控件，但它同时也是容器。Visual FoxPro 规定控件类只能出现在容器类中。表 7.2 列出了 Visual FoxPro 中的容器和容器中允许出现的其他对象。

表 7.2 **Visual FoxPro 每种容器类所能包含的对象**

容器	能包含的对象
命令按钮组	命令按钮
容器	任意控件
控件	任意控件
自定义	任意控件、页框、容器和自定义对象
表单集	表单、工具栏
表单	页框、任意控件、容器或自定义对象
表格列	表头和除表单集、表单、工具栏、计时器和其他列以外的其余任一对象
表格	表格列
选项按钮组	选项按钮
页框	页面
页面	任意控件、容器和自定义对象
项目	文件、服务程序
工具栏	任意控件、页框和容器

三、事件与方法

为清晰描述 Visual FoxPro 的对象行为，Visual FoxPro 将其行为分为事件和方法。事件和方法都是 Visual FoxPro 对象的行为。事件和方法的区别是调用方式不同。事件的调用方式是隐式的，即没有一条语句来说明事件被调用。事件的调用或触发是由用户的操作来实现的。例如：命令按钮上存在鼠标的单击事件，当用户使用鼠标指向该命令按钮并单击鼠标左键时，将触发预先在单击事件中定义的行为。通常一个对象包括很多事件，例如图 7.5 所示的为命令按钮部分事件，图中含 Event 的均表示事件。表 7.3 给出了 Visual FoxPro 中的常用事件。

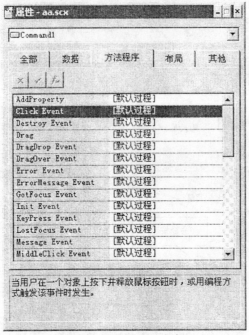

图 7.5　命令按钮的事件

表 7.3　Visual FoxPro 核心事件集

事件	事件被激发后的动作
Init	创建对象
Destroy	从内存中释放对象
Click	用户使用主鼠标按钮单击对象
DblClick	用户使用主鼠标按钮双击对象
RightClick	用户使用辅鼠标按钮单击对象
GotFocus	对象接收焦点，由用户动作引起，如按 Tab 键或单击，或者在代码中使用 SetFocus 方法程序
LostFocus	对象失去焦点，由用户动作引起，如按 Tab 键或单击，或者在代码中使用 SetFocus 方法程序使焦点移到新的对象上
KeyPress	用户按下或释放键
MouseDown	当鼠标指针停在一个对象上时，用户按下鼠标按钮
MouseMove	用户在对象上移动鼠标
MouseUp	当鼠标指针停在一个对象上时，用户释放鼠标按钮

编写事件代码时，需要注意两条规则：

(1) 每个对象的事件触发是独立的，容器对象(如窗体、选项组等)不能处理它所包含的对象的事件。例如，在窗体上放置一个命令按钮。当点击命令按钮时，不会执行窗体的 Click 事件，而仅执行命令按钮的 Click 事件。

(2) 如果某个对象事件没有相应的事件代码，则系统会逐层向上检查其父类是否有与此事件相关的事件代码，若有则执行，而该层以上的与此事件相关的代码不会被执行。若该对象有事件代码，则系统只执行它的代码，而不会再向它的上层去寻找相应的事件代码，即不会再执行其父类的事件代码。但可以在该对象的事件代码中使用 Dodefault( )函数，强制执行其父类的事件代码。

有时用户的一个动作可能同时触发好几个事件,在这些事件之间存在触发先后顺序关系。具体内容请参阅 8.2.3。

方法与事件的不同之处在于方法必须显式地调用。例如,命令按钮有方法 Refresh,为完成调用命令按钮的 Refresh 方法,必须显式写出调用 Refresh 方法,有关方法调用方式见本节后面的介绍。

四、Visual FoxPro 对象的属性

内置的 Visual FoxPro 对象有许多属性,这些属性有不同的取值。对一个特定的对象设置其某一属性值可以改变对象的外观。例如,命令按钮有属性 Enabled,其取值为.T. (True)或.F.(False)。当命令按钮的 Enabled 属性为.T.时,命令按钮是有效的,当命令按钮的 Enabled 属性为.F.时,命令按钮是失效的。如图 7.6 所示。Visual FoxPro 中每个对象的 Name 属性值为对象的标识符。表 7.4 和表 7.5 给出了最常见和常见的 Visual FoxPro 类属性。

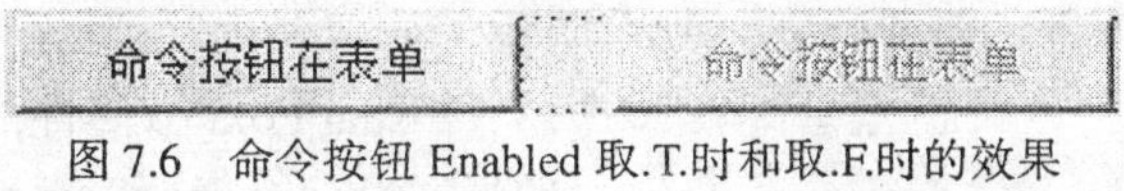

图 7.6 命令按钮 Enabled 取.T.时和取.F.时的效果

表 7.4 最常见 Visual FoxPro 类属性

属性	含义
Name 属性	指定在代码中引用对象时所用的名称
Caption 属性	指定对象标题中显示的文本,即标题属性
Enabled 属性	指定控件是否可用。.T.—真(默认值):为可用;.F.—假:不可用,呈暗淡色,禁止用户进行操作
Visible 属性	指定控件是否可见。.T.—真(默认值):为可见;.F.—假:不可见,但控件本身存在
Style 属性	指定控件的样式。适用于:复选框、组合框、命令按钮、文本框、选项按钮组
TabIndex 属性	指定页面上控件的 Tab 键次序
TabStop 属性	指定用户是否可以使用 Tab 键把焦点移到对象上
Value 属性	指定控件的当前状态。适用于:复选框、列表框、组合框、命令按钮组、编辑框、表格、文本框、选项按钮组、微调按钮。对于列表框、组合框、命令按钮组、编辑框、表格、文本框、微调按钮,Value 属性的设置为当前所选的字符或数值

表 7.5 常见的 Visual FoxPro 类属性

属性	含义
AutoSize 属性	控件是否根据正文自动调整大小
Height 属性	指定对象在屏幕上的高度
Widtht 属性	指定对象在屏幕上的宽度
Top 属性	对于控件,指定相对父对象最顶端所在位置;对于表单对象,确定表单顶端边缘与 VFP 主窗口之间的距离
Left 属性	对于控件,指定相对父对象的左边界;对于表单对象,确定表单的左边界与 VFP 主窗口左边界之间的距离
FontName 属性	指定对象显示文本的字体名
FontSize 属性	指定对象文本的字体大小
FontBold、FontItalic、FontStrikethru、FontUnderline 属性	指定文本是否具有下列效果:粗体、斜体、删除线或下划线。FontBold—是否粗体;FontItalic—是否斜体;FontStrikethru—是否加一条删除线;FontUnderline—是否带下划线
ForeColor 属性	设置控件的前景颜色(即正文颜色)。用户可以在属性窗口中用调色板直接选择所需颜色,也可以在程序中用 RGB( )函数设置
BackColor 属性	设置背景颜色,选择方法同前景颜色
BackStyle 属性	设置背景风格。0—透明:控件背景颜色显示不出来;1—不透明(默认值):控件设置背景颜色
BorderStyle 属性	设置边框风格。0—无:控件周围没有边框;1—固定单线(默认值):控件带有单边框
Alignment 属性	控件上正文水平对齐方式。0—左:正文左对齐;1—右:右对齐;2—中间:正文居中;3—自动(默认值)

属性	含义
WordWarp 属性	当 AutoSize 属性设为.T.时，WordWarp 才有效。.T.—真：表示按照文本和字体的大小在垂直方向上改变显示区域的大小，而在水平方向不发生变化；.F.—假(默认值)：表示在水平方向上按正文的长度放大和缩小；在垂直方向以字体大小来放大或缩小显示区域
Picture 属性	指定在控件中显示的位图文件(.BMP)、图标文件(.ICO)或通用字段。适用于：复选框、命令按钮、选项按钮组、容器对象、图像、表单等
SpecialEffect 属性	指定控件不同样式选项。0—3 维：立体效果；1—平面：平面效果
对于页框控件 SpecialEffect 属性	0—凸起(除容器对象之外的所有对象的缺省值)；1—凹下；2—平面(仅是容器对象的缺省值)
InputMask 属性	指定控件中数据的输入格式和显示方式。应用于：微调、文本框、组合框
Stretch 属性	在一个控件内部，指定如何调整一幅图像以适应控件的大小。0—剪裁，剪裁图像以适应控件；1—等比填充，调整图像大小以适合控件，同时保持图像的原始比例；2—变比填充，调整图像大小以适合控件，但是不保持图像的原始比例

五、Visual FoxPro 属性的赋值和方法的调用

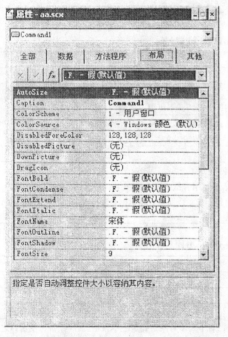

图 7.7 属性对话框中命令按钮的部分属性

Visual FoxPro 属性的设置有两种方法。一种是在设计时刻设置属性，即选中需设定属性的对象，再通过属性对话框直接修改属性值加以设置。如图 7.7 中所示的命令按钮 Caption 属性为"Command1"，可以直接输入为"确定"。

在设置对象属性时要注意以下事项：

(1) 如果属性要求输入字符值，不必用引号将这个值括起来。例如，要将一个表单的标题设为 CUSTOMER，只需在属性设置框中键入 CUSTOMER；若想让表单的标题是"CUSTOMER"，即想让引号也出现在窗口的标题上，在属性设置框中键入"CUSTOMER"。

(2) 如果选择了多个对象，这些对象共有的属性将显示在"属性"窗口中。

(3) 那些在设计时刻为只读的属性，例如对象的 Class 属性，在属性窗口的属性和事件列表框中以斜体显示。

Visual FoxPro 设置属性值的另一种方法是给对象的属性赋值来实现的。我们知道每个对象具有唯一的标识符 ID。在 Visual FoxPro 中，对象的标识符 ID 是通过对象 Name 属性值来标识的。要引用 Visual FoxPro 中的对象就必须知道对象的 Name 值，但由于 Visual FoxPro 中对象分为容器对象和非容器对象。为引用某个特定对象的属性，我们就必须理解 Visual FoxPro 对象引用的表示方法。Visual FoxPro 规定从顶层容器对象开始加以引用。为说明 Visual FoxPro 对象属性的赋值方法，如图 7.8 左图所示的一个界面，这里各个对象的包容关系如图 7.8 右图所示。对象显示的字符、对象标识符值如表 7.6 所示。

图 7.8 中，我们可以看到"命令按钮在页面 1"和"命令按钮在表单"的 Enabled 属性为.T.。为使得其 Enabled 属性为.F.，赋值语句 ThisForm.command1.Enabled=.F.可以使得 "命令按钮

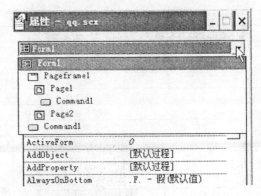

图 7.8　容器对象中引用对象的层次

表 7.6　图 7.8 中对象的标识符和出现的位置

对象标题名称 即 Caption 取值	标识符 即 Name 取值	出现的位置
表单容器	Form1	顶层
页框	Pageframe1	表单容器中
页面 1	Page1	页框中
命令按钮在页面 1	Command1	页面 1 中
命令按钮在表单	Command1	表单容器中

在表单"失效。而赋值语句 ThisForm.Pageframe1.Page1.Command1.Enabled=.F.可以使得"命令按钮在页面 1"失效。这里 ThisForm 表示顶层的"表单容器",而 Pageframe1 表示"页框";Page1 表示"页面 1";Command1 即可表示"命令按钮在页面 1",也可表示"命令按钮在表单"。因此,ThisForm.Pageframe1.Page1.Command1.Enabled 可以解读为"表单容器"下的"页框"下的"页面 1"下的"命令按钮在页面 1"属性 Enabled。下面给出 Visual FoxPro 对象属性赋值的通用格式:

  <OBJECTVARIABLE>.[<FORM>.]<CONTROL>.

    [<CONTROL>.[…]]<PROPERTY>=<SETTING>

这里<OBJECTVARIABLE>是对象变量名,通常它与表单文件(扩展名为 SCX)的文件名同名。

 · <FORM>表示表单名

 · <CONTROL>表示控件,如果控件是个容器,则可以包含其他控件

 · <PROPERTY>表示属性名

<SETTING>表示要赋值的属性值,它可以是一个表达式。

  总之,若想给一个对象的某一属性赋值,需要确定该对象和包含它的容器层次间的关系,再使用由点号(.)分隔的容器、控件和属性来处理该对象的属性赋值。为方便引用 Visual FoxPro 对象,Visual FoxPro 使用表 7.7 中的关键字来引用对象。

  与对象属性赋值方法类似,对象的方法引用和对象属性赋值采用相同的格式,其采用下列通用格式:

  <OBJECTVARIABLE>.[<FORM>.]<CONTROL>.

    [<CONTROL>.[…]]<METHOD>

这里<METHOD>表示方法,其他含义同对象属性赋值格式。

表 7.7   Visual FoxPro 对象引用关键字

? 属性或关键字	引用
THIS	表示该对象自身
THISFORM	表示包含该对象的表单
THISFORMSET	表示包含该对象的表单集
Parent	表示包含该对象的父对象
ActiveControl	表示当前活动表单中具有焦点的控件
ActiveForm	表示当前活动表单
ActivePage	表示当前活动表单中的活动页

7.3   Visual FoxPro 面向对象的程序设计中的其他问题

通常情况下，当我们在窗体上放置控件时，会放上多个不同的控件，通过它们的协调工作，共同完成程序功能。在窗体上放置多个控件后，程序运行时哪些控件能够获得输入焦点，哪些控件不能获得输入焦点，以及用户按键盘上的 Tab 键时从一个控件跳转到另一个控件的次序等问题对应用程序来说都是至关重要的。设计应用程序界面时，除了考虑鼠标操作外，也应该关注键盘操作。Visual FoxPro 中，控件的 Tab 属性决定了用户按 Tab 键时焦点的移动次序。下面简要介绍焦点的概念以及设置控件跳转次序的方法。

7.3.1   控件焦点与 Tab 序

一、焦点

焦点是接收用户鼠标或键盘输入的能力。当控件具有焦点时，才能接收用户的输入。比如，在有几个文本框的表单窗口中，只有得到焦点的那个文本框才接收由键盘输入的文本。

当对象得到焦点时，它将产生 GotFocus 事件；当对象失去焦点时，它将产生 LostFocus 事件。表单和多数控件都支持这两个事件。

程序运行时，窗口上的大多数控件从外观上就可以看出它是否得到了焦点。例如，当命令按钮具有焦点时，按钮周围的边框将显示一个虚线方框，如图 7.9 所示的"取消"按钮。

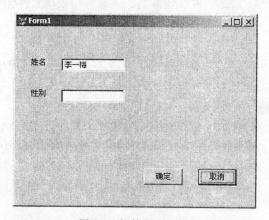

图 7.9   控件焦点示例

二、设置 Tab 序

在表单设计器中将控件放到表单上后，Visual FoxPro 自动给每个控件(但绘图控件如直线、椭圆等除外)都赋予一个 TabIndex 值。该值决定了缺省情况下程序运行后用户按 Tab 键时输入焦点的跳转次序。

如果在表单上新增或删除了控件，Visual FoxPro 将自动调整其他控件的跳转次序。为显示控件的 TabIndex 值，我们可以在表单设计时，单击"显示/Tab 键次序"使其前面有勾。如图 7.10 所示。具有最小值的控件是缺省跳转次序中的第一个控件，它的 TabIndex 值也最小，具有次小 TabIndex 值控件是缺省跳转次序中的第二个控件。一般情况下，系统按序列 1，2，3，…的次序设置各控件的 TabIndex 值。如果缺省的跳转次序不能满足应用程序的需要，那么我们可以自行设置。修改跳转次序的步骤是在表单设计器中选择某个控件，再设置它的 TabIndex 值；另一种方法是在图 7.10 界面下，用鼠标单击数字，数字将会改变。

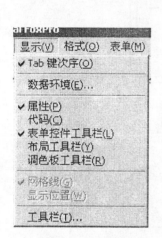 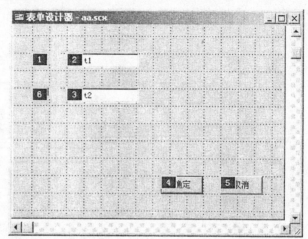

图 7.10 控件焦点示例

7.3.2 Visual FoxPro 中关于类的操作

我们知道 Visual FoxPro 的内置类如表单、命令按钮、页框、页面等有自己的属性、事件和方法。Visual FoxPro 的这些标准类通过封装属性、事件和方法为我们提供了编程所需的大部分功能。Visual FoxPro 中标准的内置类实例化对象的过程是当用户打开一个表单设计器时，表单类就被实例化为一个表单对象。当从表单控件窗口将一个控件摆放到表单上时，就是将一个控件类实例化为一个控件对象。

一、类的继承与子类的使用

Visual FoxPro 提供使用内置标准类(基类)创建子类的机制，子类除继承基类的属性、事件和方法外，可以扩展子类自己的属性和方法。通过子类的封装我们可以使用子类提供的从基类继承的属性、事件和方法；我们也可以扩展子类的属性和方法，然后在将子类实例化后使用这些扩展的属性和方法。为简单说明类继承提供的一次编码、多处多次使用的思想，我们通过一个例子来说明 Visual FoxPro 类继承和子类实例化的功能。其过程如下：

(1) 创建一个 Visual FoxPro 项目，项目名为"子类"。即我们在 Visual FoxPro 命令窗口键入命令"Create project 子类"，出现图 7.11 所示的窗口。

(2) 单击树形列表的"类库"再单击"新建"按钮，出现如图 7.12 所示的窗口。

(3) 键入如图 7.13 所示的字符，这里"类名"表示派生的子类名称，"派生于"表示父类的类型，我们这里是从命令按钮类继承生成一个名为 MyCloseButton。"存储于"表示子类

MyCloseButton 存放在类库文件 "C:\MyClassLib.VCX" 中。

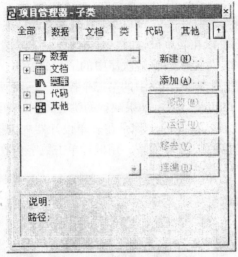

图 7.11　项目管理器中的类库

图 7.12　新建类对话框

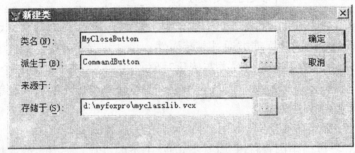

图 7.13　新建类对话框

(4) 单击图 7.13 中的 "确定" 后，出现图 7.14 所示的窗口。

(5) 将鼠标指向 "Command1" 按钮，单击鼠标右键，选择 "代码" 菜单项。出现如图 7.15 所示的窗口。在窗口的 Click(单击事件)中，输入 ThisForm . Release，表示按钮的 Click 事件将释放或关闭该按钮所在的窗口。输入完成代码后，关闭代码窗口，回到类设计器窗口。再关闭类设计器窗口。当系统提示是否保存，选择 "是"。

(6) 回到 "项目管理器" 窗口，我们单击 "类库" 前的 "⊞"，得到图 7.16 所示的左侧图形。

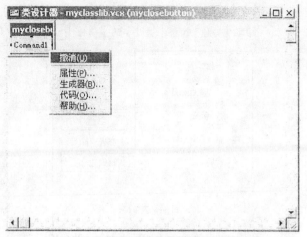

图 7.14　类设计器

图 7.15　代码编写

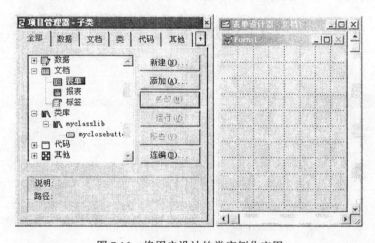

图 7.16　将用户设计的类实例化应用

(7) 单击"项目管理器"中的"文档"前的"⊞"，再单击"表单"，这时"新建"按钮有效。单击"新建"按钮，出现"表单设计器"。将"项目管理器"与"表单设计器"并列摆放，再将"项目管理器"中的类库下的"myclosebutton"拖到"表单设计器"中的表单上。这里要说明的是这个拖放过程，实际就是将子类"myclosebutton"实例化为"myclosebutton1"对象。关闭"表单设计器"窗口。在出现的对话框中选择"是"。将表单保存到磁盘上，表单磁盘文件名为"表单 1.SCX"。

(8) 单击"项目管理器"中"表单"前面的"⊞"。选择"表单 1"。如图 7.17 所示。

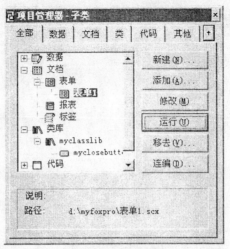

图 7.17　选中表单

(9) 单击"项目管理器"中的"运行"按钮。得到图 7.18 所示的结果。单击命令按钮"Command1"看看发生什么，窗口"Form1"关闭了。这里从"项目管理器"的类库将命令按钮"myclosebutton"拖放到"表单设计器"的"表单"过程中，我们没有编写一行代码，但该命令按钮可以关闭窗体。这是因为子类"myclosebutton"的 Click 事件中我们已经编写代码用于关闭该按钮所在的窗体，将子类实例化后它具有在类中定义的功能。通过上面例子我们可以看到使用类编程的好处是一次编码，多处使用。本例中我们可以将按钮"myclosebutton"多次应用到其他表单，这些按钮同样具有关闭它所在表单的功能。

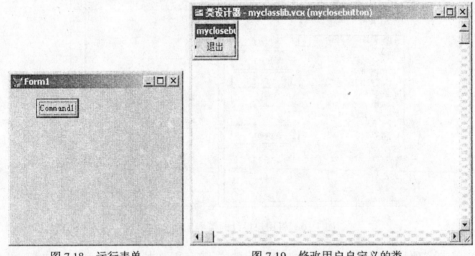

图 7.18　运行表单　　　　　　　图 7.19　修改用户自定义的类

使用类的另一个好处是减少代码维护工作量，当子类不能满足要求的功能时，对子类的修改，可以使得任何使用该子类的实例化对象均同步修改。这可以减少代码修改的工作量。下面我们用前面的例子来加以说明。

(1) 在命令窗口中键入"modify project"，在"项目管理器"中单击"myclosebutton"类，再单击"项目管理器"中的"修改"按钮，出现"类设计器"，我们修改 myclosebutton 类的 Caption 属性为"退出"。如图 7.19 所示。然后关闭"类设计器"并保存修改。

(2) 在"项目管理器"中，单击"文档/表单"下的"表单1"，再单击"运行"，结果如图 7.20 所示。我们可以看到，子类修改后，使用该子类的对象随之修改。这就是使用面向对象编程机制给我们带来的好处。

二、扩展子类的属性和方法

Visual FoxPro 提供扩展子类属性和方法的机制，但注意我们不能扩展事件，这是因为在 Visual FoxPro 系统中事件是标准的和被预先定义了的。下面我们通过一个例子来说明扩展子类属性和方法的过程。

图 7.20　第二次运行表单

(1) 在命令窗口键入"modify　project　子类"命令，Visual FoxPro 打开"项目管理器"。选择"类库"下的"myclosebutton"子类。如图 7.21 所示。

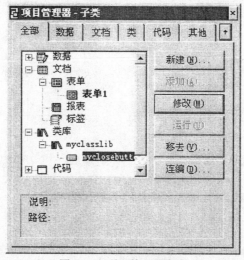

图 7.21　项目管理器中类

(2) 单击"项目管理器"中的"修改"按钮。菜单中出现图 7.22 左侧所示的菜单。选择"新建方法程序"，出现图 7.22 右侧所示的对话框。注意，可视性表示新建的类方法是否向外界公布，即如果新建的方法可视性为公共，则该方法是对外界公布的，它处于接口中。用户新建一个属性或方法它的默认可视性为公共。

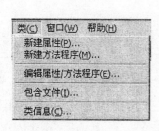
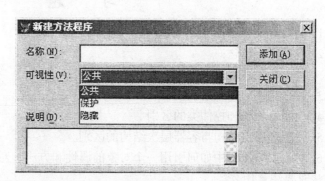

图 7.22　类菜单和新建方法对话框

单击"新建属性"出现图 7.23 所示的对话框。单击"编辑属性/方法程序"出现图 7.24 所示的对话框。注意：在此对话框中只有用户定义的属性和方法才可以"移去"。

图 7.23　新建属性对话框

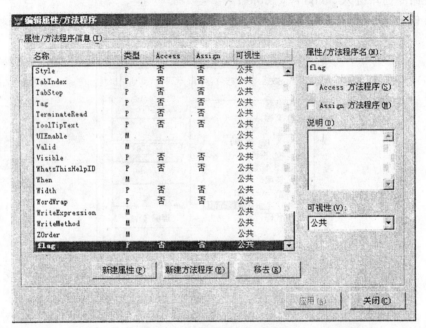

图 7.24　编辑属性/方法对话框

最后，我们给出 Visual FoxPro 创建类和实例化对象的语句，其中 DEFINE CLASS 为创建类，CREATE OBJECT 为实例化对象。有兴趣的读者可以查阅 Visual FoxPro 帮助文件。

习　题

1. 面向对象有哪些核心概念？
2. 解释以下概念：
   类、对象、属性、方法、事件
3. 什么是面向对象系统观？
4. 说明容器类和控件类的区别。
5. 说明类层次结构与容器层次结构的区别。
6. Visual FoxPro 中如何引用一个对象的属性和方法？对一个容器中的对象，引用其属性和方法时要注意什么？

7. 解释 This，ThisForm，Parent 的含义。

8. 对话框的作用是什么？它可能包括哪些界面对象？

9. Tab 序与控件焦点的关系是怎样的？

10. 如何理解面向对象系统的一次编写、多处使用的优点。

11. 当一个对象的事件被触发时，Visual FoxPro 是怎样确定该事件的处理代码的？

第八章　表单设计与应用

面向对象编程一般是分为三步：① 设计属性和方法(事件)的封装体——类，如果涉及多个类还要定义或使用类间继承关系；② 将类实例化为对象实例；③ 编写对象实例间的交互。Visual Foxpro 程序设计中的表单(Form)是图形化用户界面，也有人把它称为窗口。后面可以看到新建表单就是将表单类实例化为表单对象实例；控件放置在表单上的过程，就是实例化控件类的过程。完成实例化过程后，再编写表单对象实例和其包含的控件间的交互来完成图形化用户界面的功能。因此，本章的目的主要是理解表单和常见控件所包含的属性、事件和方法。

本章首先介绍表单的创建与管理，然后介绍表单设计器环境以及在该环境下的一些操作，如添加控件、设计表单的数据环境，最后介绍一些常用的表单控件。

8.1　表单的建立与运行

8.1.1　创建表单

创建表单一般有两种途径：

(1) 使用表单设计器建立表单。

(2) 使用表单向导创建。

一、使用表单设计器建立表单

可以使用下面三种方法中的任何一种调用表单设计器：

方法 1：在项目管理器环境下调用

在"项目管理器"窗口中选择"文档"选项卡，然后选择其中的"表单"图标；单击"新建"按钮，系统弹出"新建表单"对话框；单击"新建表单"图标按钮。如图 8.1 所示。

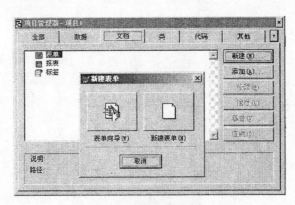

图 8.1　项目管理器窗口

方法 2：菜单方式调用

单击"文件"菜单中的"新建"命令，打开"新建"对话框；选择"表单"文件类型，然后单击"新建文件"按钮。如图 8.2 所示。

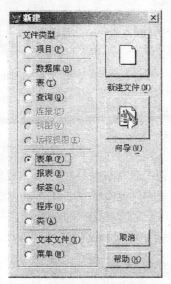

图 8.2 "新建"对话框图

方法 3：命令方式调用

在命令窗口输入"CREATE FORM"命令。

不管采用哪种方法，系统都 将打开"表单设计器"窗口，如图 8.3 所示。在表单设计器环境下，用户可以交互式、可视化地设计完全个性化的表单。

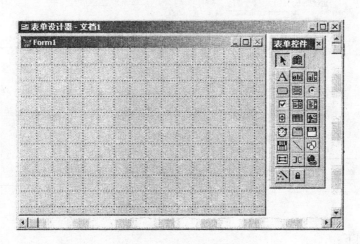

图 8.3 表单设计器窗口

例 8-1 用菜单方式或命令方式设计一个表单"form1"。

1. 在菜单方式下，使用表单设计器设计表单"form1"

(1) 在 Visual FoxPro 系统的主菜单下，打开"文件"菜单，选择"新建"，进入"新建"对话框窗口。

(2) 在"新建"窗口，选择"表单"，再按"新建文件"按钮，进入"表单设计器"窗口。

(3) 在 Visual FoxPro 系统的主菜单下，打开"显示"菜单，完成对表单属性、事件和方法的定义：选择"属性"，进入"属性"窗口，可以定义表单的属性；选择"代码"，进入"代码编辑"窗口,可以定义表单的事件和方法;选择"表单控件工具栏",可进入"表单控件工具栏"窗口,可以为表单添加控件。

(4) 打开"文件"菜单,选择"保存",进入表单"保存"窗口,输入表单的文件名为"form1"后点击"确定",表单文件的扩展名为.scx,表单备注文件的扩展名是.sct ,表单"form1"建立完成。

2. 在命令方式下,建立表单"form1"

在命令窗口输入以下命令完成表单的建立:

  CREATE FORM form1.scx

二、用表单向导建立表单

在 Visual FoxPro 系统中,除使用表单设计器创建新的表单外,还可以使用**表单向导**创建新的表单,注意,由表单向导创建的只能是数据表单。其方法举例说明。

1. 用表单向导创建单表表单

  例 8-2 用表单向导创建单表表单"form2",如图 8.4 所示。

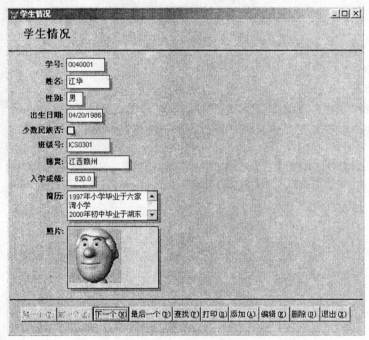

图 8.4 例 8-2 运行结果

操作步骤如下:

(1) 在 Visual FoxPro 系统的主菜单下,打开"文件"菜单,选择"新建",进入"新建"窗口。

(2) 在"新建"窗口,选择"表单",再按"向导"按钮,进入"向导选取"窗口,如图 8.5(a)(b)所示。

(3) 在"向导选取"窗口,选择"表单向导"项(系统将提供单表单向导),进入"表单向导"步骤 1 窗口,如图 8.6 所示。

(4) 在"表单向导"步骤 1 窗口,首先在"数据库和表"列表框中选择作为数据源的数据库或表,此处选择 "学生"表;然后在可用字段列表框中,选择将出现在表单中的字段,

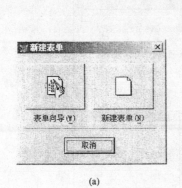
(a)

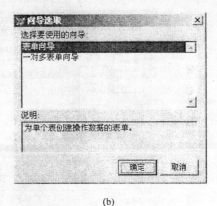
(b)

图 8.5　新建表单与向导选取

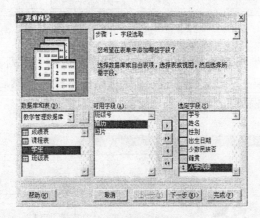

图 8.6　"表单向导"步骤 1

此处选择"学号"、"姓名"、"性别"等字段,最后按"下一步",进入"表单向导"步骤 2 窗口,如图 8.7 所示。

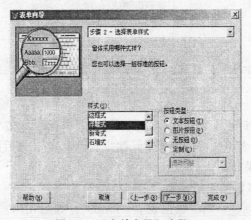

图 8.7　"表单向导"步骤 2

(5) 在"表单向导"步骤 2 窗口,首先在"样式"列表框中选择表单样式,此处选"浮雕式";然后在"按钮类型"列表框中选择表单中的按钮样式,此处选"文本按钮";最后按"下一步",进入"表单向导"步骤 3 窗口,如图 8.8 所示。

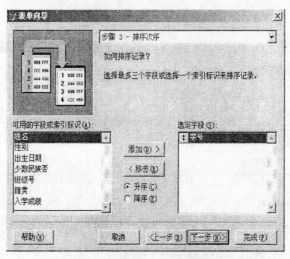

图 8.8 "表单向导"步骤 3

(6) 在"表单向导"步骤 3 窗口，可以在"可用字段或索引"列表框中选择字段"学号"建立索引(如果该表已按某一字段建立了索引，则可略去本操作)，然后按"下一步"，进入"表单向导"步骤 4 窗口，如图 8.9 所示。

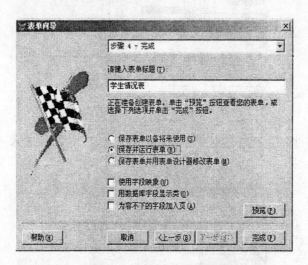

图 8.9 "表单向导"步骤 4

(7) 在"表单向导"步骤 4 窗口，首先在"键入表单标题"文本框中，输入表单的标题"学生情况表"；然后选择表单的保存方式"保存并运行表单"；最后按"完成"按钮，保存表单"form2"并运行，结果如图 8.4 所示。

2. 用表单向导创建一对多数据表单

例 8-3 用表单向导创建一对多数据表单"form3"，如图 8.10 所示。

(1) 在 Visual FoxPro 系统的主菜单下，打开"文件"菜单，选择"新建"，进入"新建"窗口。

(2) 在"新建"窗口，选择"表单"，再按"向导"按钮，进入"向导选取"窗口，如图 8.11 所示。

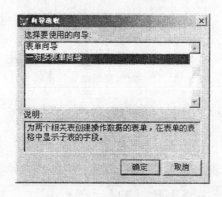

图 8.10　例 8-3 表单预览

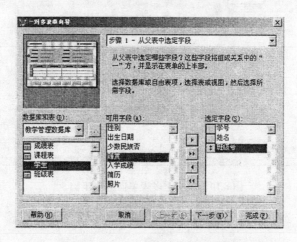

图 8.11　"向导选取"窗口

(3) 在"向导选取"窗口，选择"一对多表单向导"选项(系统将提供一对多数据表单向导)，进入"一对多表单向导"步骤 1 窗口，如图 8.12 所示。

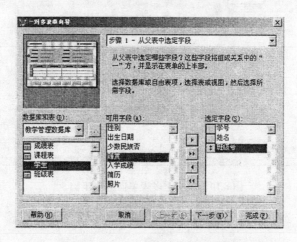

图 8.12　"一对多表单向导"步骤 1

(4) 在"一对多表单向导"步骤 1 窗口，首先在"数据库和表"列表框选择作为数据源的数据库，并且在这个数据库中必须要有已经建立一对多联系的两个表。在这里选择"教学管理数据库"，确定其中的"学生"为父表，并且选择字段"学号"，"姓名"和"班级号"；

然后按"下一步",进入"一对多表单向导"步骤2窗口,如图8.13所示。

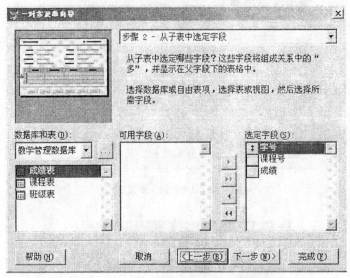

图8.13 "一对多表单向导"步骤2

(5) 在步骤2窗口,选择子表中出现的字段"学号"、"课程号"和"成绩",按"下一步",进入步骤3窗口,如图8.14所示。

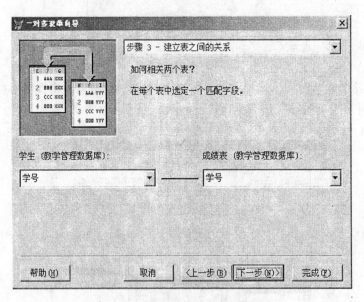

图8.14 "一对多表单向导"步骤3

(6) 步骤3窗口,选择数据库中父表与子表的关联字段"学号",按下一步进入步骤4窗口,如图8.15所示。

(7) 在步骤4窗口,首先在"样式"列表框中选择表单样式"浮雕",然后在"按钮类型"单选按钮组中选择"图片按钮",再按"下一步",进入步骤5窗口。如图8.16所示。

(8) 在步骤5窗口中,选择"学号"作为排序字段,按"下一步"后进入步骤6窗口,如图8.17所示。

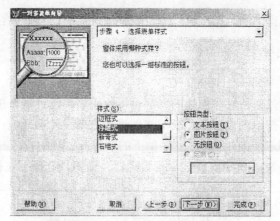

图 8.15　"一对多表单向导"步骤 4

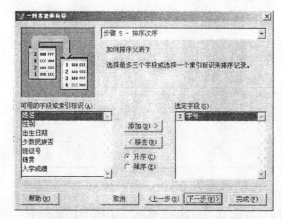

图 8.16　"一对多表单向导"步骤 5

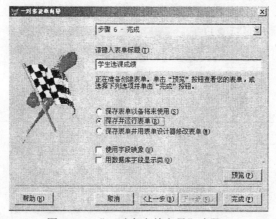

图 8.17　"一对多表单向导"步骤 6

　　(9) 在步骤 6 窗口，在"请键入表单标题"文本框中，输入表单标题"学生选课成绩"；然后选择表单的保存方式为"保存并运行表单"，这时也可以按"预览"按钮，预览所建表单的外观，如图 8.10 所示。按"完成"按钮，保存并运行表单，一对多的表单"form3"建立完成。

　　由表单向导建立的表单，它本身的属性、方法和事件，以及所包容的对象控件的属性、方法、事件，都是系统提供的，用户可以通过表单设计器对已有的属性、方法和事件进行修改、删除和添加。

8.1.2　修改表单

一个表单无论是通过何种途径创建的，都可以使用表单设计器来进行编辑修改。如果表单属于某个项目，可以按下列方法打开表单文件进入表单设计器环境：

(1) 首先，选择系统菜单的"文件"菜单下的"打开"项，在"打开"对话框中选择要打开的项目文件，如图 8.18 所示。在"项目管理器"窗口，选择"文档"选项卡。

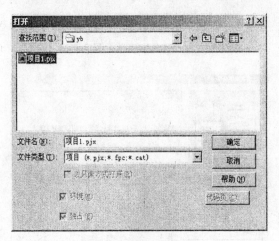

图 8.18　打开项目文件

(2) 如果表单类文件没有展开，单击"表单"图表左边的加号，选择需要修改的表单文件，然后单击"修改"按钮。如图 8.19 所示。

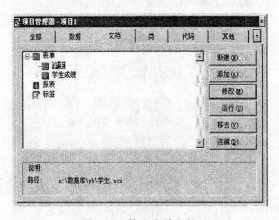

图 8.19　修改表单文件

修改不属于项目的独立表单，可以使用下面的方法打开"表单设计器"：

(1) 在"文件"菜单下的"打开"项，在"打开"对话框的文件类型中选择"表单(*.scx)"选择需要打开的表单文件，如图 8.20 所示；进入表单设计器窗口，如图 8.21 所示。

(2) 在命令窗口输入命令：

　　　MODIFY　FORM　<表单文件名>

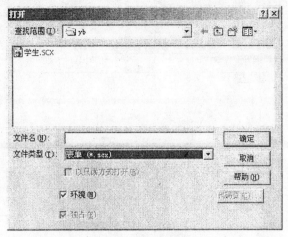

图 8.20　打开表单文件

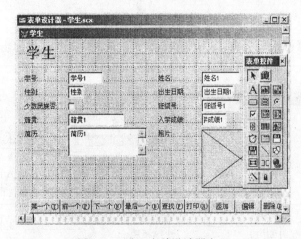

图 8.21　进入表单设计器窗口

注意：在这里，如果命令中指定的表单文件不存在，系统将启动表单设计器创建一个新表单。

8.1.3　表单的运行

可以采用下列方法运行通过表单向导或表单设计器创建的表单文件：

(1) 在项目管理器窗口中，选择要运行的表单，然后单击窗口中的"运行"按钮。如图8.19 所示。

(2) 在表单设计器环境下，选择系统菜单中"表单"菜单中的"执行表单"命令，也可在表单设计器窗口中按右键，弹出快捷菜单后，选择"执行表单"，或单击标准工具栏上的"运行"按钮。

(3) 选择"程序"菜单中的"运行"菜单项，打开"运行"对话框，然后在对话框中指定要运行的表单文件，并单击"运行"按钮，见图 8.22 所示。

(4) 在命令窗口输入命令：

　　　DO FORM　<表单文件名>

表单运行后，可以单击标准工具栏上的"修改表单"按钮，将马上切换到表单设计器环境，使表单进入设计方式。

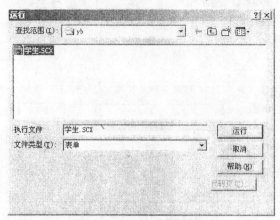

图 8.22　从程序菜单中运行表单文件

例 8-4　运行学生.scx 表单。

(1) 在表单设计器中运行，在"表单设计器"窗口，单击右键，弹出"表单"快捷菜单，单击"执行表单"项，如图 8.23 所示。

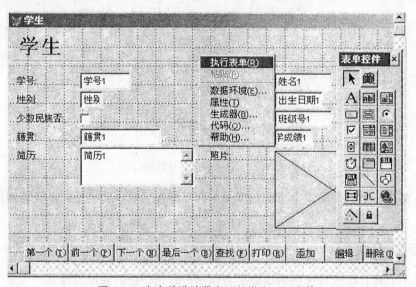

图 8.23　在表单设计器中运行学生.scx 表单

(2) 以命令方式运行表单：在命令窗口输入

　　do　form　d：\数据库\YB\学生.scx

结果如图 8.4 所示。

8.2　表单的操作

用户可以根据需要在表单设计器环境中修改表单的属性，运用表单的方法和事件，以及添加表单控件、管理表单控件和设置表单数据环境。

8.2.1 表单设计器环境

表单设计器启动后，在系统主窗口上将出现：①"表单设计器"窗口；②"属性"窗口；③"表单控件"工具栏；④"表单设计器"工具栏；⑤"表单"菜单。如图 8.24 所示。

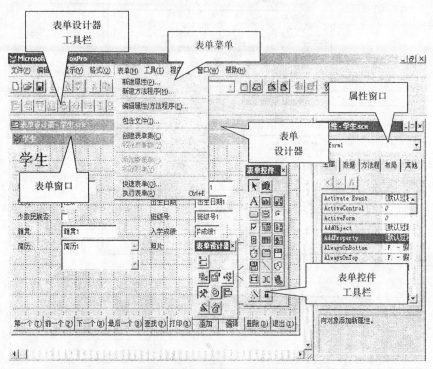

图 8.24　"表单设计器"环境

一、表单设计窗口

"表单设计器"窗口内含有正在设计的表单窗口。用户可在表单窗口上可视化地添加和修改控件。表单窗口只能在"表单设计器"窗口内移动。

二、属性窗口

"属性"窗口包括对象框、属性设置框和属性、方法、事件列表框。如图 8.25 所示。对象框显示当前被选定对象的名称。单击右侧的下拉箭头可以显示在表单上的控件对象的名称列表。用户可以从中选择一个需要编辑的对象和表单。

"属性"窗口的列表框中显示的是当前被选定对象的所有属性、方法和事件，如果用户选择的是属性项，窗口内出现属性设置框，用户可以在此对选定的属性进行设置。一般属性的值是字符型，可直接输入，不需加定界符。如需要通过表达式赋值，可以在设置框中先输入等号再输入表达式，或单击设置框左侧的函数按钮打开表达式生成器，如图 8.26 所示。

有些属性的设置可以单击设置框右端的下拉箭头打开列表框从中选择，或者在属性列表框中双击属性，以便可以在各属性值之间进行切换。有些属性在设计时是只读的，用户不能进行修改，这些属性在列表框中用斜体显示。

属性窗口可以通过"表单设计器"工具栏中"属性窗口"按钮或选择"显示"菜单中的"属性"命令打开和关闭。

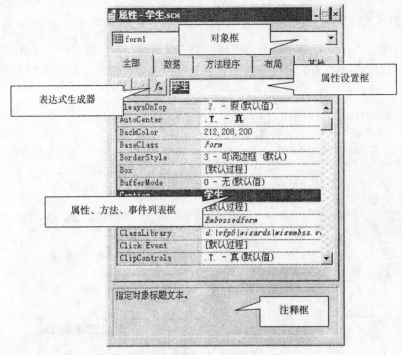

图 8.25 "属性"窗口

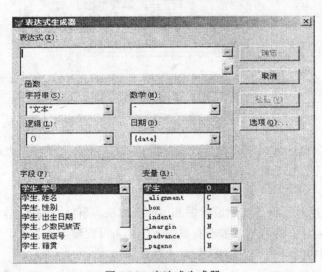

图 8.26 表达式生成器

三、表单控件工具栏

"表单控件"工具栏如图 8.27 所示,内含控件按钮。利用"表单控件"工具栏可以快速地往表单添加控件:先用鼠标单击"表单控件"工具栏中相应的控件按钮,然后将鼠标移到表单窗口的合适位置单击鼠标或拖动鼠标以确定控件的大小。

"表单控件"工具栏还包括 4 个辅助按钮。

(1) "选定对象"按钮:该按钮处于按下状态时,表示可以在表单窗口选择控件对象,对其进行修改编辑,否则,只能创建控件对象。

(2) "按钮锁定"按钮:该按钮处于按下状态时,可以从"表单控件"工具栏中单击选定某种按钮，然后可以连续添加多个该类型控件。

(3) "生成器锁定"按钮：该按钮处于按下状态时，添加控件时，可自动打开相应的生成器对话框，对该控件的常用属性进行设置。

(4) "查看类"按钮：在可视化设计表单时，还可以使用保存在类库中用户自定义的类，但应该先将他们添加到"表单控件"工具栏中。

四、表单设计器工具栏

"表单设计器"工具栏如图 8.28 所示，包含"设置 Tab 键次序"、"数据环境"、属性窗口、"代码窗口"、"表单控件工具栏"、"调色板工具栏"、"布局工具栏"、"表单生成器"和"自动格式"等按钮。

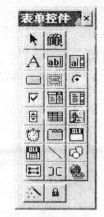

图 8.27 "表单控件"工具栏

图 8.28 "表单设计器"工具栏

"表单设计器"工具栏可以通过"显示"菜单中的"工具栏"命令打开和关闭。

五、表单菜单

表单菜单中的命令主要用于创建、编辑表单或表单集，如为表单增加新的属性或方法等。

8.2.2 表单的属性

表单属性比较多，但大多数很少用到，下面介绍部分常用的表单属性：

Alwaysontop：指定该表单窗口是否位于其他窗口之上。默认值为.F.。

Autocenter：指定表单初始化时是否在系统主窗口内居中显示。默认值为.F.。

BackColor：指定表单窗口的颜色。默认值为 255, 255, 255。

Caption：设定表单标题栏上的文本。默认值为 form1。

Closable：指定是否可以通过单击关闭按钮或双击控制菜单框来关闭表单。默认值为.T.。

Name：指定表单对象或控件的名称。默认值为 Form1。

MaxButton：确定表单是否有最大化按钮。默认值为.T.。

MinButton：确定表单是否有最小化按钮。默认值为.T.。

Movable：确定表单是否可移动。默认值为.T.。

Scroollbars：指定表单的滚动条类型。可取值为 0(无)、1(水平)、2(垂直)、3(既水平又垂直)。默认值为 0。

WindowState：指明表单的状态：0(正常)、1(最小化)、2(最大化)。默认值为 0。

WindowType：指定是模式表单(1)，还是非模式表单(0)，如果运行了一个模式窗体，在未关闭该窗体之前，不能访问其他的界面元素。默认值为 0。

例 8-5 新建一个表单，表单对象名为"mytestform1"，标题为"我的测试窗口"，运行时，初始为最大化窗口。

(1) 选择"文件"菜单"新建"项，在新建对话框"文件类型"选择"表单"，单击"新建文件"按钮。

(2) 出现"表单设计器"窗口后，在"显示"菜单选择"属性"项，打开"属性"窗口。

(3) 在属性列表框中，首先选择"Name"属性，在属性设置框中输入文本"mytestform1"，然后选择"Caption"属性，在属性设置框中(默认值为"form1")输入文本"我的测试窗口"。同样在属性列表框中选择"WindowState"属性，单击属性设置框右侧箭头(默认值为"0 – 普通")，在下拉列表中选择"2 – 最大化"项。如图 8.29 所示。

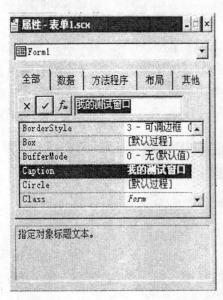 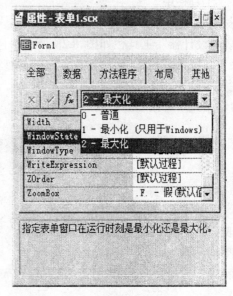

图 8.29　表单属性设置

(4) 单击系统工具栏"保存"按钮，在保存对话框中的"保存表单为"文本框，输入文件名为 ex8-5，然后单击"保存"按钮，最后单击系统工具栏"运行"按钮，执行该表单。

8.2.3　表单的事件与方法

一、表单及控件常用事件和方法

(1) Init 事件：表单或控件对象建立时引发。在表单内的控件对象的 Init 事件，在表单 Init 事件之前被触发。

(2) Destroy 事件：表单或控件对象释放时引发。在表单内的控件对象的 Destroy 事件，在表单 Destroy 事件之后被触发。

(3) Error 事件：当对象方法或事件代码在运行过程中产生错误时引发。事件引发时，系统会把发生的错误类型和发生的位置等参数传递给事件代码，事件代码可据此对错误进行相应的处理。

(4) Load 事件：在表单对象建立前引发，即运行表单时，先引发表单的 Load 事件，再引发 Init 事件。

(5) Unload 事件：在表单对象释放后引发，是表单对象释放时最后一个要引发的事件。

(6) GotFocus 事件：当对象获得焦点时引发。如使用 Setfocus 方法而获得焦点时引发。

(7) Click 事件：当用鼠标单击对象时引发。

(8) DblClick 事件：当用鼠标双击对象时引发。

(9) RightClick 事件：当用鼠标右键单击对象时引发。

(10) Release 方法：将表单从内存中释放(清除)。

(11) Refresh 方法：重新绘制表单或控件，并刷新它的所有值。当表单被刷新时，表单上的所有控件也都被刷新。

(12) Show 方法：显示表单。该方法将表单的 Visible 属性设置为.T.，并使表单成为活动对象。

(13) Hide 方法：隐藏表单。该方法将表单的 Visible 属性设置为.F.。

(14) SetFocus 方法：让控件获得焦点，使其成为活动对象。如果一个控件的 Enabled 属性或 Visible 属性值为.F.，将不能获得焦点。

二、编辑方法或事件代码

在表单设计器环境下，要编辑方法或事件代码，可以按下列步骤进行：

(1) 选择"显示"菜单中的"代码"命令，打开代码编辑窗口，如图 8.30 所示。

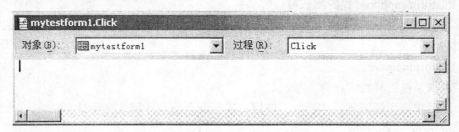

图 8.30　代码编辑窗口

(2) 从"对象"框中选择方法或事件所属的对象。

(3) 从"过程"框中指定要编辑的方法或事件。

(4) 在编辑区输入或修改方法或事件的代码。

打开代码编辑窗口的方法还有很多。如可以双击表单或表单中的某个控件打开代码编辑窗口，这时"对象"框自动选中被双击的表单或控件。还可以在属性窗口的列表框中双击某个方法或事件项打开代码编辑窗口，这时"对象"框自动选中当前被选定的对象，"过程"框自动选中被双击的方法或事件。

要想将已经编辑过的方法或事件重新设置为默认值，可以在"属性"窗口的列表框中用右键单击该方法或事件项，然后在弹出的快捷菜单中选择"重置为默认值"命令。

例 8-6　按下列要求修改例 8-5 中产生的表单：

(1) 分别设置 Load 和 Init 事件代码：

　　wait "引发 Load 事件！" window

　　wait "引发 Init 事件！" window

(2) 设置 Click 事件代码：修改表单的标题为"表单事件测试"。

(3) 设置 RightClick 事件代码：重新回到表单的标题"我的测试窗口"。

(4) 设置 DblClick 事件代码：关闭表单。

操作步骤：

(1) 从"文件"菜单中选择"打开"命令，打开文件 ex8-5.scx，或在命令窗口输入命令

　　modify form ex8-5.scx

打开表单设计器窗口。

(2) 在"显示"菜单选择"代码"命令，或双击表单窗体，打开代码编辑窗口。如图 8.30 所示。

(3) 这时"对象"框是表单对象名称：mytestform1，在"过程"框中单击右侧箭头，从列表框中选择"Load"事件，在编辑区输入文本：

　　　wait "引发 Load 事件！" window

(4) 同样从"过程"列表框中选择"Init"事件，在编辑区输入文本：

　　　wait "引发 Init 事件！" window

(5) 然后，设置 Click 事件的代码，从"过程"列表框中选择"Click"事件，在编辑区输入文本：

　　　thisform.caption="表单事件测试"

(6) 设置 RightClick 事件的代码，从"过程"列表框中选择"RightClick"事件，在编辑区输入文本：

　　　thisform.caption="我的测试窗口"

(7) 设置 DblClick 事件的代码，从"过程"列表框中选择"DblClick"事件，在编辑区输入文本：

　　　thisform.release

(8) 单击系统工具栏"保存"按钮。

(9) 最后单击系统工具栏"运行"按钮，或在命令窗口中键入命令：

　　　do form　　ex8-5.scx

表单运行时，首先引发 Load 事件，弹出"引发 Load 事件！"窗口，按任意键后，系统引发 Init 事件，弹出"引发 Init 事件！"窗口，然后，表单窗口完全显示，这时，如果用鼠标左键单击窗体，则表单窗口的标题就变为"表单事件测试"，单击右键则又会回到原来的标题"我的测试窗口"。如果双击鼠标左键，则关闭该窗口。

8.2.4　数据环境

在表单设计中，可以为表单建立数据环境，数据环境包括了与表单有联系的表和视图以及表之间的关系。一般情况下，数据环境中的表或视图会随着表单的打开或运行而打开，随着表单的关闭或释放而关闭，使用数据环境设计器来设置表单数据环境。

一、常用属性

数据环境是一个对象，也有自己的属性、方法和事件。常用的两个数据环境属性是：

AutoOpenTables：当打开或运行表单时，是否打开数据环境中的表和视图，默认值是.T.。

AutoCloseTables：当关闭或释放表单时，是否关闭数据环境中的表和视图，默认值是.T.。

二、打开数据环境设计器

在表单设计器环境下，单击"表单设计器"工具栏上的"数据环境"按钮，或选择"显示"菜单中的"数据环境"命令，即可打开"数据环境设计器"窗口，如图 8.31 所示。此时，系统菜单栏上将出现"数据环境"菜单。

三、向数据环境中添加表或视图

在数据环境设计器环境下，可以按下面方法向数据环境中添加表和视图：

(1) 选择"数据环境"菜单中添加命令，或在"数据环境设计器"窗口单击右键，在弹

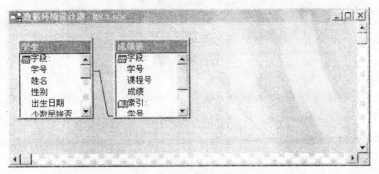

图 8.31　"数据环境设计器"窗口

出的快捷菜单中选择"添加"命令，打开"添加表或视图"对话框，如图 8.32 所示。

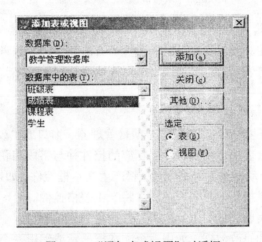

图 8.32　"添加表或视图"对话框

　　(2) 选择要添加的表或视图并单击"添加"按钮。如果单击"其他"按钮，将调出"打开"对话框，用户可以选择需要的表或视图，如果数据环境原来是空的且没有打开数据库，那么在打开数据环境设计器时，"打开"对话框会自动出现。

四、从数据环境移去表或视图

　　在数据环境设计器环境下，按下面的方法可以从数据环境移去表或视图：

　　(1) 在"数据环境设计器"窗口中，单击选择要移去的表或视图。

　　(2) 选择"数据环境"菜单中的"移去"命令。

　　也可以用鼠标右键单击要移去的表或视图，然后在弹出的快捷菜单中选择"移去"命令，如图 8.33 所示。当表从数据环境中移去时，与这个表相关的所有关系也将随之消失。

五、在数据环境中设置关系

　　如果添加到数据环境的表之间具有在数据库中设置的永久关系，那么这些关系也会自动添加到数据环境中。如果表之间没有永久关系，也可以根据需要在数据环境设计器下为这些表设置关系。设置方法如下：将主表的某个字段拖动到子表的相匹配的索引标记上，如果子表上没有与主表字段相匹配的索引，也可以将主表字段拖动到子表的某个字段，这时应根据系统提示确认创建索引。要解除表之间的关系，可以先单击选定表示关系的连线，然后按 Del 键。

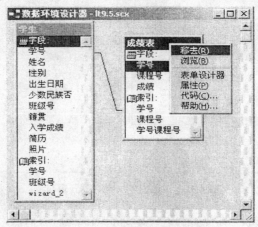

图 8.33　从右键选择"移去"命令

六、在数据环境中编辑关系

关系是数据环境中的对象，它有自己的属性、方法和事件。编辑关系可通过设置关系的属性来完成。可以先单击表示关系的连线，这时连线变粗，然后在"属性"窗口中选择关系属性并设置。

七、向表单添加字段

用户可以从"数据环境设计器"窗口、"项目管理器"窗口或"数据库设计器"窗口中直接将字段、表或视图拖入表单，系统将产生相应的控件并与字段相联系。

默认情况下，如果拖动的是字符型字段，将产生文本框控件；如果拖动的是备注型字段，将产生编辑框控件；如果拖动的是表或视图，将产生表格控件。

当然也可以利用"表单控件"工具栏将控件放置到表单上。但一般情况下，要通过设置控件的某些属性来显示和修改数据。如用一个文本框显示或编辑一个字段数据，这时就需要修改文本框的 ControlSource 属性。

8.2.5　表单控件的操作与布局

一、控件的基本操作

在表单设计器环境下，可对表单上的控件进行移动、改变大小、复制、删除等操作。

(1) 选定控件：用鼠标单击表单上的控件，被选定的控件四周将出现 8 个控制点。在"表单控件"工具栏上的"选定对象"按钮按下的情况下，如要选择多个控件，可以用拖动鼠标左键框住要选择的控件；如果要选定不相邻的多个控件，可以在按住 Shift 键，同时依次单击各控件。

(2) 移动控件：先选定控件，然后用鼠标将控件拖动到需要的位置上。也可以按住 Ctrl 键，同时使用方向键移动控件。

(3) 调整控件大小：选定控件，然后拖动控件四周的某个黑色控点，可以改变控件的宽度和高度。

(4) 复制控件：先选定控件，然后选择"编辑"菜单中"复制"命令，再选"粘贴"命令，最后将新控件拖到需要的位置。

(5) 删除控件：选定不需要的控件，然后按"Delete"键，或选择"编辑"菜单中的"清除"命令。

二、控件布局

利用"布局"工具栏中的按钮，可以调整表单窗口中被选定控件的相对大小或位置。"布局"工具栏可以通过单击表单设计器工具栏上的"布局工具栏"按钮或选择"显示"菜单中的"布局工具栏"命令打开或关闭，如图8.34所示。

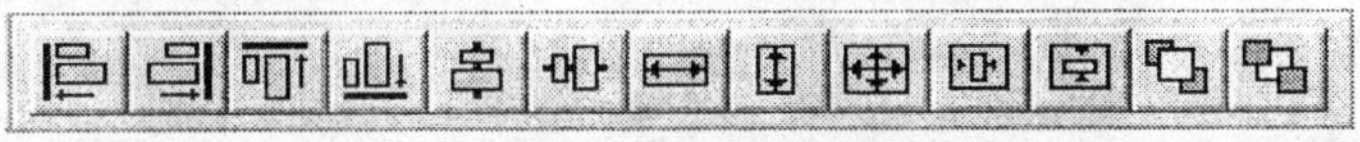

图8.34 "布局"工具栏

"布局"工具栏的各按钮及功能如下：

左边对齐：让选定的所有控件沿其中最左边的那个控件的左侧对齐。

右边对齐：让选定的所有控件沿其中最右边的那个控件的右侧对齐。

顶边对齐：让选定的所有控件沿其中最顶端的那个控件的顶端对齐。

底边对齐：让选定的所有控件沿其中最下端的那个控件的下端对齐。

垂直居中对齐：使所有被选控件的中心处在一条垂直轴上。

水平居中对齐：使所有被选控件的中心处在一条水平轴上。

相同宽度：调整所有被选控件的宽度，使其与其中最宽控件的宽度相同。

相同高度：调整所有被选控件的高度，使其与其中最高控件的高度相同。

相同大小：使所有被选定的控件具有相同的大小。

水平居中：使被选定的控件在表单内水平居中。

垂直居中：使被选定的控件在表单内垂直居中。

置前：将被选控件移到最前面，可能会把其他控件覆盖住。

置后：将被选控件移到最后面，可能会被其他控件覆盖住。

三、设置 Tab 键次序

当表单运行时，用户可以按 Tab 键，使焦点在控件间移动。控件的 Tab 次序决定了焦点在控件间移动的次序。系统提供了两种方式来设置 Tab 键次序：交互式和列表式。通过下面方法可以选择自己要使用的设置方法。

(1) 选择"工具"菜单中的"选项"命令，打开"选项"对话框。

(2) 选择"表单"选项。

(3) 在"Tab 键次序"下拉列表框中选择"交互"或"按列表"。

在交互方式下，设置 Tab 键次序的步骤如下：

(1) 选择"显示"菜单中的"Tab 键次序"命令或单击"表单设计器"工具栏上的"设置 Tab 键次序"按钮，进入 Tab 键次序设置状态，此时，控件左上方出现深色小方块，为 Tab 键次序盒，里面显示该控件的 Tab 键次序号码。如图8.35所示。

(2) 双击某个控件的 Tab 键次序盒，该控件将成为 Tab 键次序中的第一个控件。

(3) 按希望的顺序依次单击其他控件的 Tab 键次序盒。

(4) 单击表单空白处，确认设置并退出设置状态，按 Esc 键，放弃设置并退出设置状态。

在列表方式下，设置 Tab 键次序的步骤如下：

(1) 选择"显示"菜单中的"Tab 键次序"命令或单击"表单设计器"工具栏上的"设置 Tab 键次序"按钮，打开"Tab 键次序"对话框，如图8.36所示。

(2) 通过拖动控件左侧的移动按钮移动控件，改变控件的 Tab 键次序。

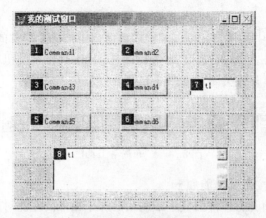

图 8.35　Tab 键次序盒

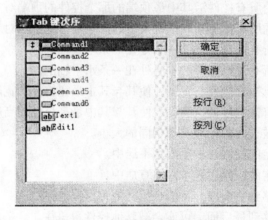

图 8.36　"Tab 键次序"对话框

(3) 单击"按行"按钮，将按各控件在表单上的位置从左到右，从上到下自动设置各控件的 Tab 键次序；单击"按列"按钮，将按各控件在表单上的位置从上到下，从左到右自动设置各控件的 Tab 键次序。

8.3　常用表单控件

表单设计离不开控件，控件使表单具有丰富的内容，要更好地使用和设计表单控件，就要了解各种控件的属性、方法和事件。本节主要介绍常用控件的主要属性和表单控件的使用和设计。

8.3.1　命令按钮控件

命令按钮(CommandButton)控件主要用来控制程序的执行过程和操作数据表中的数据等。如关闭表单、移动记录指针、打印报表等。

在设计系统程序时，程序设计者经常在表单中添加具有不同功能的命令按钮，供用户选择各种不同的操作。命令按钮一个最重要的事件是"Click"事件，将完成不同操作的代码写入不同命令按钮的"Click"事件中，当表单运行时，用户单击某一个命令按钮，将触发该命令按钮的"Click"事件代码完成指定的操作。

一、常用属性

命令按钮常用的属性有：

(1) Cancel 属性：设置为.T.值时，称为"取消"按钮，按 ESC 键，激活"取消"按钮，执行该按钮的 Click 事件中的代码。默认值为.F.。

(2) Caption 属性：设置命令按钮上的显示文本，即按钮的标题。

(3) Default 属性：设置为.T.值时，称为"确认"按钮，按 Enter 键，激活"确认"按钮，执行该按钮的 Click 事件中的代码。默认值为.F.。

(4) Enabled 属性：指定该命令按钮或控件对象是否响应用户所引发的事件，默认值为.T.，即对象是有效的，能被选择引发事件。

(5) Visible 属性：指定该命令按钮或控件对象是可见的，还是隐藏的。默认值为.T.，即对象是可见的。

二、操作实例

例 8-7 设计一个表单，表单名为 myform1，保存的文件名为 ex8-7.scx；修改表单的标题为"学生管理"，在该表单上添加两个命令按钮，对象名分别为 Comm1 和 Comm2，修改两个按钮的标题文本分别为"学生信息录入"和"关闭窗口"，单击 Comm1 按钮，显示"学生"窗口，单击 Comm2 按钮，弹出确认对话框，确认后关闭表单。

操作步骤：

(1) 在系统工具栏单击"新建"按钮，打开"新建"对话框。在"文件类型"选项中选择"表单"，单击"新建文件"按钮，打开"表单设计器"窗口。默认表单为 form1。

(2) 在"表单控件"工具栏中选择"命令按钮"控件▣，这时鼠标为十字型，在表单中移动鼠标到合适位置上，拖动鼠标获得满意大小的按钮后单击，将一个"命令按钮"控件加入到表单中。同样加入第二个命令按钮。两个按钮的默认名和标题分别是 Command1 和 Command2。如图 8.37 所示。

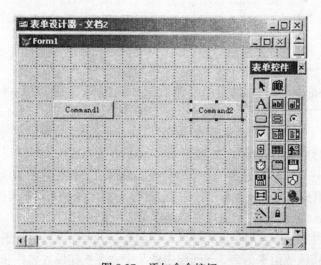

图 8.37　添加命令按钮

(3) 在"表单设计器"工具栏中单击"属性窗口"按钮，打开属性窗口，分别修改表单和命令按钮的相关属性。

1) 设置表单的相关属性：单击表单窗口，选中表单对象，在属性窗口属性列表中的 Name

属性输入"myform1"；Caption 属性键入"学生成绩管理"；其他属性使用默认值。

2) 分别设置命令按钮的相关属性：在表单中，用鼠标单击选中第一个命令按钮，在属性窗口属性列表中的 Name 属性输入"Comm1"；Caption 属性键入"进入系统"；其他属性使用默认值。同样设置第二个命令按钮 Name 属性为"Comm2"，Caption 为"退出系统"。

(4) 定义 Comm1 的"Click"事件代码如下：

```
do   form   学生.scx
```

定义 Comm2 的"Click"事件代码如下：

```
b=messagebox("确认关闭该窗口吗？", 1+32, "对话窗口")
if b=1
    thisform.release
endif
```

(5) 单击系统工具栏的"保存"按钮，在打开的"保存"窗口中的文件名文本框中输入文件名 ex8-7.scx，然后单击"运行"按钮，执行表单。结果如图 8.38 所示。

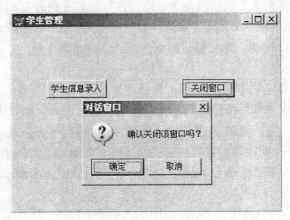

图 8.38　例 8-7 执行结果

8.3.2　命令按钮组控件

命令按钮组(CommandGroup)是包含一组命令按钮的容器控件，用户可以单个或作为一组来操作其中的按钮。

一、常用属性

命令按钮组控件的常用属性有：

(1) ButtonCount 属性：指定命令组中命令按钮的数目。创建时的默认值为 2，即包含两个按钮。用户可以根据需要来设置命令按钮的个数，新增按钮的 Name 属性由系统自动给定，如 Command1，Command2 等，但用户也可以修改。

(2) Buttons 属性：用于存取命令组中各按钮的数组。该属性数组在创建命令按钮组时才建立，用户可以利用该数组来为命令按钮组中的某个命令按钮设置属性和方法。例如下面的代码，表示把命令按钮组 mycommG 的第一个命令按钮的标题设为"按钮 1"，并且使该按钮设置为非活动状态。

Thisform. MycommG.Buttons(1).Caption="按钮 1"

Thisform. MycommG.Buttons(1).Enabled=.F.

(3) Value 属性：指定命令组当前的状态。它的数据类型可以是数值型，也可是字符型。默认为数值型。如 Value 的值为 n，表示命令组中的第 n 个命令被选中；如为字符值 S，表示命令按钮组中，命令按钮的 Caption 属性是 S 的那个命令按钮被选中。

在表单设计器中，除了可以设置命令按钮组的属性、方法和事件外，也可以选择命令组中的某个按钮来单独设置属性、方法和事件。有两种方法：

(1) 从属性窗口的对象下拉式组合框中选择所需要的命令按钮。

(2) 用鼠标右键单击命令组，从弹出的快捷菜单中选择"编辑"命令，这样命令组就进入了编辑状态，

如果命令组内的某个按钮有自己的 Click 事件代码，那么一旦单击该按钮，就会优先执行为它单独设置的代码，而不会执行命令组的 Click 事件代码。

另外，对于命令组等容器类控件的部分属性也可以通过生成器来设定，用鼠标右键单击命令组，从弹出的快捷菜单中选择"生成器"命令，这样进入了生成器窗口，如图 8.39 所示。读者可以自行设定，在这里不再复述。

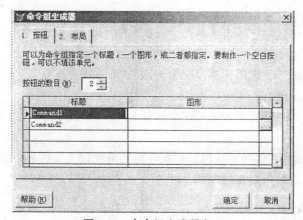

图 8.39　命令组生成器窗口

二、操作实例

例 8-8　建立表单 myform2，文件名 ex8-8.scx，标题是"命令组测试"，在表单上放置一个命令组包含四个命令按钮，标题分别是"按钮 1"、"按钮 2"、"按钮 3"、"按钮 4"。在命令组的单击事件中，实现以下功能：单击某个命令按钮弹出提示框。如点击了第一个按钮，则弹出"你单击了第一个按钮"对话框，如图 8.40 所示。

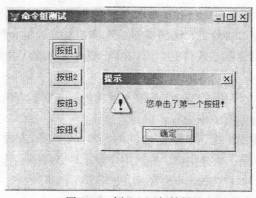

图 8.40　例 8-8 运行结果

操作步骤：

(1) 单击系统工具栏"新建"，在新建对话框"文件类型"选择表单，单击"新建文件"按钮，打开表单设计器窗口。

(2) 在属性窗口中，设置表单 Name 属性为 myform2，Caption 属性为"命令组测试"。

(3) 从表单控件工具栏中单击"命令组" 按钮，拖动鼠标放置在表单的合适位置。

(4) 选中命令组单击鼠标右键，选择"生成器"命令。在"按钮"页，"按钮的数目"设置为 4 个，在"标题"列中，分别设置按钮的标题为按钮 1、按钮 2、按钮 3、按钮 4。或在属性窗口中 ButtonCount 属性设为 4。也可单击鼠标右键，选择"编辑"命令，然后分别选中每个命令按钮，在属性窗口中分别设置他们的 Caption 属性为"按钮 1"、"按钮 2"等。

(5) 双击命令组，打开代码窗口，在"过程"项选择 Click 事件，输入下面的代码：

```
do   case
    case this.value=1
        messagebox("您单击了第一个按钮！",0+48,"提示")
    case this.value=2
        messagebox("您单击了第二个按钮！",0+48,"提示")
    case this.value=3
        messagebox("您单击了第三个按钮！",0+48,"提示")
    case   this.value=4
        messagebox("您单击了第三个按钮！",0+48,"提示")
endc
```

(6) 单击系统工具栏"保存"按钮，在保存对话框中输入文件名 ex8-8.scx 后保存，最后单击"运行"按钮。结果如图 8.40 所示。

8.3.3 文本框控件

文本框(TextBox)是一种常用的控件。用户利用该控件可以在内存变量、数组元素或非备注型字段中输入或编辑数据。在文本框中可以使用如剪贴、复制和粘贴等标准编辑功能。文本框一般包含一行数据，可以是任何的数据类型，如字符、数值、逻辑、日期等类型。

一、常用属性

文本框的常用属性有：

(1) ControlSource 属性：一般情况下，可以利用该属性为文本框指定一个字段或变量。运行时，文本框首先显示该变量的内容，而用户对文本框的编辑结果，也会保存到该变量中。除了文本框，还有编辑框、命令组、选项按钮、选项组、复选框、列表框、组合框等控件。

(2) Value 属性：返回文本框控件的当前内容。该属性的默认值是空值。通过该属性可以在程序中取得或设定文本框的内容。

(3) Text 属性：返回文本框控件的文本输入区的内容。它和 Value 属性的区别在于，Text 是只读属性，在程序运行过程中不能写入内容。

(4) PasswordChar 属性：指定文本框控件内是显示用户输入的字符，还是显示占位符；指定用作占位符的字符。默认值是空串，通常用户设定"*"字符，作为密码或口令的输入框。虽然文本框内只显示"*"等占位符，不会显示用户输入的实际内容，但此属性不会影响 Value 属性的设置，Value 属性总是包含用户输入的实际内容。

(5) InputMask 属性：指定在一个文本框中如何输入和显示数据。即输入文本的格式。InputMask 属性值是一个字符串。该字符串通常由一些所谓的模式符组成，每个模式符规定了相应位置上的数据的输入和显示行为。各种模式符的功能如下：

X   允许输入任何字符

9   允许输入数字和正负号

\#   允许输入数字、空格和正负号

$ 在固定位置上显示当前货币符号

$$ 在数值前面相邻的位置上显示当前货币符号

*   在数值左边显示星号*

.   指定小数点的位置

,   分隔小数点左边的数字串

该属性在设计和运行时可用。除了文本框，还适用于组合框、列等控件。

二、操作实例

例 8-9　设计一个表单 myform3，标题为登录系统，文件名为 ex8-9.scx，设计一个登录界面，如图 8.41 所示表单。要求输入密码，若输入三次错误，系统提示后，关闭表单窗口。

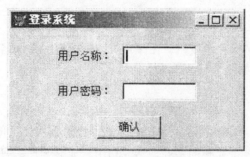

图 8.41　例 8-9 运行结果

操作步骤：

(1) 单击系统工具栏"新建"，在新建对话框"文件类型"选择表单，单击"新建文件"按钮，打开表单设计器窗口。

(2) 在表单窗口上，放置两个标签控件 Label1、Label2，两个文本框 text1、text2 和一个命令按钮 Command1。

定义标签 Lable1 的主要属性如下：

Caption：用户名称

定义标签 Lable2 的主要属性如下：

Caption：用户密码

定义标签 text2 的主要属性如下：

PasswordChar：*

定义标签 Command1 的主要属性如下：

Caption：确认

(3) 双击表单窗口，打开代码编辑窗口，在"过程"选项选择"show"事件，在编辑区输入代码：

```
LPARAMETERS nStyle
```

```
public num
num=0
```

(4) 双击命令按钮，打开代码编辑窗口，在"过程"选项选择"Click"，在编辑区输入代码：

```
if thisform.text1.value="jxcdxxglxy" and thisform.text2.value="xxglxy"
messagebox("欢迎进入系统，这是测试窗口，单击"确认"按钮，关闭窗口！",0+48,
            "提示")
thisform.release
else
    num=num+1
    if num=4
        messagebox("密码错误已达最大次数！，即将关闭窗口！",0+48,"提示")
        thisform.release
    else
        messagebox("密码错误！",0+48,"提示")
    endif
endif
```

(5) 单击系统工具栏"保存"按钮，在保存对话框中输入文件名 ex8-9.scx 后保存，最后单击"运行"按钮。结果如图 8.41 所示。

8.3.4 编辑框控件

与文本框一样，编辑框(EditBox)也是用来输入、编辑数据的，但它有自己的特点：

(1) 编辑框实际上是一个完整的字处理器，利用它能够选择、剪贴、粘贴以及复制正文；可以实现自动换行，能够有自己的垂直滚动条；也可以用箭头键在正文里面移动光标。

(2) 编辑框只能输入、编辑字符型数据，包括字符型内存变量、数组元素、字段以及备注字段里的内容。

一、常用属性

编辑框的常用属性，除了前面介绍的文本框的常用属性(不包括 passwordchar、Inputmask 属性)外，还包括：

(1) AllowTabs 属性：指定编辑框是否使用 Tab，设置为.T.(真)值时，编辑框允许使用 Tab 键。默认值为.F.，不允许使用 Tab 键，即按 Tab 键焦点移出编辑框。

(2) HideSelection 属性：指定当编辑框失去焦点时，编辑框中选定的文本是否仍为选定状态。默认值为.T.，表示失去焦点时，编辑框中选定的文本不显示为选定状态。当编辑框再次获得焦点时，选定文本重新显示为选定状态。设置为.F.，失去焦点时，编辑框中选定的文本仍为选定状态。

(3) ReadOnly 属性：指定用户能否编辑编辑框中的内容，设置为.T.时用户不能编辑编辑框中的内容。默认为.F.，用户可以修改编辑框中的内容。

(4) ScrollBars 属性：设置编辑框是否具有滚动条，当属性值设为 0 时，编辑框没有滚动条；当属性值为 2(默认值)时，编辑框包含垂直滚动条。该属性还适用于表单和表格等控件。

(5) SelStart 属性：返回用户在编辑框中所选文本的起始位置或插入点位置，或指定要选文本的起始位置或插入点位置，属性的有效取值范围在 0 与编辑区中的字符总数之间。

(6) SelLength 属性：返回用户在控件的文本输入区中所选定字符的数目，或指定要选定的字符数目。属性的有效取值范围在 0 与编辑区中的字符总数之间，若小于 0，将产生一个错误。

(7) SelText 属性：返回用户编辑区内选定的文本，如果没有选定任何文本，则返回空串。该属性在设计时不可用，它不仅适用于编辑框，也适用于文本框、组合框等控件。

SelStart、SelLength 和 SelText 属性配合使用，可以完成诸如设置插入点位置、控制插入点的移动范围、选择字符、清除文本等一些任务。

二、操作实例

例 8-10 在表单里包含一个编辑框 Edit1 和两个命令按钮 Command1(查找)、Command2(替换)，如图 8.42 所示。要求：单击 Command1 时，选择 Edit1 里的某个单词"学院"；单击 Command2 时，用单词"大学"替换已选择的单词"学院"。

操作步骤：

(1) 创建表单，打开"表单设计器"窗口，依次在"表单控件"工具栏上选择一个"编辑框"按钮和两个"命令"按钮放置在表单上。

(2) 分别设定命令按钮的 Caption 属性："查找"和"替换"；设置编辑框 Edit1 的 Value 属性："江西财经学院信息系"；HideSelection 属性为.F.。

(3) 双击 Command1 按钮，打开代码编辑窗口，设置 Click 事件代码：

```
n=at("学院",thisform.edit1.value)
if n<>0
    thisform.edit1.selstart=n-1
    thisform.edit1.sellength=len("学院")
else
    messagebox("没有可匹配的单词",0+48,"提示")
endif
```

(4) 设置 Command2 的 Click 事件代码：

```
if thisform.edit1.seltext="学院"
    thisform.edit1.seltext="大学"
else
    messagebox("没有选择可替换的单词",0+48,"提示")
endif
```

(4) 单击系统工具栏"保存"按钮，在保存对话框中输入文件名 ex8-10.scx 后保存，最后单击"运行"按钮。结果如图 8.42 所示。

8.3.5 复选框控件

一个复选框(CheckBox)用于标记一个两值状态：真(.T.)或假(.F.)。当处于"真"状态时，复选框内显示一个对勾；否则复选框为空白。

一、常用属性

常用属性：

(1) Caption 属性：用来指定显示在复选框旁边的文字。

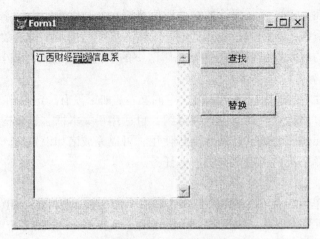

图 8.42　例 8-10 运行结果

(2) Value 属性：用来指明复选框的当前状态。value 属性值有三种：

0 或 .F.：表示未被选中，是默认值。

1 或 .T.：被选中。

2 或 null.：表示不确定，在代码中有效。

(3) ControlSource 属性：指明与复选框建立联系的数据源。作为数据源的字段变量或内存变量，其类型可以是逻辑型或数值型。对于逻辑型变量，值 .F.，.T.，null. 分别对应复选框未被选中、选中和不确定；对于数值型变量，0，1，2 分别对应复选框未被选中、选中和不确定。用户对复选框操作结果会自动存储到数据源中，并自动改变 Value 属性值。

二、操作实例

例 8-11　设计一个包含"复选框"控件的表单 myform4，标题为信息输入，如图 8.43 所示。要求用表单来控制"学生表"部分数据项的输入、输出和编辑。

图 8.43　例 8-11 运行结果

操作步骤如下：

(1) 创建表单，打开"表单设计器"窗口，用鼠标右键单击表单窗口，在弹出表单的快捷菜单中选择"数据环境"命令，打开"数据环境"设计器窗口，并弹出"添加表和视图"对话框。

（2）在"添加表和视图"对话框中选择"教学管理数据库"中的"学生"表，这时"数据环境"设计器窗口中出现"学生"列表框窗口，然后关闭"添加表和视图"对话框。

（3）在"数据环境"设计器窗中用鼠标左键依次选中"学生"表上需添加到表单上的字段，然后依次拖动到表单窗口上，在表单上生成相应的标签控件和文本框控件。

（4）从"表单控件"工具栏上拖动一个"复选框"□按钮 Check1 到表单上，设置复选框 Check1 的 Caption 属性"是否少数民族"，ControlSource 属性为"学生.少数民族否"。

（5）从"表单控件"工具栏上拖动一个"命令组"按钮 Commandgroup1 到表单上，右键单击 Commandgroup1 命令组，在弹出的快捷菜单上选择"生成器"命令，在"生成器"窗口中设置命令组中各按钮的个数、标题及布局方式。

（6）在表单设计器工具栏上，单击"布局工具栏"按钮，打开布局工具栏，选定表单上各控件调整表单上各控件的位置。

（7）双击 Commandgroup1 命令组按钮，打开代码编辑窗口，设置 Click 事件代码：

```
do   case
    case this.value = 1
        skip - 1
    if bof()
    thisform.Commandgroup1.command1.enabled=.F.
    thisform.Commandgroup1.command5.enabled=.F.
    thisform.Commandgroup1.command2.enabled=.T.
    thisform.Commandgroup1.command6.enabled=.T.
    else
    thisform.Commandgroup1.command1.enabled=.T.
    thisform.Commandgroup1.command5.enabled=.T.
    thisform.Commandgroup1.command2.enabled=.T.
    thisform.Commandgroup1.command6.enabled=.T.

    endif
    case this.value = 2
        skip
        if Eof()
    thisform.Commandgroup1.command2.enabled=.F.
    thisform.Commandgroup1.command6.enabled=.F.
    thisform.Commandgroup1.command1.enabled=.T.
    thisform.Commandgroup1.command5.enabled=.T.
    else
    thisform.Commandgroup1.command2.enabled=.T.
    thisform.Commandgroup1.command6.enabled=.T.
    thisform.Commandgroup1.command1.enabled=.T.
    thisform.Commandgroup1.command5.enabled=.T.
    endif
```

```
            case this.value = 3
                thisform.Commandgroup1.command2.enabled=.T.
                thisform.Commandgroup1.command6.enabled=.T.
                thisform.Commandgroup1.command1.enabled=.T.
                thisform.Commandgroup1.command5.enabled=.T.
                append blank
            case    this.value = 4
                b=MESSAGEBOX("确认删除吗？",1+32,"对话窗口")
                if b = 1
                    delete
                    pack
                endif
            case    this.value = 5
                go top
            case    this.value = 6
                go bottom
        endc
        thisform.refresh
```

（8）单击系统工具栏"保存"按钮，在保存对话框中输入文件名 ex8-11.scx 后保存，最后单击"运行"按钮。结果如图 8.43 所示。

8.3.6　单选按钮控件

单选按钮(Optiongroup)是事先设计好后，提供给用户选择的控件。一般情况下，在系统程序中的单选按钮控件是成组出现在表单上的，用户可以从一系列的选项中选择其中一个，完成系统程序的某一操作。

一、常用属性

"单选按钮"的常用属性为：

（1）ButtonCount 属性：指定一个选项按钮的按钮数目。

（2）Buttons 属性：用于存取一个单选按钮组中每一个按钮的数组。

（3）ControlSource 属性：指定与单选按钮建立联系的数据源。

（4）Value 属性：指定当前单选按钮的选定状态。设置 0，表示没有选择任何按钮；设置 1，表示选定第一个按钮；设置为 2，表示选定第二个按钮。

二、操作实例

例 8-12　修改例 8-11 中的 ex8-11.scx 表单，在表单上把"性别"文本框改成"单选按钮"控件，让用户选择"男"或"女"，完成后另存为 ex8-12.scx。如图 8.44 所示。

操作步骤：

（1）在系统工具栏中，单击"打开"按钮，在"打开"文件对话框中的"文件类型"组合框中选择"表单(*.scx)"，在"查找范围"选择所要打开表单文件所在的目录，在"文件名"文本框中输入文件名 ex8-11.scx，或在列表框中双击该文件，打开表单设计器环境。

（2）在打开的表单上，选定"性别"文本框后，按"delete"键，或选择系统菜单"编辑"

里的"清除"命令。

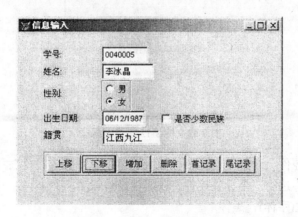

图 8.44　例 8-12 运行结果

(3) 从"表单控件"工具栏上拖动一个"单选按钮" <u>　</u> 按钮 Optiongroup1 到表单上，调整位置后，在属性窗口的对象框中依次选择选项按钮 Option1 和 Option2，设置选项按钮 Option1 的 Caption 属性"男"，选项按钮 Option2 的 Caption 属性"女"，单选按钮 Optiongroup1 的 ControlSource 属性为"学生.性别"，或者选中"单选按钮"按钮后，单击右键，在弹出的快捷菜单中选择"生成器"命令后，在生成器窗口中也可以对相应的属性进行设置。

(4) 选择系统菜单"文件"的"另存为"命令，在保存对话框中输入文件名 ex8-12.scx 后保存，最后单击"运行"按钮。结果如图 8.44 所示。

8.3.7　标签控件

标签(Label)是用以显示文本的图形控件，被显示的文本在 Caption 属性中指定。标签具有自己的一套属性、方法和事件，能响应绝大多数鼠标事件。

一、常用属性

标签常用的属性：

(1) Caption 属性：指定标签的标题文本，很多控件都具有 Caption 属性，如表单、命令按钮、复选框等，用户可以利用该属性为所创建的对象指定标题文本。

(2) Alignmen 属性：指定标题文本在控件中显示的对齐方式。不同的控件，该属性的设置情况有所不同。对标签，该属性的设置值如下：

0：默认值，左对齐，文本显示在区域的左边。

1：右对齐，文本显示在区域的右边。

2：中央对齐，将文本居中排放，使左右两侧的空白相等。

二、操作实例

例 8-13　创建表单，在表单上放置三个标签 Label1、Label2、Label3，如图 8.45 所示，要求标签字体为黑体，字号 12，单击其中任何一个标签，其他两个标签的标题文本相互交换。

操作步骤：

(1) 创建表单，打开"表单设计器"窗口，依次在"表单控件"工具栏上选中三个"标签" <u>A</u> 按钮 Label1、Label2、Label3，放置在表单上。

(2) 设置表单的 Caption 属性为标签；依次选定 Label1、Label2 和 Label3，设置 Caption

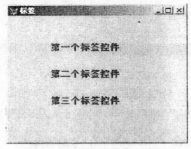

图 8.45　例 8-13 运行结果

属性为"第一个标签控件"、"第二个标签控件"和"第三个标签控件"；按住 Shift 键，用鼠标左键单击三个标签，选中三个标签控件，在属性窗口设置下列属性：

　　　　Fontname 属性(字体)：黑体

　　　　FontSize 属性(字号)：12

　　　　FontBold 属性(是否加粗)：.T.

　　　　ForeColor 属性(字体颜色)：255,0,0

　　(3) 设置 Label1 的 Click 事件代码：

　　　　a=thisform.Label2.caption

　　　　thisform.Label2.caption=thisform.Label3.caption

　　　　thisform.Label3.caption=a

　　(4) 设置 Label2 的 Click 事件代码：

　　　　a=thisform.Label1.caption

　　　　thisform.Label1.caption=thisform.Label3.caption

　　　　thisform.Label3.caption=a

　　(5) 设置 Label3 的 Click 事件代码：

　　　　a=thisform.Label1.caption

　　　　thisform.Label1.caption=thisform.Label2.caption

　　　　thisform.Label2.caption=a

　　(6) 选择系统菜单"文件"的"保存"命令，在保存对话框中输入文件名 ex8-13.scx 后保存，最后单击"运行"按钮。结果如图 8.45 所示。

8.3.8　列表框控件

　　列表框(List)提供一组数据项，用户可以从中选择一个或多个条目。列表框可以全部显示所有条目，也可以显示部分条目，用户可以通过滚动条浏览其他条目。

一、常用属性

　　列表框的常用的属性如下：

　　(1) RowSourceType 属性：指明列表框中条目数据源的类型，它的取值如图 8.46 所示。

　　"0"：默认值，表示在程序运行时，通过 AddItem 方法添加到列表框条目，通过 RemoveItem 方法移去列表框条目。

　　"1"：表示通过 RowSource 属性手工指定条目，如 RowSource="清华，北大"。

　　"2"：将表中的字段值作为列表框的条目。

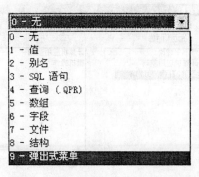

图 8.46   RowSourceType 属性的取值

"3"：用 SQL Select 语句的结果作为列表框的条目。如 RowSource="select 课程名 from 课程表"。

"4"：将查询(*.qpr)的结果作为列表框的条目的数据源，如 RowSource="查询 1.qpr"。

"5"：将数组的内容作为列表框条目的来源。

"6"：指定所需要的字段值作为列表框条目的来源，如 RowSource="课程表.课程名"。

"7"：将某个驱动器和目录的文件名作为列表框条目的来源，如 RowSource="*.dbf"。

"8"：将表的字段名作为列表框条目的来源，如 RowSource="学生表"。

"9"：将弹出式菜单作为列表框条目的来源。

(2) RowSource 属性：指定列表框条目的数据来源。

(3) List 属性：用户存取列表框中数据条目的字符串数组，如 Thisform.list1.list(3)= "数据库原理"，该属性在设计时不可用。

(4) ListCount 属性：指明列表框中条目的数目。

(5) ColumnCount 属性：指明列表框的列数。

(6) Value 属性：返回列表框中被选中的条目，该属性可为数值型，也可为字符型。如为数值型，返回的是被选条目在列表框中的次序号；如为字符型，返回的是被选条目本身。该属性在列表框和组合框中只读。

(7) ControlSource 属性：用户可以通过该属性指定一个变量或字段用来保存用户从列表框中选择的结果。

(8) Selected 属性：指定列表框内的某个条目是否处于选定状态。

(9) MultiSelect 属性：指定列表框是否允许多选。值为 0 或.F.(默认值)时不允许多选；1 或.T.为允许多选。

二、操作实例

例 8-14   创建一个表单，包含两个列表框 List1 和 List2，List1 作为待选课程列表框，其中条目为课程表中所有课程，双击其中某课程名，该课程名添加到 List2 已选课程列表框中，在 List2 已选课程列表框中，双击其中已添加的某课程，将在已选课程列表框取消该课程条目。如图 8.47 所示。

操作步骤：

(1) 创建表单，打开"表单设计器"窗口，在"表单控件"工具栏上选择"列表框" 按钮，在表单上放置两个列表框 List1 和 List2，同时拖动两个标签 Label1 和 Label2 到表单。

(2) 调整个控件的位置后，设置表单的 Caption 属性为列表框。

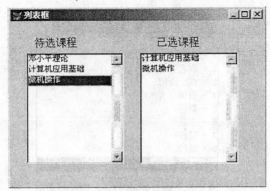

图 8.47　例 8-14 运行结果

Label1 的 Caption 属性：待选课程。

Label2 的 Caption 属性：已选课程。

List1 的 RowSource 属性：课程表.课程名；RowSourceType 属性：6 — 字段。

List2 的全部属性用默认值。

对列表框属性的设置也可以通过"生成器"来完成，选中列表框后单击右键在弹出的快捷菜单中选择"生成器"命令。如图 8.48 所示，读者可以自行设置。

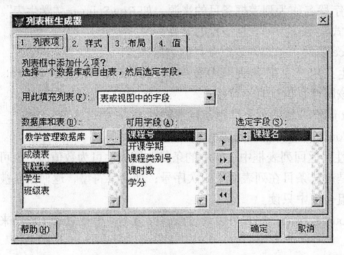

图 8.48　列表框生成器窗口

(3) 设置 List1 列表框的"DblClick"事件代码：

```
k=.f.
for i=0 to   thisform.list2.listcount
  if   thisform.list2.list(i)=thisform.list1.value
    messagebox("该课程已选择",0+48,"提示")
      k=.T.
      exit
  endif
endfor
if not k
    thisform.list2.additem(thisform.list1.value)
```

endif
(4) 设置 List2 列表框的"DblClick"事件代码：

a=thisform.list2.listindex

thisform.list2.removeitem(a)

(5) 选择系统菜单"文件"的"保存"命令，在保存对话框中输入文件名 ex8-14.scx 后保存，最后单击"运行"按钮。结果如图 8.47 所示

8.3.9　组合框控件

一、常用属性

组合框(ComboBox)与列表框类似，列表框的属性、方法和事件，组合框也同样具有(除 MultiSelect 属性外)。

组合框和列表框的主要区别：

(1) 组合框一般只有一个条目可见。用户可以单击组合框上的下箭头按钮打开条目表，以便从中选择。

(2) 组合框不能多重选择。

(3) 组合框有两种形式：下拉组合框和下拉列表框。Style 属性可以选择所需要的形式。默认值为 0，表示下拉组合框，用户可以从列表选择，也可以在编辑区内输入；设置为 2 时为下拉列表框，用户只能从列表选择。

二、操作实例

例 8-15　修改 ex8-9.scx 表单，把输入用户名称的文本框，换成组合框，让用户从下拉列表中选择用户表中的登录用户，并修改相应的命令按钮单击事件。如图 8.49 所示。

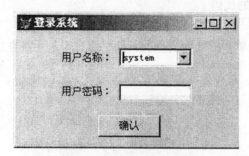

图 8.49　例 8-15 运行结果

操作步骤：

(1) 打开文件 ex8-8.scx，选中表单上的 Text1 文本控件，按 Delete 键删除后，从表单设计工具栏上拖动一个"组合框"按钮 Combo1，调整位置后到表单上。

(2) 设置 Combo1 的 RowSource 属性：用户表.用户名；RowSourceType 属性：6 – 字段。

(3) 修改命令按钮 Command1 的 Click 事件代码：

select * from 用户表 where 用户名=thisform.combo1.value and 口令=thisform.text2.value into cursor tt

if (not eof()) and (not bof())

messagebox("欢迎进入系统，这是测试窗口，单击"确认"按钮，关闭窗口！",0+48,"提示")

```
    thisform.release
else
    num=num+1
    if num=4
    messagebox("密码错误已达最大次数！，即将关闭窗口！",0+48,"提示")
    thisform.release
    else
    messagebox("密码错误！",0+48,"提示")
    endif
endif
```

(4) 选择系统菜单"文件"的"另存为"命令，在保存对话框中输入文件名 ex8-15.scx 后保存，最后单击"运行"按钮。结果如图 8.49 所示。

8.3.10 计时器控件

计时器(Timer)控件主要是利用系统时钟来控制某些具有规律性的周期任务的定时操作。计时器控件是非可视控件，它不能单独使用，必须与表单、容器类或者控件类一同使用。

一、常用属性

"计时器"控件有两个主要属性：

(1) Enabled 属性：用于控制计时器的打开和关闭，默认值为.T.，即启动计时。

(2) Interval 属性：用于定义两次计时器事件触发的时间间隔(毫秒)。

Timer 事件是"计时器"控件最主要的事件。每隔 Interval 属性设定的时间(毫秒)，系统就执行一次 Timer 事件中的代码。

二、操作实例

例 8-16 设计一个表单，标题为当日的日期，窗口上显示现在的时间，且秒钟在不断变化。如图 8.50 所示。

图 8.50　例 8-16 运行结果

操作步骤：

(1) 建立表单，打开"表单设计器"窗口，在"表单控件"工具栏上选择"计时器" 按钮 Timer1，拖到表单上，同时拖动两个标签 Label1 和 Label2 到表单。

(2) 调整控件在表单上的位置后，设置表单的 Caption 属性为"dtoc(date( ))"；标签 Label1 的 Caption 属性为"现在的时间是"；设置计时器控件 Timer1 的 Interval 属性"1000"。

(3) 双击表单，在代码编辑窗口选择 Init 过程，设置 Init 事件的代码

thisform.label2.Caption=time()

(4) 双击"计时器"控件，在代码编辑窗口设置 Timer 事件代码

thisform.label2.Caption=time()

(5) 选择系统菜单"文件"的"保存"命令，在保存对话框中输入文件名 ex8-16.scx 后保存，最后单击"运行"按钮。结果如图 8.50 所示。

8.3.11 微调控件

微调(Spinner)控件可在微调控件框中输入一个值，或通过微调控件右侧的向上箭头和向下箭头增加或减少一个值，其作用是确保数据的使用范围。

一般情况下，系统程序中的"微调"控件主要用于数据型数据的输入。

一、常用属性

"微调"控件的主要属性包括：

(1) KeyBoardHighValue 属性：可输入的最大值。

(2) KeyBoardLowValue 属性：可输入的最小值。

(3) Interval 属性：表示每次单击按钮的增减值。

(4) Value 属性：指定控件的值。

二、操作实例

例 8-17 修改表单文件 ex8-11.scx，在表单上增加一个标签控件和微调控件，微调控件用于显示编辑"入学成绩"字段。如图 8.51 所示。

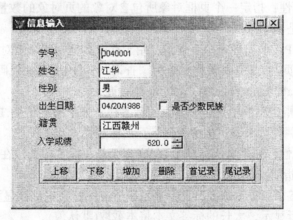

图 8.51 例 8-17 运行结果

操作步骤：

(1) 打开表单文件 ex8-11.scx，从表单设计器工具栏上拖动一个"微调"按钮 控件 Spinner1 和一个标签到表单窗口上。

(2) 设置新标签的 Caption 属性为"入学成绩"。

(3) 设置"微调"控件 Spinner1 的 ControlSource 属性为"学生.入学成绩"，KeyBoard HighValue 属性为"750"。

KeyBoardLowValue 属性为"450"，Interval 属性为"1"。

(4) 选择系统菜单"文件"的"另存为"命令，在保存对话框中输入文件名 ex8-17.scx 后保存，最后单击"运行"按钮。结果如图 8.51 所示。

8.3.12 页框控件

页框(PageFrame)是包含页面(Page)的容器对象，而页面本身也是一种容器，其中可以包含所需要的控件。利用页框、页面和相应的控件可以构建选项卡对话框。这种对话框包含若干选项卡，其中的选项卡就对应着这里所说的页面。

在表单设计器环境下，往表单添加页框方法和其他控件的方法相同。默认情况下，添加的页框包含两个页面，它们的标签文本分别是 Page1 和 Page2(与它们的对象名相同)，用户可以通过 PageCount 属性，重新设置页面的个数，通过设置页面的 Caption 属性，重新指定页面的标签文本。

要向页面中添加控件，可以遵循下列步骤：

(1) 用鼠标右键单击页框，在弹出的快捷菜单中选择"编辑"命令，然后再单击相应页面的标签，使该页面成为活动的。也可以从属性窗口的对象框中直接选择相应的页面。这时，页框四周出现粗框。

(2) 在"表单控件"工具栏中选择需要的控件，并在页面中调整其大小。

上面第一步的作用是将页框切换到编辑状态，并选择相应的页面。在添加控件前，如果没有将页框切换到编辑状态，控件将会被添加到表单而不是页框的当前页面中，即使看上去好像在页面中。

一、常用属性

常用的页框属性有以下几种：

(1) PageCount 属性：指定一个页框对象所包含对象的页对象的数量。PageCount 属性的最小值是 0，最大值是 99。

(2) Pages 属性：Pages 属性是一个数组，用于存取页框中某个页对象。例如，要将页框 MyPageFrame 中第 2 页的 Caption 属性设置为"查询"，可用下面的代码：

　　　Thisform.mypageframe.page(2).Caption="查询"

(3) Tabs 属性：指定页框中是否显示页面标签栏。如果属性值为.T.(默认值)，页框中包含页面标签栏；如果属性为.F.，页框中不显示页面标签栏。

(4) TabStretch 属性：如果页面标题(标签)文本太长，标签栏无法在指定宽度的页框内显示，可以通过该属性指明其行为方式。

属性值为 0：标签栏可根据需要分几行显示，所有标签文本都被显示。

属性值为 1：单行显示，太长的标签文本将本截取(默认值)。

(5) ActivePage 属性：返回页框中活动页的页号，或使页框中的指定页成为活动的。

二、操作实例

例 8-18 设计一个包含两个选项卡的查询对话框，"查询条件"选项卡用于设置查询条件，"输出字段"用于设置显示字段，如图 8.52、8.53 所示。单击"确认"按钮将根据设置的参数查询显示有关学生所选课程的成绩，单击"取消"按钮关闭对话框。

操作步骤如下：

(1) 创建一个新表单，打开数据环境窗口，向其中添加视图：学生成绩。

(2) 在表单上添加一个页框和两个命令按钮。

(3) 右键单击页框控件，在弹出的快捷菜单选择"编辑命令"。单击选择页框中的第一个页面(Page1)，在其中添加单选项组和文本框。

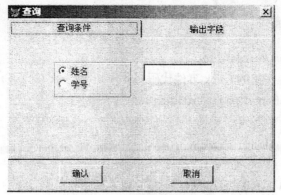

图 8.52 "查询条件" 选项卡

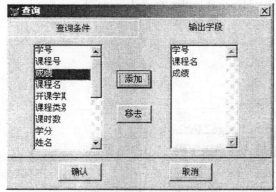

图 8.53 "输出字段" 选项卡

(4) 单击选择页框中的第二个页面(Page2)，在其中添加两个列表框和两个命令按钮。

(5) 设置表单及表单内各控件 Caption 属性的值，并调整好表单及各控件的位置及大小。

(6) 将可选字段列表框(List1)中的 rowsourcetype 属性设置为 8,Rowsource 属性设置成"学生成绩"，Multiselect 属性设置成.T.。

(7) 将被选字段列表框(List2)的 Multiselect 属性设置成.T.，其他属性使用默认值。

(8) 将表单设置成符合对话框特点：Maxbutton 和 MinButton 属性设置成 F, WindowType 属性设置成 1，BorderStyle 设置成 2。

(9) 设置"添加"按钮的 Click 事件代码：

```
for i=1 to this.parent.list1.listcount
    if this.parent.list1.selected(i)
        this.parent.list2.additem(this.parent.list1.list(i))
    endif
endfor
```

(10) 设置"移去"按钮的 Click 事件代码：

```
i=1
do while i<=this.parent.list2.listcount
    if this.parent.list2.selected(i)
        this.parent.list2.removeitem(i)
    else
```

```
                    i=i+1
            endif
        endd
```

(11) 设置"确认"按钮的 Click 事件代码：

```
if thisform.pageframe1.page1.text1.text=""
    tjz=""
    wait
  else
    tjz=thisform.pageframe1.page1.text1.text
endif
if thisform.pageframe1.page1.optiongroup1.value=1
    tjm="姓名"
else
    tjm="学号"
endif
items=""
if thisform.pageframe1.page2.list2.listcount=0
    messagebox("请选择输出字段！",0+48,"提示")
else
    for i=1 to thisform.pageframe1.page2.list2.listcount
        items=items+thisform.pageframe1.page2.list2.list(i)+","
    endfor
    items=substr(items, 1, len(items)-1)
    if tjz=""
        select &items from 学生成绩
    else
        tjz=""+alltrim(tjz)+""
        select &items from 学生成绩 where &tjm.=&tjz
    endif
endif
```

(12) 设置"取消"按钮的 Click 事件代码：

```
thisform.release
```

8.3.13 表格控件

表格(Grid)是一种容器对象，它是按行和列的形式显示数据。一个表格对象由若干列对象(Column)组成，每个列对象包含一个标头对象(Header)和若干控件。表格、列和控件都有自己的属性和方法，这使得用户可以对表格进行更加灵活的控制。

一旦指定了表格的列的具体数目，即设定了 ColumnCount 属性值，不是默认的-1，就可以编辑列和标头的属性了。要切换到表格的编辑状态，可以选择表格快捷菜单下的"编辑"命令，或在属性窗口的对象框中选择表格的某一列。在编辑状态下，可以用鼠标放在列标头之间，当鼠标形状变成水平双箭头时，拖动鼠标，可以改变列的宽度，同样也可以改变行的高度。当然也可以通过属性窗口中相关属性来改变行的宽度和高度。

选中"表格"控件，单击右键在弹出的快捷菜单中选择"生成器"命令，可以打开"表格生成器"对话框。通过"表格生成器"能够交互地快速设置表格的相关属性。"表格生成器"对话框有四个选项卡，其作用如下：

(1) "表格项"：指明要在表格内显示的字段。如图 8.54 所示。

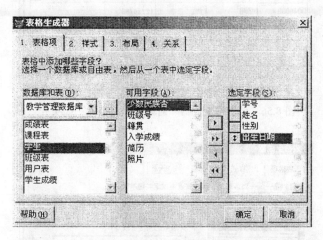

图 8.54　"表格生成器"对话框的"表格项"选项卡

(2) "样式"：指定表格的样式。如图 8.55 所示，有标准型、专业型等样式。

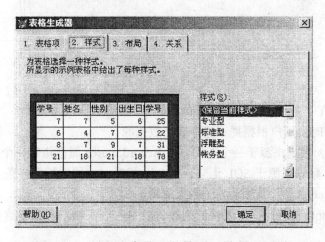

图 8.55　"表格生成器"对话框的"样式"选项卡

(3) "布局"：指明各列的标题和控件类型、调整各列的列宽，如图 8.56 所示。

(4) "关系"：设置一个一对多关系，指明父表中的关键字段和子表中的相关索引。如图 8.57 所示。

一、常用属性

1. 常用的表格属性

(1) RecordSourceType 属性：指明数据源的类型。

0：表，并且表能被自动打开。

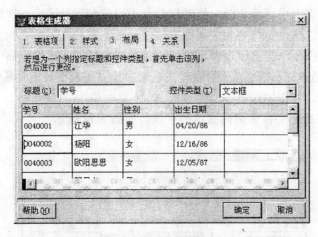

图 8.56 "表格生成器"对话框的"布局"选项卡

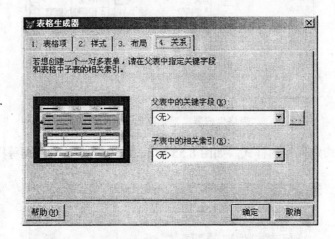

图 8.57 "表格生成器"对话框的"关系"选项卡

1：别名(默认值)，数据源来源于打开的表。

2：提示，运行时由用户根据提示选择表格数据源。

3：查询(*.qpr)，数据来源于一个查询，由 RecordSource 属性指定一个查询文件。

4：SQL 语句，数据来源于 SQL 语句，由 RecordSource 属性指定一条 SQL 语句。

(2) RecordSource 属性：指明表格的数据来源。

(3) ColumnCount 属性：指定表格的列数，就是一个表格对象所包含的列的对象数目。默认值为-1。

(4) LinkMaster 属性：用于指定表格控件中所显示的子表的父表名称。

(5) ChildOrder 属性：用于指定为建立一对多的关联关系，子表所要用到的索引。

(6) RelationalExpr 属性：确定基于主表字段的关联表达式。

2. 常用的列属性

(1) ControlSource 属性：指定要在列中显示的数据源，常见的是表中的一个字段。

(2) CurrentControl 属性：指定列对象的一个控件，该控件用于显示和接受列中活动单元格的数据，缺省时 TextBox 控件显示表格数据。用户可以在"表格"处于编辑状态时，单击某列后，从控件工具栏中拖动所需要的控件到该列，再在属性窗口中设定 CurrentControl 属性的值为刚添加的新控件名。

(3) Sparse 属性：用于确定 CurrentControl 属性是影响列中所有单元格，还是只影响活动单元格。默认值为.T.，只影响活动单元格。

3. 常用的标头属性

(1) Caption 属性：指定标头对象的标题文本，显示于列顶部。

(2) Alignment 属性：指定标题文本在对象中显示的对齐方式。

二、操作实例

例 8-19 建立一个含有表格控件的表单，标题为查询结果，使例 8-18 中的查询结果在该表格的表单中显示。并修改 ex8-18.scx 相应代码，另存为 ex8-18_1.scx，最后保存新表单为 ex8-19.scx，如图 8.58 所示。

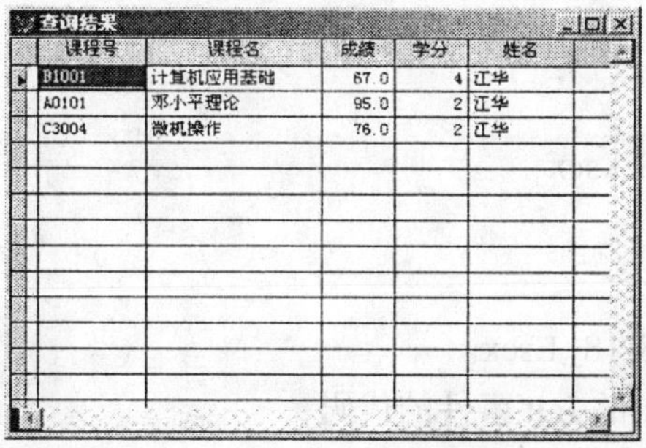

图 8.58 例 8-19 运行结果

操作步骤：

(1) 建立表单，修改该表单的 Caption 属性"查询结果"，保存文件名为 ex8-19.scx，在控件工具栏上选择"表格"■按钮，拖动到表单上，表格 Grid1 的所有属性用默认值。

(2) 打开表单文件 ex8-18.scx，在表单上修改"确认"按钮的 Click 事件代码：

```
public tjz,tjm,items
if thisform.pageframe1.page1.text1.text=" "
    tjz=" "
else
    tjz=thisform.pageframe1.page1.text1.text
endif
if thisform.pageframe1.page1.optiongroup1.value=1
    tjm="姓名"
else
    tjm="学号"
endif
items=""
if thisform.pageframe1.page2.list2.listcount=0
    messagebox("请选择输出字段！",0+48,"提示")
else
    for i=1 to thisform.pageframe1.page2.list2.listcount
```

```
                items=items+thisform.pageframe1.page2.list2.list(i)+","
        endfor
        items=subs(items,1,len(items)-1)
        if tjz=" "
            select &items from 学生成绩 into cursor yy
        else
            tjz=""""+allt(tjz)+""""
            select &items from 学生成绩 where &tjm.=&tjz into cursor yy
        endif
    if reccount()=0
        messagebox("没有满足条件的记录",0+48,"提示")
        thisform.release
    else
        DO FORM ex8-19.scx
    endif
    endif
```

(3) 另存表单文件为 ex8-18_1.scx。

(4) 设置表单 ex8-19.scx 的 Init 事件的代码：

```
thisform.grid1.recordsource="yy"
```

(5) 保存文件 ex8-19.scx，最后在命令窗口键入命令：do form ex8-18_1.scx。结果如图 8.58 所示。

例 8-20 设计一个能进行统计的表单 ex8-20.scx，其界面如图 8.59，当在表格(Grid1)中移动"姓名"列的值，相应在表格(Grid2)中显示该生所选课程的成绩和课程号，并且在文本框中分别显示该生所选课程的最高分、最低分和平均分。

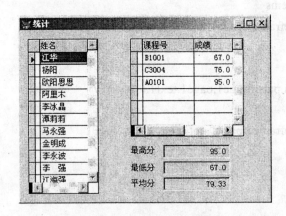

图 8.59　例 8-20 运行结果

操作步骤：

(1) 建立表单，在表单上放置两个表格控件(Grid1 和 Grid2)、三个标签和三个文本框，并在"数据环境"窗口中添加"学生"和"成绩表"。

(2) 相应设置表单及标签的 Caption 属性，设置文本框的 Readonly 属性为.T.。

(3) 设置第一个表格 Grid1 的 ColumnCoun 属性为 1，Recordsource 属性为 "学生"。选中 Grid1，单击右键在弹出的快捷菜单中选择 "编辑" 命令后，单击该列，设置列 Column1 对象的 ControlSource 属性为 "学生.姓名"。

(4) 设置第二个表格 Grid2 的 ColumnCoun 属性为 2，ChildOrder 属性为 "学号"，Linkmaster 属性为 "学生"，Recordsource 属性为 "成绩表"，RelationalExp 属性为 "学号"，以上步同样的方法，分别设定列 Column1 和 Column2 对象的 ControlSource 属性为 "成绩表.课程号" 和 "成绩表.成绩"。

当然上两步操作可以使用表格的 "生成器" 来设定完成。

(5) 设定表格 Grid1 的 AfterRowColChange 事件代码，事件是当用户移动行和列时，新的活动单元格得到焦点时发生。

```
LPARAMETERS nColIndex
mxm=学生.姓名
select max(成绩) as m_max,;
        min(成绩) as m_min,;
        avg(成绩) as m_avg;
    from 学生,成绩表;
    where 学生.学号=成绩表.学号;
        and 姓名=mxm;
    into cursor tt
thisform.text1.value=m_max
thisform.text2.value=m_min
thisform.text3.value=m_avg
```

(6) 保存表单 ex8-20.scx，运行结果如图 8.59 所示。

习　题

一、思考题

给定一个表单文件，使用表单设计器打开它，分析该表单如下问题：

1. 该表单界面中包含哪些对象实例(包含可见与不可见的对象实例)，这些对象实例名是什么？对象实例的包含关系是什么？如何引用某个对象实例的某个(例如 Caption)属性？

2. 这些对象实例对应的类的名称是什么？这些类的基类(BaseCalss)是什么？如果不是 Visual Foxpro 提供的类，其对应的类库文件是什么？

3. 在该表单及表单包含的各个控件的什么事件编写了代码？如何使用 "wait windows "提示信息""来测试代码所具有的功能？

二、选择题

1. 以下关于表单控件基本操作的叙述，错误的是(　　)。

　　A. 要在表单中复制某个控件，可以按住 Ctrl 键并拖放该控件

　　B. 要使表单中被选定的多个控件大小一样，可单击 "布局" 工具栏中的 "相同大小" 按钮

　　C. 要将某个控件的 Tab 序号设置为 1，可在进入 Tab 键次序交互设置状态后，双击控件的 Tab 键次序盒

D. 要在"表单控件"工具栏中显示某个类库文件中的自定义类，可以单击工具栏中的"查看类"按钮，然后在弹出的"菜单"中选择"添加"选项

2. 控件可以分为容器类和控件类，以下( )属于容器类控件。
    A. 标签   B. 命令按钮   C. 复选框   D. 命令按钮组

3. 以下( )不是表单功能。
    A. 添加各种控件   B. 设置控件属性
    C. 制作表格式   D. 设定关联数据

4. 下列关于调用表单生成的说法中最确切的是( )。
    A. 选择"表单"菜单中的"快速表单"命令
    B. 单击"表单设计起"工具栏中的"表单生成器"按钮
    C. 右键单击表单窗口，然后在弹出的快捷
    D. 以上说法皆正确

5. 以下属于非容器类控件的是( )。
    A. Form   B. Label   C. Page   D. Container

6. 假设在 Form1 上有两个按钮：Command1 和 Command2。当前 Command1 的 Default 属性值为.T.，若设置 Command2 的 Default 属性值为.T.，则( )。
    A. Command1 为"确认"按钮
    B. Command2 为"确认"按钮
    C. Command1 和 Command2 都为"确认"按钮
    D. Command1 和 Command2 都不为"确认"按钮

7. 在使用计时器时，若想让计时器在表单加载时就开始工作，应该设置 Enabled 属性为( )。
    A. .F.   B. .T.   C. .Y.   D. .YES.

8. 在表单中加入一个复选框和一个文本框，编写 Check1 的 Click 事件代码如下：
    ThisForm.Text1.Visible=This.value
则当单击复选框后，( )。
    A. 文本框可见
    B. 文本框不可见
    C. 文本框是否可见由复选框当前值决定
    D. 文本框是否可见与复选框的当前值无关

9. 下面关于列表框和组合框的陈述中，正确的是( )。
    A. 列表框和组合框都可以设置成多重选择
    B. 列表框可以设置成多重选择，而组合框不行
    C. 组合框可以设置成多重选择，而列表框不行
    D. 列表框和组合框都不能设置成多重选择

10. 在创建表单时，用( )控件创建的对象用于保存不希望用户改动的文本。
    A. 标签   B. 文件框   C. 编辑框   D. 组合框

11. 在 Visual FoxPro 中，运行表单 T1.SCX 的命令是( )。
    A. DO T1   B. RUN FORM T1
    C. DO FORM T1   D. DO FROM T1

12. 不可以作为文本框控件数据来源的是(　　)。

    A. 备注型字段　　　　B. 内存变量　　　　C. 字符型字段　　　D. 数值型字段

13. 计时器控件的主要属性是(　　)。

    A. Enalbed　　　　　B. Caption　　　　　C. Interval　　　　　D. Value

三、填空题

1. 在程序中为了显示已创建的 Myform 表单对象，应使用_____。

2. 在"属性窗口"中，有些属性的默认值在列表框中以斜体显示，其含义是_____。

3. 利用_____可以接收、查看和编辑数据，方便地完成数据管理工作。

4. 表格是一种容器对象，它是按_____方式来显示数据的。一个表格对象由若干_____对象组成。

5. 若想让计时器在表单加载时就开始工作，应将_____属性设置为真。

6. 所谓运行表单就是根据表单信息表文件和_____的内容产生表单程序文件。

7. 要为控件设置焦点，其属性_____和_____必须为.T.。

8. 将控件与通用型字段绑定的方法是在控件的 ControlSource 属性中指定_____。

9. 将设计好的表单存盘时，将产生扩展名为_____和_____的两个文件。

10. 数据环境泛指定义表单或表单集时使用的数据源，它可以包括_____、_____和_____。

四、操作应用题

1. 有一个数据库 SDB，其中有数据库表 STUDENT、SC 和 COURSE。表结构如下：

    STUDENT(学号，姓名，年龄，性别，院系号)

    SC(学号，课程号，成绩，备注)

    COURSE(课程号，课程名，先修课程号，学分)

在表单向导中选取一对多表单向导创建一个表单。要求：从父表 STUDENT 中选取字段学号和姓名，从子表 SC 中选取字段课程号和成绩，表单样式选"浮雕式"，按钮类型使用"文本按钮"，按学号降序排序，表单标题为"学生成绩"，最后将表单存放在考生文件夹中，表单文件名是 form1。

2. 有供应表和零件表，表结构分别如下：

供应

字段名	类型	宽度	小数位	索引
供应商号	字符型	2	否	
零件号	字符型	2	否	
工程号	字符型	2	否	
数量	整型	4	否	

零件

字段名	类型	宽度	小数位	索引
零件号	字符型	2	否	
零件名	字符型	3	否	
颜色	字符型	2	否	
重量	整型	4	否	

要求完成如下操作：

设计名为 mysupply 的表单(表单的控件名和文件名均为 mysupply)。表单的标题为"零件供应情况"。表单中有一个表格控件和两个命令按钮"查询"(名称为 Command1)和"退出"(名称为 Command2)。运行表单时,单击"查询"命令按钮后,表格控件(名称 grid1)中显示了工程号"J4"所使用的零件的零件名、颜色和重量。单击"退出"按钮关闭表单。

3. 有表 currency_sl.DBF 和 rate_exchange.DBF,结构分别为:

currency_sl(姓名 C10,外币代码 C10,持有数量 N12,2)

rate_exchange(外币名称 C10,外币代码 C10,现钞买入价 N12,4,现钞卖出价 N12,4,基准价 N12,4)

要求设计一个表单,所有控件的属性必须在表单设计器的属性窗口中设置,表单文件名为"外汇浏览",表单界面如下所示:

其中:

(1) "输入姓名"为标签控件 Label1。

(2) 表单标题为"外汇查询"。

(3) 文本框的名称为 Text1,用于输入要查询的姓名,如张三丰。

(4) 表格控件的名称为 Grid1,用于显示所查询人持有的外币名称和持有数量,RecordSourceType 的属性为 0(表)。

(5) "查询"命令按钮的名称为 Command1,单击该按钮时在表格控件 Grid1 中按持有数量升序显示所查询人持有的外币名称和数量(如图 8.60 所示),并将结果存储在以姓名命名的 DBF 表文件中,如张三丰.DBF。

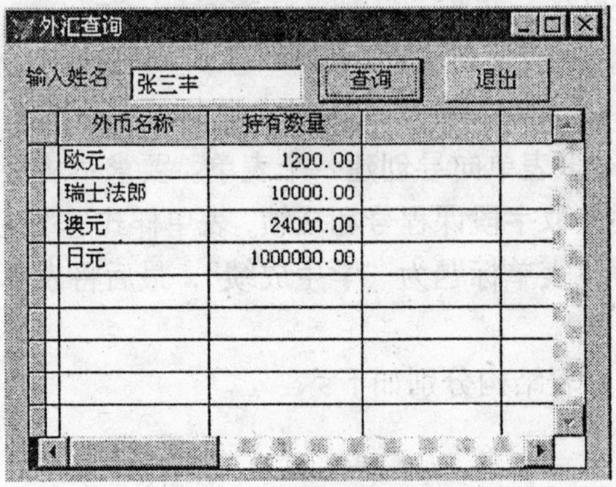

图 8.60 "外汇查询"窗口

(6) "退出"命令按钮的名称为 Command2,单击该按钮时关闭表单。

完成以上表单设计后运行该表单,并分别查询"林诗因"、"张三丰"和"李寻欢"所持有的外币名称和持有数量。

第九章　菜单设计

9.1　菜单设计概述

一个好的菜单系统可以使用户了解许多关于应用程序的设计和结构的信息。只要根据菜单的组织形式和内容，用户就可以很好地理解应用程序。为此，Visual FoxPro 提供了"菜单设计器"，可以创建菜单，提高应用程序的质量。

9.1.1　菜单的结构

菜单系统由菜单栏、菜单标题、菜单和菜单项组成。其中：菜单栏用于放置多个菜单标题；菜单标题是每个菜单的名称，单击某菜单标题，可打开相对应的菜单；菜单包含命令、过程和子菜单；菜单项用来实现某一具体的任务。如图 9.1 所示。

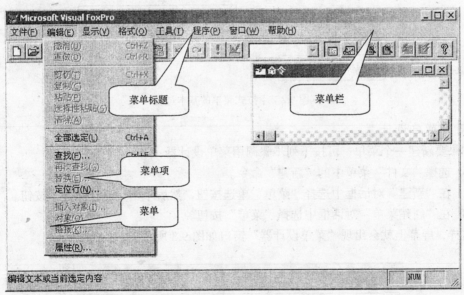

图 9.1　Visual FoxPro 系统的主菜单

Visual FoxPro 系统为用户提供了创建应用系统菜单的工具，用户利用菜单设计器可以设计与 Visual FoxPro 系统菜单相同的菜单系统。

Visual FoxPro 支持两种类型的菜单：条形菜单和弹出式菜单。每个条形菜单都有一个内部名称和一组菜单选项，每个菜单选项都有一个标题和内部名字。每一个弹出式菜单也有一个内部名字和一组菜单选项，每个菜单选项则有一个标题和选项序号。菜单项的名称显示于屏幕供用户识别，菜单及菜单项的内部名字或选项序号则在代码中引用。

每个菜单选项都可以选择地设置一个热键和一个快捷键。热键通常为一个字符，当菜单激活时，可以按菜单项的热键快速选择该菜单项。快捷键通常是 Ctrl 键和另一个字符键组成的组合键。不管菜单是否激活，都可以通过快捷键选择相应的菜单选项。

无论是哪种类型的菜单，当选择其中某个选项时都会有一定的动作。这个动作可以是下面三种情况：

(1) 执行一条命令。

(2) 执行一个过程。

(3) 激活另一个菜单。

典型的菜单系统一般是一个下拉式菜单，由一个条形菜单和一组弹出式菜单组成。其中，条形菜单作为主菜单，弹出式菜单作为子菜单。当选择一个条形菜单选项时，激活相应的弹出式菜单。快捷菜单一般由一个或一组上下级的弹出式菜单组成。

9.1.2　菜单设计的基本过程

用菜单设计器设计下拉式菜单的基本过程如图 9.2 所示。

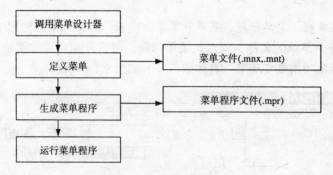

图 9.2　下拉式菜单的基本过程

一、调用菜单设计器

如果要新建一个菜单，可按下列步骤调用菜单设计器：

(1) 选择"文件"菜单中的"新建"命令。

(2) 在"新建"对话框中选择"菜单"单选按钮，然后单击"新建文件"按钮。

(3) 在"新建菜单"对话框中选择"菜单"按钮。

这样，屏幕上就会出现"菜单设计器"窗口如图 9.3 所示。

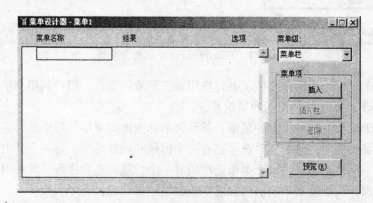

图 9.3　菜单设计器窗口

如果要用菜单设计器修改一个已有的菜单，可以从"文件"菜单中选择"打开"命令，打开一个菜单定义文件(mnx 文件)，打开"菜单设计器"窗口；也可以用命令调用菜单设计器，打开"菜单设计器"窗口，进行菜单的建立或修改。命令格式如下：

    MODIFY MENU <文件名>

命令中的<文件名>指单定义文件，默认扩展名为 mnx，允许缺省。若文件名为新文件，则为建立新文件，否则为打开文件。

二、定义菜单

在"菜单设计器"窗口中定义菜单，指定菜单的各项内容，如菜单项的名称、快捷键等。具体操作在 9.2 节介绍。指定完菜单的各项内容后，应将菜单定义保存到.mnx 文件中。方法是：从"文件"菜单中选择"保存"命令或按 CTRL+W 组合键。

三、生成菜单程序

菜单定义文件存放着菜单的各项定义，但其本身是一个表文件，并不能够运行，这一步就是要根据菜单定义文件产生可执行的菜单程序文件(mpr)，方法是：在菜单设计器环境下，选择"菜单"菜单中的"生成"命令，然后在"生成菜单"对话框中指定菜单程序的文件名和存放路径，最后单击"生成"按钮。

四、运行菜单程序

可使用命令 DO <文件名>运行菜单程序，但文件名的扩展名 mpr 不能省略。

9.1.3　系统菜单的控制

Visual FoxPro 系统菜单是一个典型的菜单系统，其主菜单是一个条形菜单。选择条形菜单中的每一个菜单项都会激活一个弹出式菜单。通过 SET SYSMENU 命令可以允许或者禁止在程序执行时访问系统菜单，也可以重新配置系统菜单：

    SET SYSMENU ON | OFF | AUTOMATIC | TO <弹出式菜单名表>
        | TO <条形菜单项名表>| TO <DEFAULT>| SAVE | NOSAVE

说明：

ON：允许程序执行时访问系统文件。

OFF：禁止程序执行时访问系统菜单。

AUTOMATIC：可使系统菜单显示出来，可以访问系统菜单。

TO<弹出式菜单名表>：重新配置系统菜单，以内部名字列出可用的弹出式菜单。

例如，命令"SET SYSMENU TO _MFILE，_MWINDOW"将使系统菜单只保留"文件"和"窗口"两个子菜单。

TO<条形菜单项名表>：重新配置系统菜单，以条形菜单项内部名字列出可用的子菜单。

例如，上面的系统菜单配置命令也可以写成

    SET SYSMENU　TO _MSM_FILE，_MSM_WINDO

TO DEFAULT：将系统菜单恢复为缺省配置。

SAVE：将当前的系统菜单配置指定为缺省配置。如果在执行了 SET SYSMENU TO SAVE 命令后，修改了系统菜单，那么执行 SET SYSMENU TO DEFAULT 命令，就可以恢复 SET SYSMENU TO SAVE 命令执行之前的菜单配置。

NO SAVE：将缺省配置恢复成 Visual FoxPro 系统菜单的标准配置。要将系统菜单恢复成标准配置，可先执行 SET SYSMENU TO NOSAVE 命令，然后执行 SET SYSMENU TO DEFAULT 命令。

不带参数的 SET SYSMENU TO 命令将屏蔽系统菜单，使系统菜单不可用。

9.2　下拉式菜单设计

下拉式菜单是一种最常见的菜单，用 Visual FoxPro 提供的菜单设计器可以方便地进行下拉式菜单的设计。具体来说，菜单设计器的功能有两个：一是为顶层表单设计下拉式菜单；二是通过定制 Visual FoxPro 系统菜单建立应用程序的下拉式菜单。

9.2.1　创建主菜单

建立一个菜单文件，通过"菜单设计器"来完成。下面举例来说明下拉式菜单的设计过程。

例 9-1　建立一个名为 ex9-1.mnx 的菜单文件，其主菜单包含"学生信息管理"、"课程信息管理"、"系统管理"三个菜单项。

操作步骤如下：

(1) 在 Visual FoxPro 系统主菜单下，打开"文件"菜单，选择"新建"选项，进入"新建"窗口，或在"项目管理器"窗口中在"其他"选项卡中选择"菜单"后，点击"新建"按钮。

图 9-4　"新建菜单"窗口

(2) 在"新建"窗口，单击"菜单"，再按"新建文件"按钮，进入"新建菜单"窗口，如图 9.4 所示。

(3) 在"新建菜单"窗口，选择"菜单"，进入"菜单设计器"窗口，如图 9.3 所示。

(4) 在"菜单设计器"窗口，定义主菜单中各菜单项的名称，同时可以设置菜单项的热键，方法是在热键的字符前加"\<"，如"学生信息管理(\<G)"。如图 9.5 所示，可以单击"预览"按钮，查看效果。

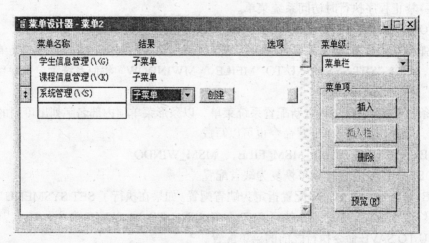

图 9.5　定义菜单名称

(5) 在系统主菜单下打开"文件"菜单，单击"另存为"，进入"另存为"窗口，输入菜单文件名"ex9-1.mnx"，按"保存"按钮。如图 9.6 所示。

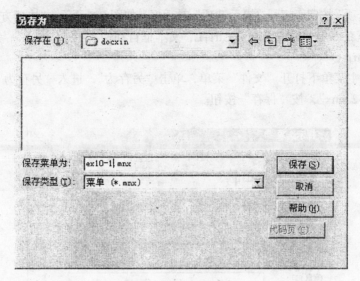

图 9.6　保存菜单文件

(6) 完成主菜单的建立。

9.2.2　创建子菜单

在"菜单设计器"窗口中，继续在 ex9-1.mnx 菜单文件中，完成子菜单的创建。

例 9-2　给 ex9-1.mnx 主菜单中的"学生信息管理"中创建子菜单，子菜单包括"学生信息录入"和"学生信息查询"两个菜单选项，并分别为两个子菜单项建立快捷键 Ctrl+L 和 Ctrl+C，另存为 ex9-2.mnx。

操作步骤如下：

(1) 打开菜单文件"ex9-1.mnx"，进入"菜单设计器"窗口。

(2) 选择菜单名称为"学生信息管理"，在"结果"下拉列表中选择"子菜单"，单击"创建"按钮，进入"菜单设计器"子菜单操作窗口，如图 9.7 所示。

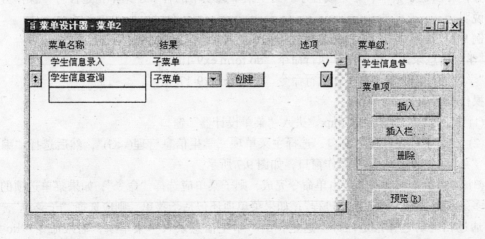

图 9.7　创建子菜单

(3) 在菜单名称文本框分别输入"学生信息录入"和"学生信息查询"，在第一个菜单项的后部单击"选项"按钮，打开"提示选项"对话框，如图9.8所示，"快捷方式"组中的"键标签"的文本框获得焦点后按组合键 Ctrl+L，文本框自动输入了"Ctrl+L"。为第二个菜单项建立快捷键"Ctrl+Q"。

(4) 在系统主菜单下打开"文件"菜单，单击"另存为"，进入"另存为"窗口，输入菜单文件名"ex9-2.mnx"，按"保存"按钮。

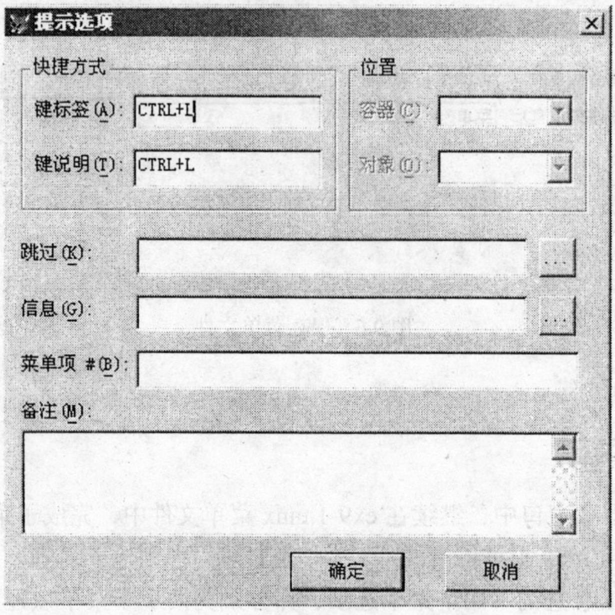

图 9.8 "提示选项"对话框

9.2.3 指定菜单项任务

菜单选项设计完成后，还要给每个菜单项指定任务，菜单的任务工作才算完成。菜单项的任务，可以是子菜单、命令或程序。给主菜单选项中的各个子菜单指定任务，操作方法将举例说明。

例 9-3 给菜单项"学生信息管理"选项的各个子菜单项指定任务，内容是：

"学生信息录入"菜单项，执行命令"do form ex9-10"

"学生信息查询"菜单项，执行命令"do form ex9-17"。

操作步骤如下：

(1) 打开菜单文件 ex9-2.mnx，进入"菜单设计器"窗口。

(2) 在"菜单设计器"窗口，选择主菜单项"学生信息管理(\<G)"，然后选择"编辑"，进入"菜单设计器"子菜单操作窗口，如图9.7所示。

(3) 如果菜单项的任务是由单命令完成，则子菜单应选择"命令"；如果菜单选项的任务是由多条命令组成，则选择"过程"；如果菜单项还包括子菜单，则应选择"子菜单"，且需要再通过相应的选择指定任务。这里，给"学生信息录入"菜单项，输入命令"do form ex9-10.mnx"；"学生信息查询"菜单项，输入命令"do form ex9-17.mnx"。如图9.9所示。

(4) 在系统主菜单下打开"文件"菜单，单击"另存为"，进入"另存为"窗口，输入菜单文件名"ex9-3.mnx"，按"保存"按钮。

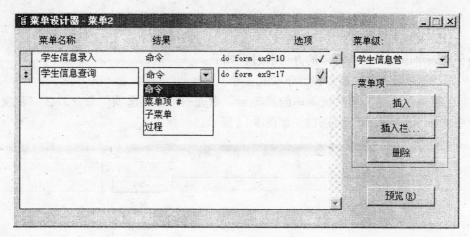

图 9.9　指定菜单项任务

9.2.4　生成和运行菜单

菜单定义文件本身是一个表文件，并不能够运行。要根据菜单定义文件产生可执行的菜单程序文件(mpr 文件)，方法是：在菜单设计器环境下，选择"菜单"菜单中的"生成"命令，然后在"生成菜单"对话框中指定菜单程序的文件名和存放路径，如图 9.10 所示，最后单击"生成"按钮。

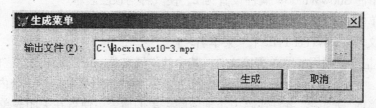

图 9.10　"生成菜单"对话框

用户可以通过相应的命令运行菜单。命令格式为 DO <菜单文件名>。

例 9-4　编写程序"ex9-4.prg"运行菜单文件 ex9-3.mpr。

(1) 在命令窗口中键入命令"modify command ex9-4"，打开程序编辑窗口，建立程序文件 ex9-4.prg。

(2) 在程序编辑窗口中输入命令：

　　_screen.Caption="学生选课管理"

　　set sysmenu on

　　do ex9-3.mpr

(3) 保存程序文件后，在命令窗口中输入命令：

图 9.11　例 9-4 运行结果

　　do ex9-4.prg

(4) 运行的结果如图 9.11 所示。

(5) 要返回系统菜单，可以在命令窗口键入命令：

　　set sysmenu to default

9.2.5 为顶层表单添加菜单

为顶层表单添加下拉式菜单的方法和过程如下：

(1) 在"菜单设计器"窗口设计下拉式菜单。

(2) 在菜单设计时，在系统菜单的"显示"中选中"常规选项"命令，在"常规选项"对话框中选中"顶层表单"复选框。如图 9.12 所示。

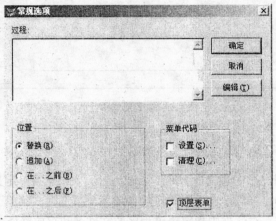

图 9.12 "常规选项"对话框

(3) 将表单的 ShowWindow 属性设置为 2，使其称为顶层表单。

(4) 在表单的 Init 事件代码中添加调用菜单程序的命令，格式如下：

    DO <文件名> WITH THIS [,"<菜单名>"]

<文件名>指定被调用的菜单程序文件，其中的扩展名是.mpr，不能省略。THIS 表示当前表对象的引用。通过<菜单名>可以为添加的下拉式菜单的条形菜单指定一个内部名字。

(5) 在表单的 Destroy 事件代码中添加清除菜单的命令，使得在关闭表单的同时清除菜单，释放其后所占有的内存空间。

命令格式：

    RELEASE MENU <菜单名> [EXTENDED]

其中，EXTENDED 表示在清除条形菜单时一并清除下属的所有子菜单。

例 9-5 修改菜单文件 ex9-3.mnx，使其生成菜单程序文件后能被顶层表单调用，并另存为 ex9-4.mnx，建立顶层表单 ex9-5.scx，标题为"顶层表单调用菜单测试"，在该表单上调用该下拉式菜单，如图 9.13 所示。

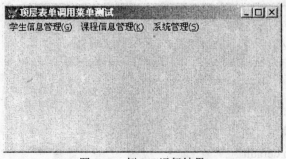

图 9.13 例 9-5 运行结果

操作步骤如下：

(1) 单击工具栏的"打开"按钮，在文件打开对话框中"文件类型"选择"菜单"，选中打开文件 ex9-3.mnx。

(2) 在"菜单设计器"环境下，在系统菜单的"显示"项中选中"常规选项"命令，在"常规选项"对话框中选中"顶层表单"复选框。如图 9.12 所示。

(3) 在"文件"菜单中选中"另存为"命令，打开"另存为"对话框，输入文件名 ex9-4.mnx，点击保存。

(4) 在"菜单"菜单中选中"生成"命令，生成菜单程序文件 ex9-4.mpr，关闭菜单文件。

(5) 单击工具栏"新建"按钮，创建表单，文件名为 ex9-5.scx，设置 Caption 属性为"顶层表单调用菜单测试"，ShowWindow 属性设置为 2，使其称为顶层表单。

(6) 双击表单，打开代码编辑窗口，在"过程"下拉列表中选择 Init 事件，添加调用菜单程序的代码：

do ex9-4.mpr with this,"tt1"

(7) 在"过程"下拉列表中选择 Destroy 事件，添加代码：

release menu tt1 extended

(8) 保存表单后，运行表单，结果如图 9.13 所示。

9.3　快捷菜单设计

快捷菜单一般从属某个界面对象，当用鼠标单击该对象时，就会在单击处弹出快捷菜单。快捷菜单通常列出与处理相应对象有关的一些功能命令。利用系统提供的快捷菜单设计器可以方便地定义与设计快捷菜单。与下拉菜单相比，快捷菜单没有条形菜单，只有弹出式菜单。快捷菜单一般是一个弹出式菜单，或者由几个具有上下级关系的弹出式菜单组成。

建立快捷菜单的方法和过程如下：

(1) 选择"文件"菜单中的"新建"命令。

(2) 在"新建"对话框中选择"菜单"单选按钮，然后单击"新建文件"按钮。

(3) 在"新建菜单"对话框中选择"快捷菜单"按钮，打开"快捷菜单设计器"窗口。如图 9-4 所示。

(4) 用与设计下拉式菜单相似的方法，在"快捷菜单设计器"窗口中设计快捷菜单，生成菜单程序文件。

(5) 在"快捷菜单设计器"窗口中，在系统菜单的"显示"中选中"常规选项"命令，在"常规选项"对话框的"清理"代码框中添加清除菜单的命令，使得在选择、执行菜单命令后能及时清除菜单，释放其所占的内存空间。命令格式如下：

RELEASE POPUPS <快捷菜单名> [EXTENDED]

(6) 在表单设计器环境下，选定需要添加菜单的对象。

(7) 在选定对象的 RightClick 事件代码中添加调用快捷菜单程序的命令 DO <快捷菜单程序文件名>，其中扩展名 mpr 不能省略。

例 9-6　为表单建立一个快捷菜单 kjcd(内部名字，不是文件名)，其中选项有日期、时间、变大和变小，时间与变大之间用分组线分隔，如图 9.14 所示。选中日期或时间选项时，表单标题将变成当前日期或时间，选中变大或变小时，表单的大小将缩放 10%。

图 9.14　例 9-6 设计要求

操作步骤如下:

(1) 选择"文件"菜单中的"新建"命令。在"新建"对话框中选择"菜单"单选按钮,然后单击"新建文件"按钮。

(2) 在"新建菜单"对话框中选择"快捷菜单"按钮,打开"快捷菜单设计器"窗口。

(3) 在打开的"快捷菜单设计器"窗口中输入表 9.1 中各快捷菜单选项的内容,其中分组线使用符号"\-"。如图 9.15 所示。

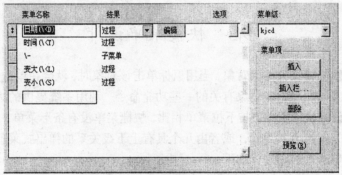

图 9.15　输入菜单选项内容

(4) 从"显示"菜单选择"常规选项"命令,打开"常规选项"对话框,如图 9.12 所示。

表 9.1　选项的名称和结果

菜单名称	结果
日期(\<D)	s=dtoc(date(),1) ss=left(s,4)+"年"+subs(s,5,2)+"月"+right(s,2)+"日" mfref.caption=ss
时间(\<T)	s=time() ss=left(s,2)+"时"+subs(s,4,2)+"分"+right(s,2)+"秒" mfref.caption=ss
\-	
变大(\<L)	w=mfref.width h=mfref.height mfref.height=h+h*0.1 mfref.width=w+w*0.1
变小(\<S)	w=mfref.width h=mfref.height mfref.height=h-h*0.1 mfref.width=w-w*0.1

(5) 依次选择"设置"和"清理"复选框,打开"设置"和"清理"代码编辑窗口,然后在两个窗口中分别输入接受参数代码 Parameters mfref,清除快捷菜单的命令 release popups kjcd。

(6) 从"显示"菜单选择"菜单选项"命令,打开"菜单选项"对话框,如图 9.16 所示,然后在"名称"框中输入快捷菜单的内部名字 kjcd。

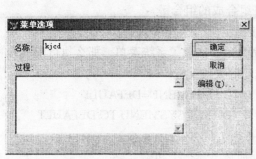

图 9.16 "菜单选项"对话框

图 9.17 例 9-6 运行结果

(7) 单击"文件"菜单中的"保存"按钮,保存文件为 ex9-6.mnx,并单击"菜单"菜单中的"生成"命令,产生快捷菜单程序文件 ex9-6.mpr。

(8) 新建表单文件,修改 Caption 属性为"快捷菜单测试",在 RightClick 事件中设置代码:

```
do ex9-6.mpr   with   this
```

(9) 运行结果如图 9.17 所示。

习　题

一、选择题

1. Visual FoxPro 系统菜单是一个典型的菜单系统,其主菜单是一个(　　)。
　　A. 弹出式菜单　　　　B. 条形菜单　　　　C. 下拉式菜单　　　　D. 级联菜单

2. 在 Visual FoxPro 中,菜单文件的扩展名为(　　)。
　　A. .mnx　　　　　　B. .mnt　　　　　　C. .idx　　　　　　D. .pjt

3. 菜单设计器窗口中的(　　)可用于上、下级菜单之间的切换。
　　A. 菜单级　　　　　B. 菜单项　　　　　C. 插入　　　　　D. 预览

4. 在定义一个菜单项时,当菜单项的"结果"选择为(　　)时该文本框无效。
　　A. 命令　　　　　　B. 过程　　　　　　C. 子菜单　　　　D. 显示

5. 在为顶层表单添加下拉式菜单的过程中,需将表单的 ShowWindow 属性设置为(　　)使其成为顶级菜单。
　　A. 0　　　　　　　B. 1　　　　　　　C. 2　　　　　　　D. 3

6. 快捷菜单与下拉式菜单的区别是(　　)。
　　A. 快捷菜单有条形菜单,但没有弹出式菜单
　　B. 快捷菜单没有条形菜单,只有弹出式菜单
　　C. 快捷菜单既有条形菜单,又有弹出式菜单
　　D. 快捷菜单不需要条形菜单和弹出式菜单

7. 快捷菜单中清除菜单的命令是(　　)。

  A. RELEASE POPUPS   B. DELETE　POPUPS

  C. ZAP　POPUPS   D. DEL　POPUPS

8. 下面的说法中错误的是(　　)。

  A. 热键通常是一个字符

  B. 不管菜单是否激活，都可以通过快捷键选择相应的菜单选项

  C. 快捷键通常是 Alt 键和另一个字符组合成的组合键

  D. 当菜单激活时，可以按菜单项的热键快速选择该菜单项

9. 如果在执行了 SET SYSMENU SAVE 命令后，修改了系统菜单，那么执行(　　)命令就可以恢复 SET SYSMENU SAVE 命令执行之前的菜单配置。

  A. SET SYSMENU DEFAULT   B. SETMENU=DEFAULT

  C. SET DEFA ULT TO SYSMENU D. SET SYSMENU TO DEFAULT

二、填空题

1. Visual FoxPro 支持两种类型的菜单，分别是_____和_____。

2. 每一个菜单项都可以选择地设置一个热键和一个_____。

3. 在命令窗口中执行_____命令可以启动菜单设计器。

4. 若要对菜单项分组，可以在"菜单名称"栏中输入_____，便可创建一条分隔线。

5. 要恢复 Visual FoxPro 的默认系统菜单，应执行命令_____。

6. 在菜单设计器中，要为某个菜单项定义快捷键，可利用_____对话框。

7. 不带参数的_____命令将会屏蔽系统菜单，使系统菜单不可用。

8. 在利用菜单设计器设计菜单时，当某菜单项对应的任务需要多条命令来完成时，应利用_____选项来添加多条命令。

9. 菜单设计器窗口中，_____的组合框可用于上下级菜单之间的切换。

三、操作题

1. 建立一个名为 menu_rate 的菜单，菜单中有两个菜单项"查询"和"退出"。"查询"项下中还有一个子菜单，子菜单有"日元"、"欧元"、"美元"三个选项。在"退出"菜单项下创建过程，该过程负责返回系统菜单。

2. 有仓库数据库 CK3，包括如下所示两个表文件：

CK(仓库号 C(4)，城市 C(8)，面积 N(4))

ZG(仓库号 C(4)，职工号 C(4)，工资 N(4))

设计一个名为 ZG3 的菜单，菜单中有两个菜单项"统计"和"退出"。程序运行时，单击"统计"菜单项应完成下列操作：检索出所有职工的工资都大于 1220 元的职工所管理的仓库信息，将结果保存在 wh1 数据表(wh1 为自由表)文件中，该文件的结构和 CK 数据表文件的结构一致，并按面积升序排序。单击"退出"菜单项，程序终止运行。

3. 有股票管理数据库 stock_4，数据库中有 stock_mm 表和 stock_cc 表，stock_mm 的表结构是股票代码 C(6)、买卖标记 L(.T.表示买进，.F.表示卖出)、单价 N(7.2)、本次数量 N(6)。stock_cc 的表结构是股票代码 C(6)、持仓数量 N(8)。stock_mm 表中一只股票对应多个记录，stock_cc 表中一只股票对应一个记录(stock_cc 表开始时记录个数为 0)。请编写并运行符合下列要求的程序：设计一个名为 menu_lin 的菜单，菜单中有两个菜单项"计算"和"退出"。程序运行时，单击"计算"菜单项应完成下列操作：

(1) 根据 stock_mm 统计每只股票的持仓数量，并将结果存放到 stock_cc 表。计算方法：买卖标记为.T.(表示买进)，将本次数量加到相应股票的持仓数量；买卖标记为.F.(表示卖出)，将本次数量从相应股票的持仓数量中减去(注意：stock_cc 表中的记录按股票代码从小到大顺序存放)。

(2) 将 stock_cc 表中持仓数量最少的股票信息存储到自由表 stock_x 中(与 stock_cc 表结构相同)。单击"退出"菜单项，程序终止运行。

第十章 报表设计

对数据库操作的目的是为了得到需要的数据，但用户往往希望数据是以一种报表的形式打印出来，更清楚地把数据间的关系、数据分析结果直接显示出来。Visual FoxPro 的报表和标签为用户提供了灵活的途径，让用户可以方便地在打印的文档中显示并总结数据。因此，报表设计是应用程序开发的一个重要组成部分。本章将结合实例具体介绍各种报表的创建和设计方法。

报表主要包括两部分的内容：数据来源和布局。报表的数据来源可以是数据库的表或自由表，也可以是视图、查询或临时表。

创建报表应该确定所需报表的常规格式。根据不同的应用需要，报表布局可以是简单的，如电话号码本；也可以是复杂的，如基于多表的财务报表。一般报表的布局格式有：

- 列报表：每个字段一列，字段名在页面上方，字段与其数据在同一列，每行一条记录
- 行报表：每个字段一行，字段名在数据左侧，字段与其数据在同一行
- 一对多：一条记录或一对多关系，其内容包括父表的记录及其相关子表的记录
- 多栏报表：每条记录的字段沿分栏的左边缘竖直放置

Visual FoxPro 提供了三种创建报表的方法：

(1) 利用报表向导创建报表。

(2) 利用快速报表创建简单规范的报表。

(3) 利用报表设计器创建用户自定义的报表。

10.1 利用报表向导创建报表

使用**报表向导**首先打开报表的数据源，向导提示用户回答简单的问题，按照"报表向导"对话框的提示进行操作。启动报表向导有以下四种方法：

(1) 从"文件"菜单中选择"新建"菜单选项，或者单击工具栏上的"新建"按钮，打开"新建"对话框，在文件类型栏中选择报表，然后单击"向导"按钮。

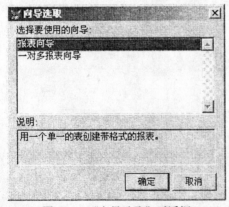

图 10.1 "向导选取"对话框

(2) 打开"项目管理器"，选择"文档"选项卡，从中选择"报表"。然后单击"新建"按钮。在弹出的"新建报表"对话框中单击"报表向导"按钮。

(3) 在"工具"菜单中选择"向导"子菜单，选择"报表"。

(4) 直接单击工具栏上的"报表向导"图标按钮。

报表向导启动时，首先弹出"向导选取"对话框。如图 10.1 所示。如果数据源是一个表，应选取"报表向导"；如果数据源包括父表和子

表，则应选取"一对多报表向导"。

下面通过例子来说明使用报表向导的操作步骤。

例 10-1 使用报表向导，为学生表创建报表。

(1) 在"工具"菜单选择"向导"子菜单，单击"报表"选项，出现"向导选取"对话框。

(2) 选中"报表向导"，单击"确定"按钮。

(3) 报表向导有 6 个步骤，先后出现 6 个对话框屏幕。

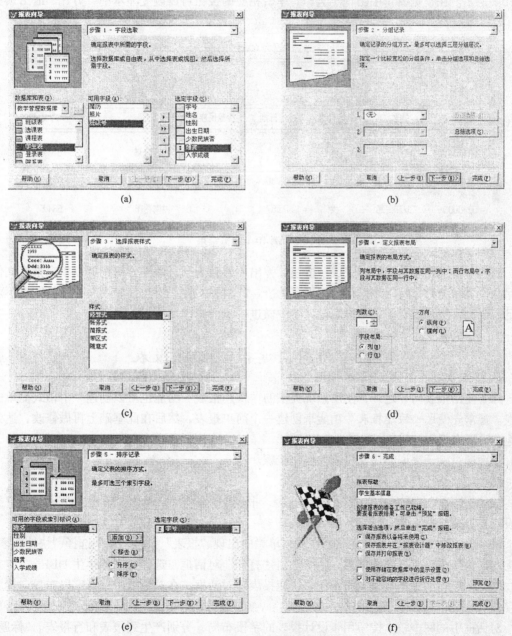

图 10.2　报表向导的操作步骤

步骤 1：选取字段，如图 10.2(a)所示。

步骤 2：分组记录，如图 10.2(b)所示。

步骤 3：选择报表样式，如图 10.2(c)所示。

步骤 4：定义报表布局，如图 10.2(d)所示。

步骤 5：排序记录，如图 10.2(e)所示。

步骤 6：完成，如图 10.2(f)所示。

为了查看生成报表的情况，通常先单击"预览"按钮查看一下效果。本例的预览结果如图 10.3 所示。在预览窗口中出现工具栏，单击相应的按钮可以改变显示的百分比、退出预览或直接打印报表。

学生基本信息							
10/06/04							
学号	姓名	性别	出生日期	少数民族否	籍贯		入学成绩
0040001	江华	男	04/20/86	N	江西赣州		620.0
0040002	杨阳	女	12/16/86	N	江苏南京		571.0
0040003	欧阳思思	女	12/05/87	N	湖南岳阳		564.5

图 10.3　例 10-1 预览结果

最后单击报表向导上的"完成"按钮，弹出"另存为"对话框，用户可以指定报表文件的保存位置和名称，将报表保存为扩展名为.frx 的报表文件。当然，如果向导所得结果不能满足需要，可打开该文件，在报表设计器中做进一步的修改。

10.2　利用快速报表创建报表

除了使用报表向导之外，使用系统提供的"快速报表"功能也可以创建一个格式简单的报表。通常先使用"快速报表"功能来创建一个简单报表，然后在此基础上再做修改，达到快速构造所需报表的目的。

下面通过例子来说明快速报表的操作步骤。

例 10-2　为学生表创建一个快速报表。

(1) 单击工具栏上的"新建"按钮，选择"报表"文件类型，单击"新建文件"，打开"报表设计器"，出现一个空白报表。

(2) 打开"报表设计器"之后，在主菜单栏中出现"报表"菜单，从中选择"快速报表"选项。因为事先没有打开数据源，系统弹出"打开"对话框，选择数据源学生.DBF。

(3) 系统弹出如图 10.4(a)所示的"快速报表"对话框，在对话框中选择字段布局、标题和字段。

对话框中的两个较大按钮用于设计报表的字段布局，分别产生列报表和行报表。"标题"复选框，表示在报表中为每一个字段添加一个字段名标题。"添加别名"复选框，表示是否在字段前面添加表的别名。选中"将表添加到数据环境"复选框，表示把打开的表文件添加到报表的数据环境中作为报表的数据源。

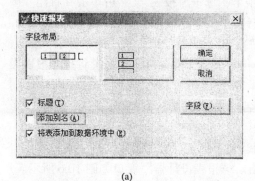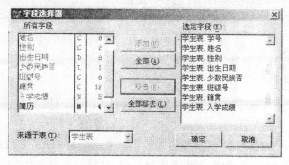

图 10.4　创建"快速报表"

单击"字段"按钮，打开"字段选择器"为报表选择可用的字段，如图 10.4(b)所示。用户可以选择所需要的字段，单击"确定"按钮，关闭"字段选择器"返回"快速报表"对话框。

(4) 在"快速报表"对话框中，单击"确认"按钮，快速报表出现在"报表设计器"中，如图 10.5(a)所示。

(5) 单击工具栏上的"打印预览"图标按钮，或者从"显示"菜单下选择"预览"，打开快速报表的预览窗口，如图 10.5(b)所示。

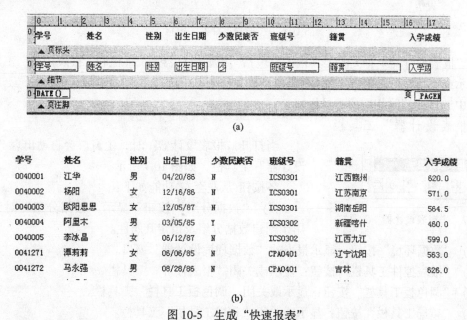

(a)

学号	姓名	性别	出生日期	少数民族否	班级号	籍贯	入学成绩
0040001	江华	男	04/20/86	N	ICS0301	江西赣州	620.0
0040002	杨阳	女	12/16/86	N	ICS0301	江苏南京	571.0
0040003	欧阳思思	女	12/05/87	N	ICS0301	湖南岳阳	564.5
0040004	阿里木	男	03/05/85	Y	ICS0302	新疆喀什	460.0
0040005	李冰晶	女	06/12/87	N	ICS0302	江西九江	599.0
0041271	潭莉莉	女	06/06/85	N	CPA0401	辽宁沈阳	563.0
0041272	马永强	男	08/28/86	N	CPA0401	吉林	626.0

(b)

图 10-5　生成"快速报表"

(6) 单击工具栏的"保存"按钮，将报表保存为 ex10-2.frx 文件。

10.3　利用报表设计器创建设计报表

用户可以通过报表设计器直接来创建和设计报表。直接调用报表设计器所创建的报表是一个空白报表，可以通过以下三种方法调用报表设计器：

(1) 在项目管理器环境下调用：在"文档"选项卡，选中"报表"，然后单击"新建"按钮，从"新建报表"对话框中单击"新建报表"按钮。

(2) 菜单方式下调用：从"文件"菜单中选择"新建"，或者单击工具栏的"新建"按钮，打开"新建"对话框。选择报表文件类型，然后单击"新建文件"按钮，系统将打开报表设计器。

(3) 使用命令：CREATE REPORT [报表文件名]。如果缺省报表文件名，系统自动赋予一个名字。

在实际应用中，往往先创建一个简单报表，每当打开已经保存的报表文件，系统自动打开报表设计器，如打开例 10-1 中报表文件 ex10-1.frx，"报表设计器"窗口如图 10.6 所示。

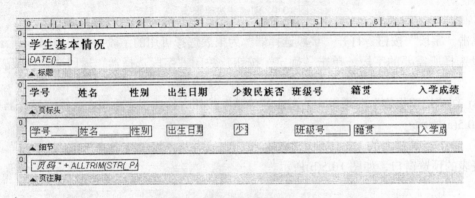

图 10.6   "报表设计器"窗口

与"报表设计器"有关的工具栏主要包括"报表设计器"工具栏和"报表控件"工具栏。要想显示或隐藏，可以单击"显示"菜单，从下拉菜单中选择"工具栏"。从弹出的"工具栏"对话框中选择或清除相应的工具栏。

一、"报表设计器"工具栏

图 10.7   "报表设计器"工具栏

当打开"报表设计器"时，主窗口会自动出现"报表设计器"工具栏，如图 10.7 所示。

各按钮(从左至右)功能如下：

(1) "数据分组"按钮：显示"数据分组"对话框，用于创建数据分组及指定其属性。

(2) "数据环境"按钮：显示报表的"数据环境设计器"窗口。

(3) "报表控件工具栏"按钮：显示或关闭"报表控件"工具栏。

(4) "调色板工具栏"按钮：显示或关闭"调色板工具栏"工具栏。

(5) "布局工具栏"按钮：显示或关闭"布局工具栏"工具栏。

在设计报表时，利用"报表设计器"工具栏中的按钮可以方便地进行操作。

二、"报表控件"工具栏

在打开"报表设计器"窗口的同时也会打开"报表控件"工具栏，如图 10.8 所示，该工具栏各按钮的(从左至右)的功能如下：

图 10.8   "报表控件"工具栏

(1) "选定对象"按钮：移动或更改控件的大小。

(2) "标签" 按钮：在报表上创建一个标签控件，用于显示与记录无关的内容。

(3) "域控件" 按钮：在报表上创建一个字段控件，用于显示字段、内存变量或其他表达式的值。

(4) "线条" 按钮、"矩形" 按钮和 "圆角" 按钮：用来绘制相应的图形内容。

(5) "图片\ActiveX 绑定控件" 按钮：显示图片或通用型字段的内容。

(6) "按钮锁定" 按钮：允许添加多个相同类型的控件而不需要多次选中该控件按钮。

单击 "报表设计器" 工具栏上的 "报表控件" 按钮可以随时显示或关闭 "报表控件" 工具栏。

10.3.1 报表数据源和布局

报表总是和一定的数据源相联系，当一个报表所使用的数据源固定不变，可以把数据源添加到报表的数据环境中。数据源的数据改变，使同一个报表所显示的数据内容也发生改变，但报表的格式不变。

一、设置报表的数据源

使用报表设计器创建一个空报表并直接设计报表时才需要指定数据源，报表向导和创建快速报表时，系统已经指定了相应的报表数据源。每一次运行报表时数据源被打开，关闭和释放报表时关闭数据源。

例 10-3　为一个空报表添加数据源。

(1) 新建一个报表文件，从 "报表设计器" 工具栏单击 "数据环境" 按钮，或者在 "报表设计器" 窗口的任意位置上，单击右键，在弹出的快捷菜单中选择 "数据环境" 命令，打开 "数据环境设计器" 窗口，也可以在 "显示" 菜单中选择 "数据环境"。

(2) 打开 "数据环境设计器" 窗口后，在 "数据环境设计器" 窗口中单击右键，在弹出的快捷菜单从中选择 "添加" 命令，或从 "数据环境" 菜单中选中 "添加" 命令，系统将弹出 "添加表或视图" 对话框。如图 10.9 所示。

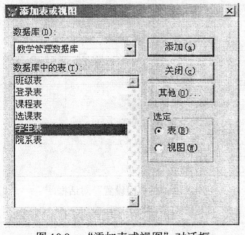

图 10.9　"添加表或视图" 对话框

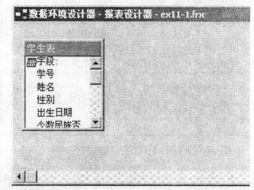

图 10.10　向 "数据环境设计器" 添加数据源

(3) 在 "添加表或视图" 对话框中选择作为数据源的表或视图，在这里选择学生表，如图 10.10 所示。

(4) 最后单击 "关闭" 按钮。

二、设计报表布局

一个设计良好的报表会把数据放在报表合适的位置上。在报表设计器中，报表包括若干个带区。例如，如图 10.6 所示的报表包含了四个带区：标题、页标头、细节和页注脚。带区名标识在带区下的标识栏上。

带区的作用主要是控制数据在页面上的打印位置。在打印或预览报表时，系统会以不同的方式处理各个带区的数据，每一个报表中都可以添加或删除若干个带区。表 10.1 列出报表的一些常用带区以及使用情况。

表 10.1　报表带区及作用

带区	作用
标题	每张报表开头打印一次或单独一页，如报表名称
页标头	每个页面打印一次，例如列报表的字段名称
细节	每条记录打印一次，如各记录的字段值
页注脚	每个页面下面打印一次，例如页码和日期
总结	每张报表最后一页打印一次或单独占用一页
组标头	数据分组时每组打印一次
组注脚	数据分组时每组打印一次
列标头	在分栏报表中每列打印一次
列注脚	在分栏报表中每列打印一次

"页标头"、"细节"和"页注脚"这三个带区是快速报表默认的基本带区。如果要使用其他带区，可以由用户自己设置。设置报表其他带区的操作方法如下：

1. 设置"标题"或"总结"带区

从"报表"菜单中选择"标题/总结"命令，系统将显示"标题/总结"对话框，如图 10.11 所示。选中"标题带区"复选框，则在报表中添加一个"标题"带区，自动放置在报表的顶部。如希望把标题单独打印一页，应选中"新页"复选框。

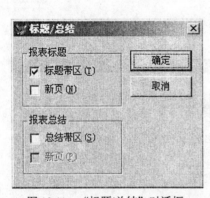

图 10.11　"标题/总结"对话框

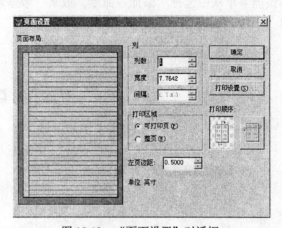

图 10.12　"页面设置"对话框

选中"总结带区"复选框，则在报表中添加一个"总结"带区，自动放置在报表的底部。如希望把总结单独打印一页，应选中"新页"复选框。

2. 设置"列标头"和"列注脚"带区

设置"列标头"和"列注脚"带区用于创建多栏报表。从"文件"菜单中选择"页面"设置命令，弹出"页面设置"对话框，如图 10.12 所示。将"列数"的值调整为大于 1，报表将添加一个"列标头"和"列注脚"带区。

3. 设置"组标头"和"组注脚"

只有对表的索引字段设置分组才能够得到分组的效果，表中索引关键字相同的值的记录集中在一起，报表中的数据才能组织到一起。

从"报表"菜单中选择"数据分组"命令，或单击"报表设计器"工具栏上的"数据分组"按钮，系统将显示"数据分组"对话框，如图10.13所示。单击对话框中的省略号按钮，弹出"表达式生成器"窗口，如图10.14所示，从中选择分组表达式，如学生表.班级号。在报表设计器中将添加一个或多个"组标头"和"组注脚"带区，带区的数目由分组表达式的数目决定。

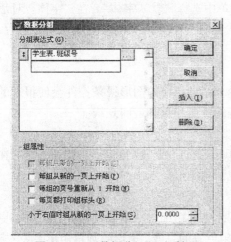

图10.13 "数据分组"对话框

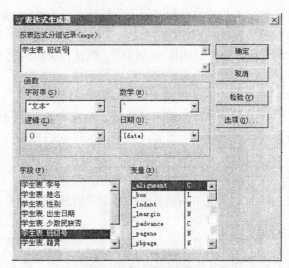

图10-14 "表达式生成器"窗口

三、调整带区的高度

添加了所需的带区以后，就可以在带区中添加需要的控件。可以在"报表设计器"中直接用鼠标左键上下拖动带区的标识栏来得到满意的带区高度，或双击需要调整高度带区的标识栏，系统将显示一个对话框，例如双击"页标头"带区标识栏，将打开相应的对话框，如图10.15所示。

在对话框中，直接输入所需高度的数值，或者调整"高度"微调器中的数值。选中"带区高度保持不变"复选框，可以防止报表带区因容纳

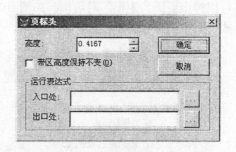

图10.15 调整带区高度对话框

过长的数据或从中移去数据而移动。在"入口处"设置表达式可以使系统在打印该带区内容之前先计算表达式的值，在"出口处"设置表达式可以使系统在打印该带区内容之后计算表达式的值。

10.3.2 在报表中使用控件

在"报表设计器"中，为报表新设置的带区是空白的，通过在报表中添加控件，可以安排所要打印的内容。

一、标签控件

标签控件在报表中的使用相当广泛。例如，每一个字段前面都有一段说明性文字，报表一般都有标题等。这些说明性文字或标题性文本就是使用标签控件来完成的。

1. 插入标签控件

插入标签控件的操作很简单，只要在"报表控件"工具栏中单击"标签"按钮，然后在报表的指定位置上单击鼠标，便出现一个插入点，即可在当前位置上输入文本。

2. 更改字体

可以更改每个域控件或标签控件中文本的字体和大小，也可以更改报表的默认字体。选定要更改的控件，从"格式"菜单中选定向"字体"，此时显示"字体"对话框。选定适当的字体和磅值，然后选择"确定"按钮。

若要更改标签控件的默认字体，应从"报表"菜单中选择"默认字体"。在"字体"对话框内，选择想要的字体和磅值作为默认值，然后选择"确定"按钮。只有改变默认字体之后，新插入的控件才会反映出新设置的字体。

二、线条、矩形和圆角矩形控件

报表仅仅包含数据不够美观，在报表适当的位置上添加相应的图形线条控件会使报表的效果更好。例如，常需要在报表内的详细内容和报表的页眉和页脚之间划线。

1. 添加控件

在"报表控件"工具栏上单击"线条"按钮、"矩形"按钮或"圆角矩形"按钮，然后在报表的一个带区中拖动光标将分别生成线条、矩形或圆角矩形。

2. 更改样式

可以更改垂直、水平线条，矩形和圆角矩形所用线条的粗细，从细线到粗线，也可以更改线条的样式，从点线到点线和虚线的组合。选定希望更改的直线、矩形或圆角矩形，从"格式"菜单中选择"绘图笔"，再从子菜单中选择适当的大小或样式。

在报表上双击线条、矩形控件，可以弹出"矩形/线条"对话框，双击圆角矩形控件，还可以弹出"圆角矩形"对话框，如图 10.16(a)(b)所示。在对话框中分别可设置图形控件的样式、对象位置和打印位置。

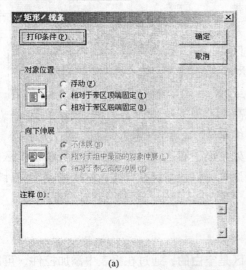 

(a)　　　　　　　　　　　　　　(b)

图 10.16　"矩形/线条"对话框和"圆角矩形"对话框

3. 调整位置

要调整控件大小，可选定控件，然后拖动控件四周的某个控点改变控件的宽度和高度。此方法可以调整除标签之外任何报表控件的大小，而标签的大小由字符、字体及磅值决定。如果要制作完全相同的控件，例如双线，最方便的方法是复制控件，选中该控件后，单击工具栏上的"复制"按钮，再单击"粘贴"按钮。对于不用的控件，选中后按"Del"键，可删除控件。

4. 选择多个控件

两种方法：一种是选定一个控件后，按住"SHIFT"键，同时再选择其他控件；另一种是圈选，即在控件周围用鼠标左键拖动画出选择框，选择多个相邻的控件。

5. 设置控件布局

利用"布局"工具栏中的按钮，可以调整报表窗口中被选定控件的相对大小或位置。"布局"工具栏可以通过单击报表设计器工具栏上的"布局工具栏"按钮或选择"显示"菜单中的"布局工具栏"命令打开或关闭，如图 10.17 所示。

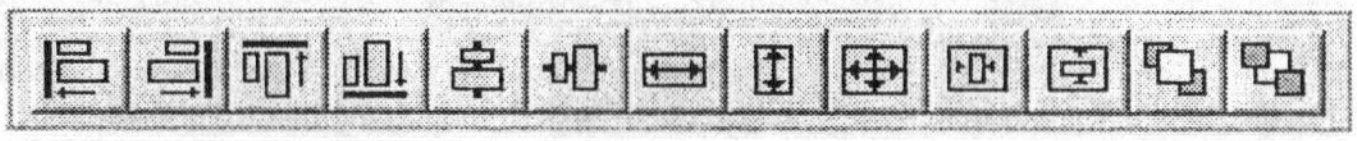

图 10.17　"布局"工具栏

"布局"工具栏的各按钮及功能如下：

(1) 左边对齐：让选定的所有控件沿其中最左边的那个控件的左侧对齐。

(2) 右边对齐：让选定的所有控件沿其中最右边的那个控件的右侧对齐。

(3) 顶边对齐：让选定的所有控件沿其中最顶端的那个控件的顶端对齐。

(4) 底边对齐：让选定的所有控件沿其中最下端的那个控件的下端对齐。

(5) 垂直居中对齐：使所有被选控件的中心处在一条垂直轴上。

(6) 水平居中对齐：使所有被选控件的中心处在一条水平轴上。

(7) 相同宽度：调整所有被选控件的宽度，使其与其中最宽控件的宽度相同。

(8) 相同高度：调整所有被选控件的高度，使其与其中最高控件的高度相同。

(9) 相同大小：使所有被选定的控件具有相同的大小。

(10) 水平居中：使被选定的控件在表单内水平居中。

(11) 垂直居中：使被选定的控件在表单内垂直居中。

(12) 置前：将被选控件移到最前面，可能会把其他控件覆盖住。

(13) 置后：将被选控件移到最后面，可能会被其他控件覆盖住。

三、域控件

域控件用于打印表或视图中的字段、变量和表达式的计算结果。

1. 添加域控件

向报表中添加域控件有两种方法：

(1) 从"数据环境设计器"中添加。从报表设计器快捷菜单中选择"数据环境"，打开"数据环境设计器"窗口，选择所需要的表或视图，然后把相应的字段拖曳到报表指定的带区位置即可。

(2) 直接使用"报表控件"工具栏中的"域控件"按钮。单击"域控件"按钮，然后在报表带区的指定位置上单击鼠标，系统将显示一个"报表表达式"对话框，如图 10.18 所示。

可以在"表达式"文本框中输入字段名，或单击右侧的对话按钮，打开"表达式生成器"对话框，如图 10.19 所示。在"字段"框中双击所需得的字段名，表名和字段名将出现在"报表字段的表达式"内。如"字段"框为空，说明要设置数据源，向报表数据环境中添加表或视图。

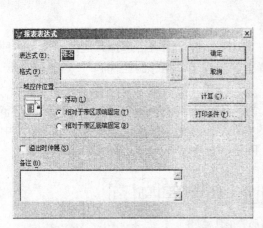

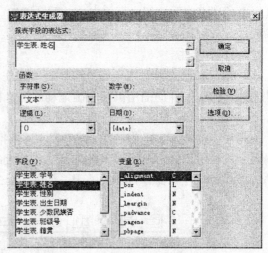

图 10.18　"报表表达式"对话框　　　　　　图 10.19　"表达式生成器"对话框

在"报表表达式"对话框中单击"计算"按钮，打开"计算字段"对话框，如图 10.20 所示，可以选择一个表达式通过计算来创建一个域控件。"计算字段"对话框用创建一个计算结果。在"重置"列表框，有三个值：报表尾、页尾和列尾。该值为表达式重新计算值时的位置。在"计算"区域设置 8 个单选项。这些选项指定在报表表达式中执行的计算。

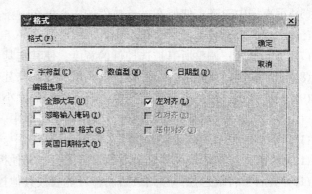

图 10.20　"计算字段"对话框　　　　　　图 10.21　"格式"对话框

在"报表表达式"对话框中有"域控件位置"区域，有三个单选项。

"浮动"：指定该控件相对于周围控件的大小浮动。

"相对于带区顶端固定"：使域控件在"报表设计器"中保持固定的位置，并维持其相对于带区顶端的位置。

"相对于带区底端固定"：使域控件在"报表设计器"中保持固定的位置，并维持其相对于带区底端的位置。

有些域控件，例如字段的内容较长，可选择"溢出时伸展"复选框，使字段的全部内容得以显示。

2. 定义域控件的格式

双击域控件，可打开该域控件的"报表表达式"对话框，在"报表表达式"对话框中可以定义域控件的格式。

单击"格式"文本框后面的按钮，可打开"格式"对话框，如图 10.21 所示。在"格式"对话框中首先要选择域控件的数据类型：字符型、数值型和日期型。不同的类型选择有不同的格式内容出现在"编辑选项"区域。用户可根据需要设定不同类型的数据格式。

3. 设置打印条件

在"报表表达式"对话框中有"打印条件"按钮，该按钮主要功能是要精确设置打印的文本。单击"打印条件"按钮，将打开"打印条件"对话框，如图 10.22 所示，对于不同类型的域控件，该对话框显示的内容将有所不同。

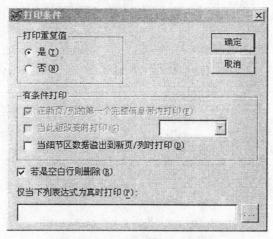

图 10.22 "打印条件"对话框

在表中可能有多条记录在某一个字段上的值相同。例如"班级号"字段，相同班级的学生具有相同的值，存在多条相同的记录。在打印报表时，若连续几条记录的某个字段出现相同的值，而用户又不希望打印相同的值，则可以在"打印条件"对话框中的"打印重复值"区域选择"否"，报表只打印一次相同的值。

"有条件打印"区域中包括三个复选框，若在"打印重复值"区域中选择"否"，则第一个复选框"在新页/列的第一个完整信息带内打印"可用。选中它标识在同一页或列中不打印重复值，换页或换列后遇到新记录时打印重复值。

若不打印重复值，并且报表已进行数据分组，第二个复选框"当此组改变时打印"可用。选中它表示当某个组发生变化时，需打印重复值，然后从列出的报表分组中选择一个分组。

当细节带区的数据溢出到新页或新列时希望打印，选择"当细节区数据溢出到新页/列时打印"复选框。

如果记录是一个空白记录，缺省情况下报表也给空白记录留一块区域。若希望报表的内容更紧凑，可以去除这些空白区域。在这种情况下，选择"若是空白行则删除"复选框。

Visual FoxPro 允许建立一个打印表达式，此表达式将在打印之前被计算。若表达式结果为真，则允许打印该字段，否则不允许打印该字段。若要设置该打印表达式，应在"仅当下列表达式为真时打印"文本框中输入表达式，或单击该文本框右侧的对话框，显示"表达式生成器"对话框，输入或选择打印表达式。

四、OLE 对象

在开发应用程序时，常用到对象链接与嵌入(OLE)技术。一个 OLE 对象可以是图片、声音和文栏等，Visual FoxPro 的表还包含这些 OLE 对象，这就意味着报表也能够处理 OLE 对象。

1. 添加图片

在"报表控件"工具栏中单击"图片/ActiveX 绑定控件"按钮，在报表的一个带区内单击并拖动鼠标拉出图文框，弹出"报表图片"对话框，如图 10.23 所示。

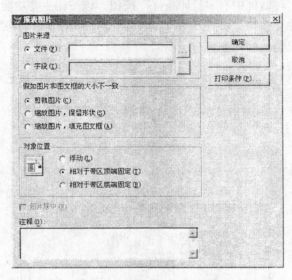

图 10.23　"报表图片"对话框

在对话框中，图片来源有文件和字段两种形式。"图片来源"区域选择"文件"，并输入一个图片文件的位置和名称，或单击对话框按钮来选择一个图片文件，可以是 JPG、GIF、BMP 或 ICO 文件。如果要添加通用字段，在"图片来源"区域选择"字段"，在"字段"框中键入字段名，或单击对话框按钮来选择"字段"，单击"确定"按钮。通用字段的占位符将出现在定义的图文框内。

2. 调整图片

添加到报表中的图片尺寸可能不适应报表设定的图文框。当图片与图文框的大小不一致时，可以在"报表图片"对话框中选择相应的选项调整图片。

(1) 剪裁图片：系统默认"剪裁图片"单选项，图片将以图文框的大小来显示图片，所以有可能只能显示部分图片。

(2) 缩放图片，保留形状：若要在图文框中放置一个完整、不变形的图片，则应该选择该单选项，但是这种情况可能不能填满整个图文框。

(3) 缩放图片，填充图文框：若要使图片填满整个图文框，应选择该选项，但这时可能改变图片的比例。

3. 对象的位置

与其他控件一样，图片的位置有三种选择。若选择"浮动"，则表示图片相对于周围控件的大小浮动；若选择"相对于带区顶端固定"，则可以使图片保持在报表中指定的位置上，并保持其相对于带区顶端的距离；若选择"相对于带区底端固定"，则可以使图片保持在报表中指定的位置上，并保持其相对于带区底端的距离。

例 10-4 在报表设计器中修改报表 ex10-1.frx 文件。

(1) 单击工具栏"打开"按钮，在打开对话框下面的"文件类型"中选择报表，双击 ex10-1.frx 报表文件，在报表设计器中打开。该文件是由例 10-1 中用报表向导自动生成的，包含"标题"、"页标头"、"细节"和"页注脚"四个带区。

(2) 添加"总结"带区。从"报表"菜单中选择"标题/总结"，在弹出的对话框中选择"总结带区"复选框，按"确定"按钮，总结带区出现在报表的尾部。

(3) 调整带区的高度。用鼠标选中"标题"带区标识栏，向上下拖曳来扩展"标题"带区的空间，同样调整其他带区的空间。

(4) 修改标题的文本、字体和位置。单击"报表控件"工具栏中的"标签"按钮，在报表的标题带区的标题标签控件上单击鼠标，出现一个闪动的文本插入点，修改标题为"学生基本信息一览表"，然后在"格式"菜单中选择"字体"。设置标题的字体为"隶书"，字号大小为 1 号。单击报表设计器工具栏上的"布局工具栏"按钮，打开"布局"工具栏，然后单击"布局"工具栏上的"水平居中"和"垂直居中"按钮，使标题位于标题带区中央位置。

(5) 修改添加线条。在"页标头"带区选中第一根水平线，在"格式"菜单中选择"绘图笔"命令中的"4 磅"。单击"报表控件"工具栏的"线条"按钮，在"总结"带区添加一根水平线，并设定它的磅值为 4 磅。

(6) 添加图片。在"报表控件"工具栏中单击"图片/Active 绑定控件"按钮，在报表的标题带区左端单击并拖动鼠标拉出图文框。在"报表图片"对话框的"图片来源"区域选择"文件"，单击对话框按钮选定一个文件 stud.Jpg。为保持图片完整并不变形，选择"缩放图片，保留形状"单选项。对象位置选择"相对于带区底端固定"。单击"确定"按钮，关闭"报表图片"对话框。

学生基本信息一览表

学号	姓名	性别	出生日期	少数民族否	籍贯	入学成绩
0040001	江华	男	04/20/86	N	江西赣州	620.0
0040002	杨阳	女	12/16/86	N	江苏南京	571.0
0040003	欧阳思思	女	12/05/87	N	湖南岳阳	564.5
0040004	阿里木	男	03/05/85	Y	新疆喀什	460.0
0040005	李冰晶	女	06/12/87	N	江西九江	599.0
0041271	潭莉莉	女	06/06/85		辽宁沈阳	563.0
0041272	马永强	男	08/28/86		吉林	626.0
0041273	金明成	男	09/16/84	Y	吉林	609.0
0052159	李永波	男	09/27/87		江西南昌	592.0
0052160	李 强	男	04/14/87	N	黑龙江哈尔滨	611.0
0052161	江海强	男	06/21/88	Y	云南大理	572.0

学生人数: 11   打印时间: 08/16/04 14:32:14

图 10.24 报表打印预览效果

(7) 添加和移动域控件。在"报表控件"工具栏中单击"域控件"按钮，在报表的总结带区单击并拖动鼠标拉出对话框。在"报表表达式"对话框的表达式框中输入"学生.学号"，单击"计算"按钮，在弹出的对话框中的计算区域选择"计数"选项。关闭计算对话框。用来显示学生人数，同样再添加一个域控件，表达式为 time( )，用来显示当前时间。另外再添加两个标签，文本分别为"学生人数"和"打印时间"。

最后，选中"标题"带区的用于显示日期的域控件，把它拖到"总结"带区，调整"总结"带区中各对象的位置。

(8) 在"报表设计器"窗口中单击右键，弹出快捷菜单选择"报表预览"，效果如图 10.24 所示。

(9) 在"文件"菜单选择"另存为"，文件名为 ex10-4.frx。

10.4 数据分组和多栏报表

在实际应用当中，常需要把具体某种相同的信息数据打印在一起，方便阅读。分组可以明显地分隔每组记录和为组添加介绍和总结性数据。例如，要将不同班级的学生分别打印，即是把同班同学的信息打印在一起，这就应当根据班级号字段来进行分组。

10.4.1 设计数据分组报表

一个报表可以设置一个或多个数据分组，组的分隔基于分组表达式。该表达式可以是一个字段，也可以是多个字段组成。对报表进行分组时，报表会自动创建"组标头"和"组注脚"。

一、设置报表的数据记录的顺序

报表布局并不排序数据，它只是按数据源中数据实际存在的顺序处理显示数据。为了使数据源适合于分组处理记录，也就是说使在分组字段上相同的值能够分布在同一个分组中，就必须对数据源进行适当的索引或排序。通过对表设置索引，或在数据环境中使用视图、查询作为数据源才能达到合理分组显示记录的目的。

为数据环境设置索引的方法如下：

(1) 从"显示"菜单中选择"数据环境"，或者单击"报表设计器"工具栏的"数据环境"按钮，也可以右击报表设计器，从弹出的快捷菜单上选择"数据环境"。系统将打开数据环境设计器。

(2) 在数据环境设计器中右击鼠标，从快捷菜单中选择"属性"，打开"属性"窗口。

(3) 在"属性"窗口中选择对象框中的"Cursor1"。

(4) 选择"数据"选项卡，选定"Order"属性，输入索引名，或在索引列表中选定一个索引。如图 10.25 所示。

当然，如果数据源是表，可以在表设计器中建立索引，也可以在数据环境外用命令来选择分组所用的主索引，如命令 SET ORDER TO <索引关键字>命令。

图 10.25 数据源属性窗口

二、设计分组报表

一个报表可以基于选择的表达式进行一级或多级数据分组，例如，可以在"班级号"字段上进行分组，相同班级的学生记录在一起打印，当然数据源必须按"班级号"进行字段索引或排序，在此分组上还可以如籍贯字段再进行二级分组。这里主要介绍单级分组报表的操作过程。分组的操作方法如下：

(1) 从"报表"菜单中选择"数据分组"，或者单击"报表设计器"工具栏上的"数据分组"按钮，也可以右击报表设计器，从弹出的快捷菜单中选择"数据分组"。系统将显示如图10.26 所示的"数据分组"对话框。

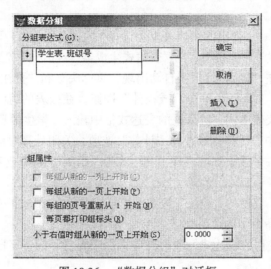

图 10.26 "数据分组"对话框

(2) 在第一个"分组表达式"框内键入分组表达式，或者选择对话框按钮，在"表达式生成器"对话框中创建表达式。

(3) 在"组属性"区域选定想要的属性。

组属性主要用于指定如何分页。在"组属性"区域中有四个复选框，根据不同的报表类型，有的复选框不可用。

"每组从新的一列上开始"复选框：表示当组的内容改变时，是否打印到下一列上。

"每组从新的一页上开始"复选框：表示当组的内容改变时，是否打印到下一页上。

"每组的页号重新从1开始"复选框：表示当组的内容改变时，是否在新的一页上开始打印，并设置页号为1。

"每组都打印组标头"复选框：表示当组的内容分布在多页时，是否每页都打印组标头。

设置组标头距页面底部的最小距离可以避免孤立的组标头的出现。有时因页面剩余的行数较少而在页面上只打印了组标头而未打印组内容，这样就会在页面上出现孤立的组标头。在报表设计时应当避免出现这样的情况。可以在"小于右值时组从新的一页上开始"微调器中输入一个数值，该数值就是在打印组标头时组标头距页面底部的最小距离，应当包括组标头和至少一行记录及页脚的距离。

(4) 选择"确定"按钮。

分组之后，报表布局就有了组标头和组注脚带区，可以向其中放置任意需要的控件。通常，把分组所用的域控件从"细节"带区复制或移动到"组标头"带区。也可以添加线条、矩形和圆角矩形等希望出现在组内第一条记录之前的任何标签。组注脚通常包含组总计和其他总结性信息。

例 10-5 将学生信息报表 ex10-4.frx 修改成以班级分组的报表。

事先建立视图"学生信息",该视图由学生表和班级表在班级号联接上部分字段组成,并在班级号字段上升序排列。

(1) 单击工具栏上的"打开"按钮,在"文件类型"中选择报表,双击 ex10-4.frx 文件,在报表设计器中打开。

(2) 右击报表设计器,从弹出的快捷菜单上选择"数据环境",在打开的数据环境设计器中添加视图"学生信息"。

(3) 右击报表设计器,从弹出的快捷菜单上选择"数据分组",打开"数据分组"对话框。单击第一个"分组表达式"右侧按钮,在"表达式生成器"对话框中选择"学生信息.班级号"作为分组依据,然后单击"确定",报表自动出现"页标头"和"页注脚"带区。

(4) 在"报表控件"工具栏中单击"域控件"按钮,在报表的组注脚带区单击并拖动鼠标拉出对话框。在"报表表达式"对话框的表达式框中输入"学生信息.学号",单击"计算"按钮,在弹出的对话框中的计算区域选择"计数"选项。关闭计算对话框。用来显示组内的学生人数,同样在组标头带区添加域控件,表达式为"学生信息.专业名称"和一个标签,文本为"学生人数"。

单击"报表控件"工具栏的"线条"按钮,在该域控件底端添加一根水平线,在"格式"菜单中选择"绘图笔"命令中的"2磅"。

(5) 依次修改各域控件的表达式,使之对应视图中要打印的各字段,并调整相应的域控件的位置。

(6) 修改"总结"带区内的标签"学生人数"为"学生总人数"。

(7) 在"报表设计器"窗口,单击右键,弹出快捷菜单选择"报表预览",效果如图 10.27 所示。

学生基本信息一览表

学号	姓名	性别	出生日期	少数民族否	籍贯	入学成绩
注册会计师2004-01班						
0041271	潭莉莉	女	06/06/85	N	辽宁沈阳	563.0
0041272	马永强	男	08/28/86	N	吉林	626.0
0041273	金明成	男	09/16/84	Y	吉林	609.0
学生人数: 3						
注册会计师2005-01班						
0052159	李永波	男	09/27/87	N	江西南昌	592.0
0052160	李 强	男	04/14/87	N	黑龙江哈尔滨	611.0
0052161	江海强	男	06/21/88	Y	云南大理	572.0
学生人数: 3						
计算机科学技术2003-01班						
0040001	江华	男	04/20/86	N	江西赣州	620.0

图 10.27 报表打印预览效果

(8) 在"文件"菜单选择"另存为"，文件名为 ex10-5.frx。

10.4.2　设计多栏报表

多栏报表是在一个报表中分为多个栏目打印输出，它比较适合打印内容较少，横向只占用部分页面的报表。操作步骤如下：

1. 设置"列标头"和"列注脚"带区

从"文件"菜单中选择"页面设置"命令，弹出"页面设置"对话框，如图 10.28 所示。在"列"区域，把"列数"微调器的值调整为栏目数，如 3 栏。在报表设计器中将添加一个"列标头"带区和一个"列注脚"带区，同时"细节"带区相应缩短，如图 10.29 所示。

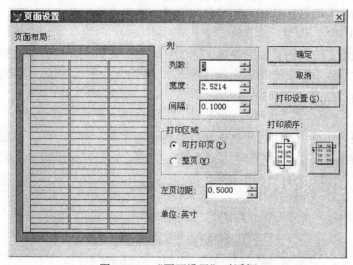

图 10.28　"页面设置"对话框

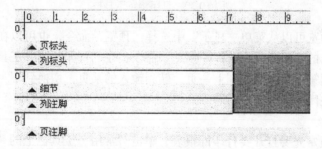

图 10.29　设计多栏报表

"列"是页面横向打印的记录的数目，不是单条记录的字段数目。它显示了页边距内的区域，在默认的页面中，整条记录为一列。因此，如果报表有多列，可以调整列的高度和间隔。当更改左边距时，列宽将自动更改以显示出新的页边距。

2. 添加控件

在向多栏报表添加控件时，应注意不要超出报表设计器中带区的宽度，否则可能使打印的相互内容重叠。

3. 设置页面

在打印报表时，对"细节"带区中的内容系统默认为"自上向下"的打印顺序。这适合于除多栏报表以外的其他报表。对于多栏报表而言，这种打印顺序只能靠左边距打印一个栏目，页面上的其他栏目空白。为了在页面上真正打印出多个栏目来，需要把打印顺序设置为"自左向右"打印。在"页面设置"对话框中单击右面的"自左向右"打印顺序按钮即可，参见图 10.28 所示。

10.5 报 表 输 出

设计报表的目的是要按照一定的格式输出符合要求的数据。报表文件的扩展名为.frx，该文件存储报表设计的详细说明。每个报表文件还带有文件扩展名为.frt 的相关文件。报表文件不存储每个数据字段的值，只存储数据源的位置和格式信息。

1. 设置报表的页面

打印报表之前，应考虑页面的外观，例如页边距、纸张类型和所需的布局。如果更改了纸张的大小和方向设置，应确认该方向适用于所选的纸张大小。例如，若纸张为信封时，方向必须设为横向。

2. 预览报表

通过预览报表，可以不用打印就查看报表的页面外观。例如，可以观察数据列的对齐和间隔，或者观看报表是否返回用户希望的数据。有两个选择：显示整个页面或者缩小到一部分页面。"预览"窗口有它自己的工具栏，使用工具栏中的按钮可以一页一页地进行预览。如图 10.30 所示。

图 10.30　打印预览工具栏

要进行报表预览可以从菜单"显示"中选择"预览"命令，也可以在"报表设计器"中单击右键，在弹出的快捷菜单中选择"预览"命令。在"打印预览"工具栏中，各按钮的功能分别是：切换到第一页，切换到上一页，转到输入的某页，切换到下一页，切换到最后一页，页面缩放，关闭预览，报表打印。

3. 打印报表

打印报表，通常先要打开要打印的报表，单击"常用"工具栏上的"运行"按钮，或者从"文件"菜单中选择"打印"命令。或者在"报表设计器"中单击右键，在弹出的快捷菜单中选择"打印"，系统将弹出"打印"对话框。

习 题

一、选择题

1. 设计报表不需要定义报表的(　　)。

　　A. 标题　　　　　　B. 细节　　　　　　C. 页标头　　　　　D. 输出方式

2. 报表以视图或查询为数据源是为了对输出记录进行(　　)。

　　A. 筛选　　　　　B. 排序和分组　　　　C. 分组　　　　D. 筛选、分组和排序

3. 不属于常用报表布局的是(　　)。

A. 行报表　　　　　B. 列报表　　　　C. 多行报表　　　　D. 多栏报表

4. 设计报表，要打开(　　)。

   A. 表设计器　　　B. 表单设计器　　C. 报表设计器　　D. 数据库设计器

5. 在创建快速报表时，基本带区不包括(　　)。

   A. 细节　　　　　B. 页标头　　　　C. 标题　　　　D. 页注脚

6. 报表的数据源可以是(　　)。

   A. 数据库表、自由表或视图　　　　　B. 表、视图或查询

   C. 自由表或其他表　　　　　　　　　D. 报表的数据源可以是临时表

7. 使用(　　)工具栏可以在报表或表单上对齐和调整控件的位置。

   A. 调色板　　　　B. 布局　　　　　C. 表单控件　　　D. 表单设计器

8. 预览报表可以使用命令(　　)。

   A. DO　　　　　　　　　　　　　　B. OPEN DATABASE

   C. MODIFY REPORT　　　　　　　　D. REPORT FORM

9. 在"报表设计器"中，任何时候都可以使用的控件是(　　)。

   A. 布局和数据源　　　　　　　　　　B. 标签、域控件和列表框

   C. 标签、域控件和线条　　　　　　　D. 标签、文本框和列表框

10. 以下说法哪个是正确的？(　　)

   A. 报表必须有别名　　　　　　　　　B. 必须设置报表的数据源

   C. 报表的数据源不能是视图　　　　　D. 报表的数据源可以是临时表

二、填空题

1. 报表文件的扩展名是_____。

2. 设计报表可以直接使用命令_____启动报表设计器。

3. 报表布局主要有_____、_____、一对多报表、多栏报表和标签等 5 种基本类型。

4. 定义报表布局主要包括设置报表页面，设置_____中的数据位置，调整报表带区宽度等。

5. 报表中包含若干个带区，其中_____与_____内容，将在报表的每一页上打印一次。

6. 报表标题要通过_____控件定义。

7. 利用"一对多报表"向导创建的一对多报表，把来自两个表中的数据分开显示，父表中的数据显示在_____，而子表中的数据显示在_____。

8. 报表中的图片可以通过_____工具栏添加。

9. 多栏报表的栏目数可以通过"页面设置"对话框中的_____来设置。

10. 报表可以在打印机上输出，也可以通过_____浏览。

三、操作题

1. 有表 rate_exchange 和 currency_sl，结构分别如下：

currency_sl(姓名 C10，外币代码 C10，持有数量 N12, 2)

rate_exchange(外币名称 C10，外币代码 C10，现钞买入价 N12, 4，现钞卖出价 N12, 4，基准价 N12, 4)。

要求使用一对多报表向导建立报表。要求：父表为 rate_exchange，子表为 currency_sl；从父表中选择字段"外币名称"；从子表中选择全部字段；两个表通过"外币代码"建立联系；

按"外币代码"降序排序；报表样式为"经营式"，方向为"横向"，报表标题为"外币持有情况"；生成的报表文件名为 currency_report。

2. 有表 order_list 和表 order_detail，结构分别如下：

order_list(客户号 C6，订单号 C6，订购日期 D8，总金额 F15，2)

order_detail(订单号 C6，器件号 C6，器件名 C16，单价 F10，2，数量 I4)

要求首先为 order_detail 表增加一个新字段：新单价(类型与原来的单价字段相同)。然后编写满足如下要求的程序：根据 order_list 表中的"订购日期"字段的值确定 order_detail 表的"新单价"字段的值，原则是订购日期为 2001 年的"新单价"字段的值为原单价的 90%，订购日期为 2002 年的"新单价"字段的值为原单价的 110%(注意：在修改操作过程中不要改变 order_detail 表记录的顺序)，将 order_detail 表中的记录存储到 od_new 表中(表结构与 order_detail 表完全相同)；最后将程序保存为 prog1.prg，并执行该程序。接着再利用 Visual Foxpro 的"快速报表"功能建立一个简单报表，该报表内容按顺序含有 order_detail 表的订单号、器件号、器件名、新单价和数量字段的值，将报表文件保存为 report1.frx。

3. 有职工表(职工号 C4，仓库号 C2，工资 N(7，2))，根据职工数据表结构，设计一个分栏报表"职工分栏.frx"，要求报表的设计如下：

(1) 为报表添加一个页标头"职工基本情况"，并在页标题下添加一条粗细为 4 磅的线条。

(2) 将报表每行显示 3 条职工信息，并在每条记录下添加一条点线。

(3) 在页脚处添加日期和记录总数。

第十一章　小型系统开发实例

系统开发是用户使用数据库管理系统软件的最终目的。本章结合一个小型系统开发的实例简要介绍如何设计一个 Visual FoxPro 的应用系统，同时介绍应用系统开发的一般过程。本章实例的开发，将综合运用前面各章所讲授的知识和设计技巧，也是对 Visual FoxPro 知识的一个全面、综合运用和训练。

11.1　系统开发的一般过程

一般来说，软件开发要经过系统分析、系统设计、系统实施和系统维护几个阶段。

(1) 分析阶段：在软件开发的分析阶段，信息收集是决定软件项目可行性的重要环节。程序设计者要通过对开发项目信息的收集，确定系统目标、软件开发的总体思路及所需的时间等。

(2) 设计阶段：在软件开发的设计阶段，首先要对软件开发进行总体规划，认真细致地搞好规划可以省时、省力、省资金；然后具体设计程序完成的任务、程序输入输出的要求及采用的数据结构等，并用算法描述工具详细描述算法。

(3) 实施阶段：在软件开发的实施阶段，要按系统论的思想，把程序对象视为一个大的系统，然后将这个大系统分成若干小系统，保证高级控制程序能够控制各个功能模块。一般采用"自顶向下"的设计思想开发程序，逐级控制下一层的模块，每个模块执行一个独立、精确的任务，且受控于高级程序。编写程序时要坚持使程序易阅读、易维护的原则，并使过程和函数尽量小而简明，使模块间的接口数目尽量少。

(4) 维护阶段：在软件开发的维护阶段，要经常修正系统程序的缺陷，增加新的性能。在这个阶段，测试系统的性能尤为关键，要通过调试检查语法错误和算法设计错误，并加以修正。

11.2　系统总体规划

以下将以建立一个"学生选课管理系统"的开发过程为例，介绍面向对象编程的各个过程。

11.2.1　设计系统规划方案

本系统由一个系统菜单和部分系统工具控制，通过对学生及课程信息管理和学生选课等表单的操作，实现对学生选课进行管理。

它包括下列项目：

(1) 系统主程序：系统主程序是最高一级的程序，用来设计系统主页面窗口、调用本系统的系统菜单程序和系统工具、启动系统登录表单。

(2) 系统菜单：系统菜单是为用户设计的控制系统操作的菜单。用户使用本系统菜单可以快捷方便地实现对本系统的全部操作。

(3) 系统登录表单：系统登录表单是用来控制非法操作员使用本系统的口令输入的窗口，保证用户可以通过程序设计者提供的保密口令安全可靠地使用本系统。

(4) 学生信息维护表单：学生信息维护表单对学生的信息进行录入、查询、修改等管理操作，使用该表单能够完成学生数据的追加和删除等功能。

(5) 课程信息维护表单：课程信息维护表单对课程信息进行录入、修改等操作，使用该表单能够完成课程数据的添加和删除等功能。

(6) 学生选课管理表单：学生选课管理表单是维护或显示学生进行选课情况的主要界面，学生通过学号进行操作，可以从本学期待选课程中选择课程，或从已选课程中去除课程等。

(7) 学生选课信息检索表单：学生选课信息检索表单是为学生查询选课信息而建立的一个信息检索窗口。用户可以通过输入学号和班级号查询选课信息。

(8) 数据资源：本系统的数据资源，包括"教学管理数据库"，学生表、课程表、成绩表、班级表为第三章中介绍的表结构，这里"登录表"和"院系表"为新增的数据表，其结构见表 11.1 和表 11.2。其中院系表和班级表通过"院系号"建立一对多联系，班级表通过"班级号"字段与学生表建立一对多联系，选课表通过"学号"和"课程号"分别与"学生表"和"课程表"建立多对一联系，其中还包括部分本地视图。

表 11.1　"院系表"数据表的结构

字段名	类型	宽度	小数位	索引
院系号	字符型	2		主索引
院系名称	字符型	30		

表 11.2　"登录表"数据表的结构

字段名	类型	宽度	小数位	索引
用户名	字符型	10		
口令	字符型	10		

11.2.2　主程序设计

所谓主程序就是一个应用系统的主控软件，是系统首先要执行的程序，一般要完成如下任务：

- 设置系统运行状态参数
- 定义系统全局变量
- 设置系统屏幕界面
- 调用系统登录表单

"学生选课管理系统"的主程序 main.prg 的内容如下：

```
clear all                      set keycomp to windows
close all                      set carry on
set sysmenu off                set confirm on
set sysmenu to                 set exact on
set clock on                   set near on
set status bar off             set ansi off
set notify off                 set delete on
set palette off                set optimize on
set bell on                    set refresh to 0,5
set escape on                  set odome to 100
```

```
set blocks to 64                        set fdow to 1
set collate to 'stroke'                 set fweek to 1
set sysforma off                        set mark to '.'
set seconds on                          set separ to ','
set century on                          set point to '.'
set currency to 'NT$'                   set talk off
set hours to 12                         set safety off
set date to ansi                        set defa to j:\t
set decimals to 2                       do form yhdl.scx
```

11.2.3 系统登录表单的设计

系统登录表单的主要任务是输入操作员名称及进入系统的操作口令，如果口令正确，可调用系统主菜单，登录进入系统环境。

系统登录表单"yhdl.Scx"如图 11.1 所示。

图 11.1 "用户登录"对话框

其中命令按钮"command1"，caption 属性为"确认"的 Click 事件代码如下：

```
close data
open data 教学管理数据库
user_name=thisform.text1.value
user_pass=thisform.text2.value
select * from 登录表  where 用户名=user_name and 口令=user_pass into cursor tt
if reccount()=0
    messagebox("用户或口令有误！",0+48,"提示")
    thisform.text1.setfocus
else
    do form main.scx
    thisform.hide
endif
```

命令按钮"command2"，caption 属性为"取消"的 Click 事件代码如下：

```
close all
set sysmenu to defa
```

```
set sysmenu on
set talk on
set clock off
set notif on
set dele off
set excl on
set safe on
thisform.release
```

使标签对象"L1"滚动起来的方法如下：

添加一个计时器 Timer1，设置该对象的 interval 属性为 100，在 Timer1 的 Timer 过程中的代码如下：

```
if thisform.l1.left<=-thisform.l1.width
    thisform.l1.left=thisform.width-50
  endif
  thisform.l1.left=thisform.l1.left-10
```

主程序中通过命令"do form yhdl.Scx"调用系统登录表单。

11.2.4　系统主菜单设计

主菜单用来控制系统中的各项操作。本系统的主菜单如图 11.2 所示，通过系统主界面 main.scx 的 load 事件代码调用，其调用方法如下：

do main.mpr with thisform,.t.

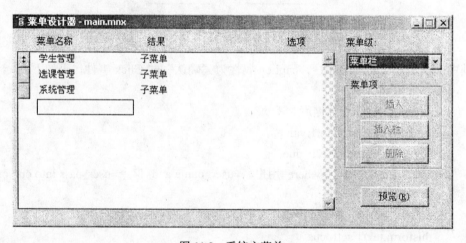

图 11.2　系统主菜单

菜单 main.mnx 设计文件要经过生成成为菜单文件 main.mpr，才能被 DO 命令正常调用。各菜单项如下：

"学生管理"包括"学生信息录入"、"学生信息统计查询"。

"选课管理"包括"课程维护"、"学生选课"、"选课信息查询"。

"系统管理"包括"代码维护"、"退出系统"

各菜单项执行的命令如下：

"学生信息录入"：do form stud_lr.Scx

"学生信息查询"：do form stud_cx.Scx

"课程维护"：do form course_lr.Scx

"学生选课"：do form stud_xk.Scx

"选课信息查询"：do form course_cx.Scx

"代码维护"：do form　dmwh.scx

"退出系统"：quit

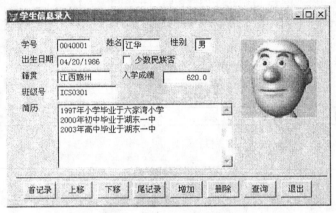

图 11.3　学生信息登记表单

图 11.4　学生信息查询表单

11.2.5　学生信息登记表单的设计

学生信息登记表单 stud_lr.scx 用来实现对学生基本情况的录入登记工作，主要是对"学生表"的数据输入，其中也涉及"班级表"和"院系表"。该表单是通过主菜单学生管理中"学生信息录入"子菜单来调用进行操作。如图 11.3 所示。

11.2.6　学生信息查询表单的设计

学生信息登记表单 stud_cx.scx 用来实现对学生基本情况的查询工作，主要是对"学生表"

的信息查询，可通过学号、姓名和班级号查询学生的基本情况。如图 11.4、11.5 所示。

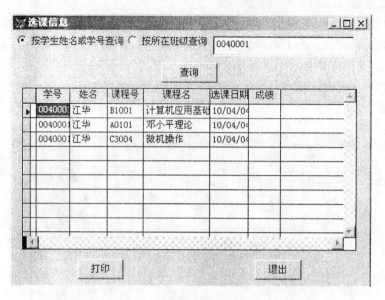

图 11.5　选课信息查询表单

11.2.7　课程信息维护表单的设计

学生信息登记表单 course_lr.scx 用来实现对课程信息进行录入工作，主要是对"课程表"数据输入。该表单是通过主菜单选课管理中"课程维护"子菜单来调用进行操作。如图 11.6 所示。

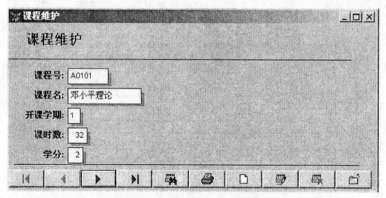

图 11.6　课程信息维护表单

11.2.8　学生选课管理表单设计

学生选课管理表单 stud_xk.scx 用来实现学生选择本学期所开设课程，从待选课程中选择相应课程,并可对已选课程进行调整维护，主要是对"选课表"进行数据的更新或删除，其中涉及"学生表"和"课程表"。该表单是通过主菜单选课管理中"学生选课"子菜单来调用进行操作。如图 11.7 所示。

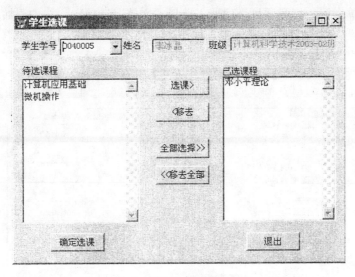

图 11.7　学生选课管理表单

11.3　系统部件的组装

完成上面主要的各个部件的设计后,可以使用项目管理器来组装各个部件。

操作的步骤如下:

(1) 建立项目管理器。建立项目文件"教学管理.pjx",把以上的各个部件添加到这个项目文件中。

(2) 打开项目文件,选择"数据"选项卡,按"添加"按钮,将数据库"教学管理数据库"添加到项目文件中,同时把相应的表"班级表"、"学生表"和"选课表"等添加到项目文件中。如图 11.8 所示。

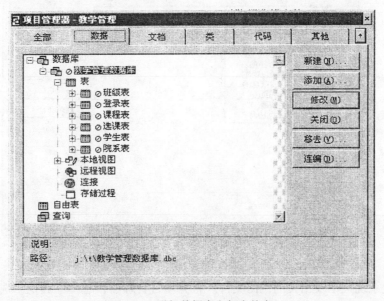

图 11.8　添加数据库和相应的表

(3) 添加表单文档。打开项目管理器，选择"文档"选项卡，按"添加"按钮，将表单"yhdl"、"stud_lr"等添加到项目文件中，如图 11.9 所示。

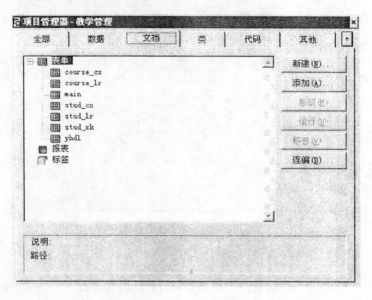

图 11.9　添加表单文档

(4) 添加应用程序。打开项目管理器，选择"代码"选项卡，按"添加"按钮，将程序"main.prg"添加到项目文件中，并在系统主菜单下打开"项目菜单"，选择"设置主文件"，或选中 main.prg 文件后，单击右键，在弹出的快捷菜单中选择"设置主文件"，将程序"main"设置为系统启动的主文件。如图 11.10 所示。

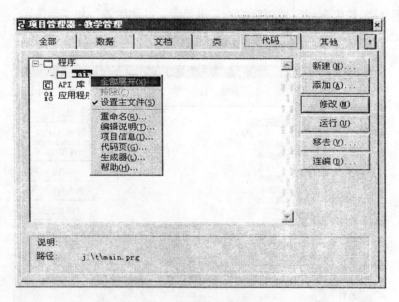

图 11.10　添加应用程序

(5) 设置系统菜单及相关的位图文件。打开项目管理器，选择"其他"选项卡，按"添加"按钮，将菜单文件"main.mnx"、添加到项目文件中，并把相关的位图文件添加到该项目文件中，如图 11.11 所示。

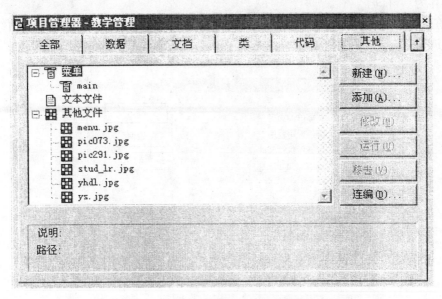

图 11.11　设置系统菜单及相关的位图文件

(6) 设置项目信息内容。打开项目管理器，在系统主菜单下打开"项目菜单"，选择"项目信息"，可设置系统开发的作者信息、系统桌面图标及是否加密等项目信息内容，如图 11.12 所示。

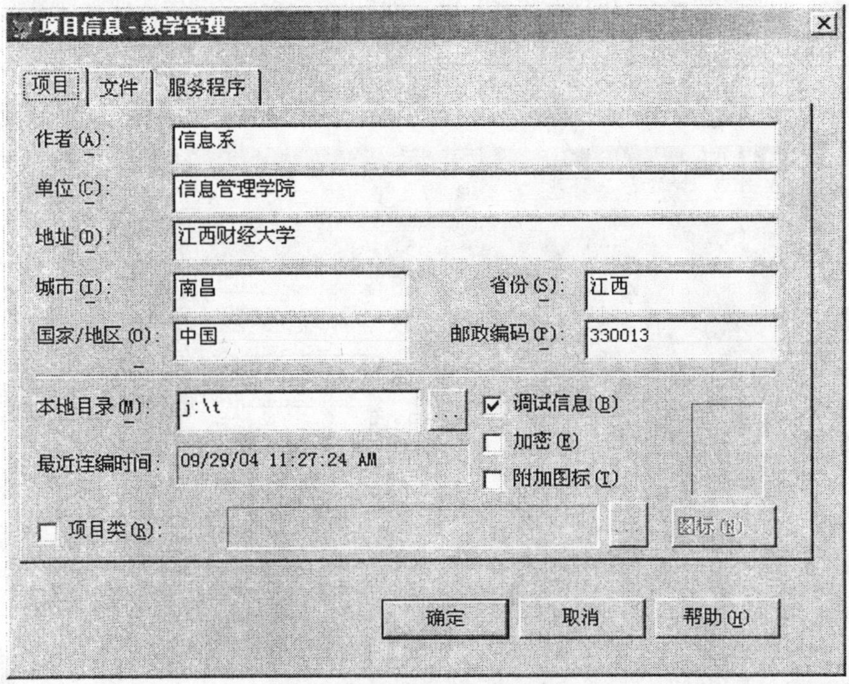

图 11.12　设置项目信息内容

(7) 连编成可独立执行的 EXE 文件。打开项目管理器，按"连编"按钮，弹出"连编选项"窗口如图 11.13 所示。

(8) 在"连编选项"窗口，选择"连编成可执行文件"单选按钮，然后按"确定"按钮，进入"另存为"窗口。

(9) 在"另存为"窗口，输入可执行的文件名"选课管理.exe"，即可编译成一个可独立运行的选课管理.exe 文件。

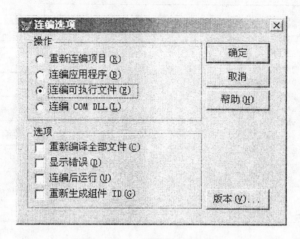

图 11.13 "连编选项"窗口

11.4 运行选课管理系统

选择文件选课管理.exe，并双击鼠标左键，即可开始运行"学生选课管理系统"。

操作步骤如下：

(1) 首先进入"用户登录"窗口。如图 11.14 所示。

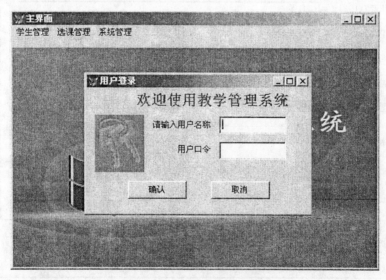

图 11.14 "用户登录"窗口

(2) 在用户登录窗口，选择输入用户名和口令，当正确输入操作员口令后，将进入"学生选课管理系统"主界面，如图 11.15 所示。

图 11.15　主界面

(3)　"学生选课管理系统"提供了系统菜单,打开"学生管理菜单",单击菜单项,可进入"学生信息录入"窗口和学生信息查询窗口,如图 11.16 和 11.17 所示。

图 11.16　"学生信息录入"窗口

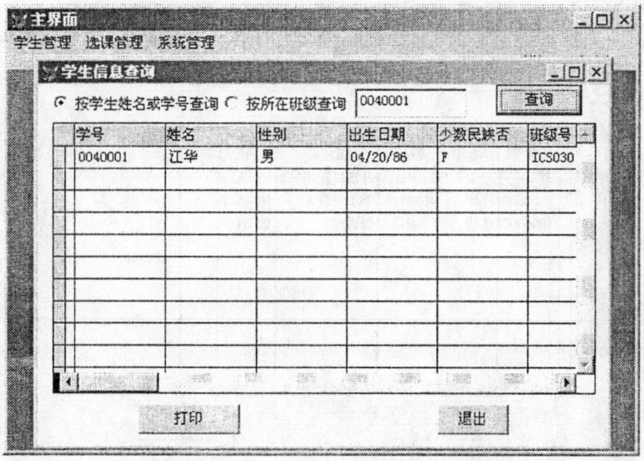

图 11.17　"学生信息查询"窗口

(4) 打开"选课管理"菜单，单击"课程维护"菜单项，可进入"课程维护"窗口，进行增加或删除课程信息操作，如图 11.18 所示。

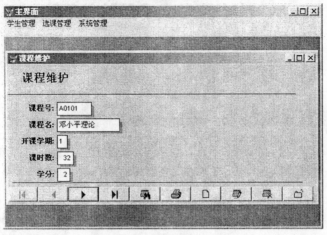

图 11.18 "课程维护"窗口

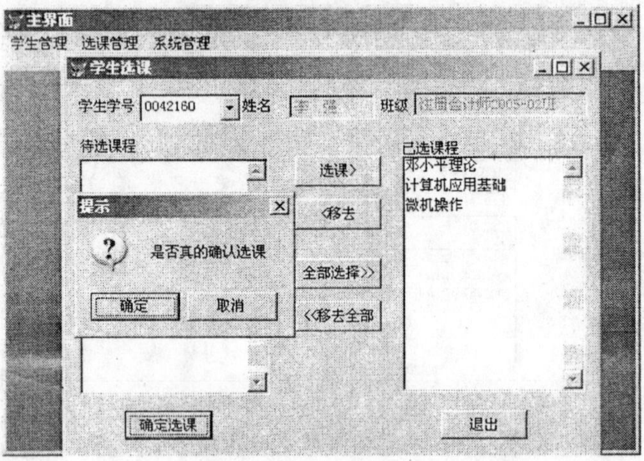

图 11.19 "学生选课"窗口

图 11.20 "选课信息"窗口

(5) 打开"选课管理"菜单，单击"学生选课"菜单项，可进入"学生选课"窗口，学生从待选课程中选择课程，最后确认所选课程的操作，如图11.19所示。

(6) 打开"选课管理"菜单，单击"选课信息查询"菜单项，可进入"选课信息"窗口，学生可根据学号姓名或班级号查询已选课程或成绩，并可把结果打印，如图11.20所示。

(7) 选择"系统管理"菜单中的"退出"菜单项，将关闭系统。

习　　题

1. 系统开发的一般过程有几个阶段？
2. 如何进行系统的总体规划？
3. 设计应用系统程序应完成哪些任务？
4. 一个完整的应用系统应如何组装？
5. 如何将作为系统的数据源装入数据库中？
6. 设计一个与系统相配套的菜单
7. 设计与系统工作界面配套的表单若干个。
8. 利用项目管理器将数据库、菜单、工具栏、表单等文件组装在项目中。
9. 连编可执行文件并运行。

附录一：Visual FoxPro 常用函数一览表

序号	函数调用形式	功能
1	& <字符型内存变量> [. <字符表达式>]	宏替换
2	ABS (<数值表达式>)	求绝对值
3	ALIAS([<数值表达式> I <字符表达式>])	数据库文件的别名
4	ALLTRIM(<字符表达式>)	删除字符串空格
5	ASC(<字符表达式>)	字符对应的 ASCII 码
6	AT(<字符表达式 1>,<字符表达式 2> [,<数值表达式>])	搜索字符串起始位置
7	BOF([<数值表达式> I <字符表达式>])	打开数据库文件是否到头
8	CDOW(<日期表达式>)	字符型星期几
9	CDX(<数值表达式 1> [, <数值表达式 2 > I <字符表达式>])	复合索引文件的名称
10	CHR(<数值表达式>)	数值对应的 ASCII 字符
11	CMONTH(<日期表达式>)	字符型月份
12	CTOD(<日期格式字符表达式>)	字符转换成日期型
13	DATE( )	当前的系统日期
14	DAY(<日期表达式>)	数值类型表示的日期
15	DBF([<数值表达式> I <字符表达式>])	已打开数据库的文件名
16	DELETED([<数值表达式> I <字符表达式>])	当前记录是否有删除标记
17	DOW(<日期表达式>)	数值型星期几
18	DTOC(<日期型表达式> [,1])	日期型转换字符型
19	DTOS(<日期型表达式>)	日期型转换成字符串
20	EOF([<数值表达式> I <字符表达式>])	打开数据库文件是否到尾
21	EXP (<数值表达式>)	求指数
22	FCOUNT([<数值表达式> I <字符表达式>])	打开数据库文件的字段个数
23	FIELD(<数值表达式 1 > [, <数值表达式 2 > I <字符表达式>])	打开数据库的大写字段名
24	FOUND([<数值表达式> I <字符表达式>])	记录查找是否成功
25	IIF(<逻辑表达式>, <表达式 1 >, <表达式 2 >)	条件赋值
26	INT(<数值表达式>)	取整
27	ISALPHA(<字符表达式>)	是否字母开头
28	ISDIGIT(<字符表达式>)	是否阿拉伯数字开头
29	ISLOWER(<字符表达式>)	是否小写字母开头
30	ISUPPER(<字符表达式>)	是否大写字母开头
31	LEFT(<字符表达式>,<数值表达式>)	左截子串
32	LEN(<字符表达式>)	求字符表达式的长度
33	LOG (<数值表达式>)	求对数
34	LOWER(<字符表达式>)	大写字母转小写
35	LTRIM(<字符表达式>)	删除字符串前置空格
36	LUPDATE([<数值表达式> I <字符表达式>])	数据库文件最近被修改日期
37	MAX (<表达式 1 >, <表达式 2 > [, <表达式 3 > . . .])	求最大值
38	MIN (<表达式 1 >, <表达式 2 > [, <表达式 3 > . . .])	求最小值
39	MOD (<数值表达式 1>, <数值表达式 2>)	求余数
40	MONTH(<日期表达式>)	数值型月份
41	PI( )	求圆周率
42	PROPER(<字符表达式>)	首字母转大写字母
43	RAT(<字符表达式 1>, <字符表达式 2> [, <数值表达式>])	从右搜索字符串起始位置

序号	函数调用形式	功能
44	RECCOUNT([<数值表达式> | <字符表达式>])	打开数据库文件的记录个数
45	RECNO([<数值表达式> | <字符表达式>])	当前记录指针的记录号
46	RELATION(<数值表达式 1> [, <数值表达式 2>|<字符表达式>])	返回关联表达式
47	REPLICATE(<字符表达式>, <数值表达式>)	复制字符串
48	RIGHT(<字符表达式>, <数值表达式>)	右截子串
49	ROUND(<数值表达式 1>, <数值表达式 2>)	四舍五入
50	RTRIM(<字符表达式>)	删除字符串尾部空格
51	SELECT([0 | 1])	当前工作区序号
52	SPACE(<数值表达式>)	产生空格
53	SQRT(<数值表达式>)	求平方根
54	STR(<数值表达式 1> [, <数值表达式 2> [, <数值表达式 3>]])	数值型转换字符型
55	STUFF(<字符表达式 1>, <数值表达式 1>, <数值表达式 2>, <字符表达式 2>)	字符插入或替换
56	SUBSTR(<字符表达式>, <数值表达式 1> [, <数值表达式 2>])	截子串
57	TIME( )	当前的系统时间
58	UPPER(<字符表达式>)	小写转大写
59	VAL(<字符表达式>)	字符型转换数值型
60	YEAR(<日期表达式>)	数值型年份

附录二：**Visual FoxPro** 文件扩展名的含义一览表

扩展名	文件类型	扩展名	文件类型
.ACT	向导操作图的文档	.LBT	标签备注
.APP	生成的应用程序或 Active Document	.LBX	标签
.CDX	复合索引	.LOG	代码范围日志
.CHM	编译的 HTML Help	.LST	向导列表的文档
.DBC	数据库	.MEM	内存变量保存
.DBF	表	.MNT	菜单备注
.DBG	调试器配置	.MNX	菜单
.DCT	数据库备注	.MPR	生成的菜单程序
.DCX	数据库索引	.MPX	编译后的菜单程序
.DEP	相关文件(由"安装向导"创建)	.OCX	ActiveX 控件
.DLL	Windows 动态链接库	.PJT	项目备注
.ERR	编译错误	.PJX	项目
.ESL	Visual FoxPro 支持的库	.PRG	程序
.EXE	可执行程序	.QPR	生成的查询程序
.FKY	宏	.QPX	编译后的查询程序
.FLL	FoxPro 动态链接库	.SCT	表单备注
.FMT	格式文件	.SCX	表单
.FPT	表备注	.SPR	生成的屏幕程序(只适用于 FoxPro 以前的版本)
.FRT	报表备注	.SPX	编译后的屏幕程序(只适用于 FoxPro 以前的版本)
.FRX	报表	.TBK	备注备份
.FXP	编译后的程序	.TXT	文本
.H	头文件(Visual FoxPro 或 C/C++程序需要包含的)	.VCT	可视类库备注
.HLP	WinHelp	.VCX	可视类库
.HTM	HTML	.VUE	FoxPro 2.x 视图
.IDX	索引，压缩索引	.WIN	窗口文件

附录三：Visual FoxPro 教学设计

A.1　课程内容体系

A.1.1　基本描述

课程名称：数据库应用

总课时：80

讲学课时：48

上机课时：32

周课时分配：3 讲课+2 上机

先修课程：计算机应用基础

A.1.2　教学定位

本教程用于培养非计算机专业学生对关系数据库和面向对象编程语言的理解，需要学生具有一定逻辑思维能力和抽象思维能力。由于程序设计语言教学涉及语言工具的使用和实现等具体工程问题，同时涉及这些现象后面的知识背景问题。"授人与鱼，不如授人与渔。"在 Visual FoxPro 教学中，不仅仅要关注 Visual FoxPro 的具体知识传授，更应致力于将关系数据库和面向对象编程语言中的最基本思维方式以直观形式突显出来，引导学生先去认识这种思维方法，再让他们去尝试应用这种思维方法，最后能够活用这种思维方法。通过本课程学习，使学生具有一定的程序阅读、编写能力，初步掌握"程序控制结构"和"面向对象"编程等最经典的问题求解思路。为避免学习曲线变陡，使学生对讲授的知识有形象的理解，配套的上机试验课程必须与教学同步进行。

1. 理解关系数据库系统的基本概念，具备关系数据系统的基础知识。

2. 掌握关系数据库的实体完整性和参照完整性原理。

3. 掌握 VFP 查询操作命令，理解关系逻辑表达式构成条件的方法，能够使用数据库设计器设计数据库和数据表，并施加必要的主、外键约束。

4. 熟练掌握 SQL 语言中的查询语句，了解数据操纵语句，能够使用查询设计器编写 SQL 语句。

5. 熟练掌握 VFP 程序设计描述和实现方法。

6. 掌握面向对象的概念和面向对象的程序设计方法。

7. 熟悉表单和常用控件在编程中的应用。能够熟练使用表单设计器。

8. 了解软件开发过程。

A.1.3　知识点与讲学学时分配

第一章　数据库系统概述(5 课时)

介绍数据库的基本概念和基础知识，包括关系、数据库的概念、数据库的应用模式等基础知识。

第二章　Visual FoxPro 操作基础(1 课时)

介绍 Visual FoxPro 安装，使用界面和项目管理器的使用。

第三章　Visual FoxPro 语言基础(3 课时)

介绍了 Visual FoxPro 6.0 有关常量、变量、函数和表达式的基础知识。

第四章　Visual FoxPro 数据库操作基础(9 课时)

以教学管理数据库为样本，介绍如何对数据库进行检索、创建索引以及如何建立数据库和数据表等操作，介绍了"表设计器"、"数据库设计器"等操作方法。

第五章　Visual FoxPro 中 SQL 语言的应用(6 课时)

对 SQL 中关于 SELECT 语句进行了详细的介绍，在介绍数据库多表操作和数据库模式上有独到的例子，同时介绍了数据操纵语言。介绍了"查询设计器"编写 SQL 中 SELECT 和 VIEW 的方法。

第六章　Visual FoxPro 程序设计基础(9 课时)

介绍了程序设计的流程和流程图等基本概念，重点介绍了在 Visual FoxPro 中如何编写结构化程序的方法，同时给出了过程和子程序等编程实例，并通过实例介绍了程序调试方法。

第七章　面向对象程序设计基础(3 课时)

介绍面向对象中的核心概念，给出了 Visual FoxPro 中所提供的对象和如何引用这些对象的属性和方法，通过实例展示面向对象编程的一次编写多次使用的优点。

第八章　表单设计与应用(9 课时)

介绍了 Visual FoxPro 中图形化界面下的程序设计方法，介绍 Visual FoxPro 6.0 表单设计器及常见的控件使用方法和实例。

第九章　菜单设计(2 课时)

介绍了在 Visual FoxPro 下设计菜单系统的方法。

第十章　报表设计(1 课时)

介绍在 Visual FoxPro 利用报表设计器设计报表的方法。

第十一章　系统开发实例(选讲)

结合教学管理数据库，给出了一个应用系统的开发全过程。

A.2　课程的讲授

重点与难点

第一章　数据库系统概述

重点：关系模型中的核心概念，关系操作，关系完整性约束，关系模型描述方式。

难点：如何建立关系的概念；如何理解数据库完整性约束；理解关系的实体完整性和参照完整性与主关键字和外部关键字的对应关系。

讲授提示：计算机软件的特点是不具备简单、直观的可见性，从二维表的方式建立关系概念是最基本方法。通过想象一个二维表就是一个关系来建立关系的概念，引入相应的元组、属性概念和常见关系操作。关系的实体完整性和参照完整性是本章的另一个难点。通过给出违反实体完整性和参照完整性的例子来说明数据库系统自身必须满足的约束。关系操作的结果依然是关系，这里要重点讲解关系自然联接操作必须满足的前提和自然联接操作的结果。关系和关系间的约束构成关系模型，实体-联系模型是描述关系模型的一种方式。

第二章　Visual FoxPro 操作基础

重点：介绍 Visual FoxPro 的操作界面。

难点：GUI 下的交互元素介绍。

讲授提示：介绍操作界面时，最好同时介绍 Windows 图形化方式下人机交互的要素，如对话框中的焦点概念和常见的命令按钮、单项选择框、复选框等，这样为第八章教学打下基础。建议最好携带 Visual FoxPro 自带的帮助系统。

第三章　Visual FoxPro 语言基础

重点：数据类型，常量、变量和表达式表示方式，函数。

难点：数据类型决定数据具有的运算、数据的取值范围和数据在机器内的表示方式。表达式的重点是表达式的运算符。

讲授提示：可以通过多个例子来讲解各种数据类型的常量表示方式，避免学生由于对常量表示方式不熟悉带来的学习曲线变陡。函数部分必须注意调用形式和返回类型。

第四章　Visual FoxPro 数据库操作基础

重点：数据表的操作，记录指针，索引，表设计器。

难点：数据类型对表达式的影响，使用索引后引入的逻辑顺序与物理顺序的区别。

讲授提示：建议先讲授数据查询和显示命令，后讲授数据表建立命令。好处是：

(1) 给定原始数据表的数据和数据表查询操作试题后，通过对预期结果的思考、展望可以加强对关系操作的理解。教学实践表明，正确理解关系概念，这种方法可行。

(2) 如果学生自己输入数据，由于各自输入数据记录的不同，对查询正确结果的判断不易掌握。而且学生建立的数据表和输入的数据由于没有施加主、外键约束，不能够保证数据的正确性，数据库具备自身约束特性是教学中必须灌输的。

数据表操作的要点是构造 for(while)中的条件表达式，重点是构造正确的关系和逻辑表达式。注意对应的数据类型构造表达式的影响。由于 Visual FoxPro 数据库没有完全提供关系数据库应具备的约束，在使用表设计器建立数据表时，必须强调关系数据库的完整性约束、主关键字和外部关键字等概念，要点是先施加关系的完整性约束再输入数据，保证数据库中不存在冗余或不正确的数据。

第五章　Visual FoxPro 中 SQL 语言的应用

重点：SQL 查询语句，查询设计器，视图设计器。

难点：数据表的自然联接，数据表的导航。

讲授提示：需要区别 SQL 语句中条件表示方式与第四章的略有不同。通过例子给出多表查询如果没有主外键约束带来的结果。重点理解二张具有主、外键约束的表之间自然联接的结果是一个二维表，其字段为二表字段的叠加，记录为多表的记录。以二表自然联接为基础，对给定的关系模式的数据库导航概念理解是重点。即通过已知，沿数据表间的关联求未知。更简单的方法是在数据模式的基础上使用填字格方式。即：

select 字段列表(习题中要求输出的字段出现在"字段列表")

　　　　from 数据表列表(将所有具备输出字段的数据表加入到"数据表列表"，如果这样选择的多个数据表在给定的数据模式中不存在关联，则必须将关联这些数据表的中间数据表也加入到"数据表列表"，虽然它们不需要输出字段值)

　　　　　where　条件(使用"表名.主键=表名.外键"实现二表间的关联,多表间的联接使用"表名.主键=表名.外键　and　表名.主键=表名.外键"方式,最后再"and 已知条件")

　　查询设计器和视图设计器可以理解为图形化的 SQL 语句编写方式,它们最大的优点是无需记忆数据表的字段名。

第六章　Visual FoxPro 程序设计基础

　　重点:程序流程图,程序控制结构。

　　难点:分支程序设计,循环程序设计。

　　讲授提示:分支条件和循环条件是讲授重点。给出针对数据库处理的循环不变式具有共性。

第七章　面向对象程序设计基础

　　重点:对象,面向对象。

　　难点:面向对象特性,面向对象系统观,面向对象系统构成过程,Visual Foxpro 内置类的实例化过程,事件和方法的同异点,使用继承方式创建新类的过程等。

　　讲授提示:以往教材在介绍面向对象时,强调对象的可标识性、对象的封装性、类的继承性和对象的多态性,而对象的状态性和对象自治性没有很好解释。对象的自治性是面向对象的本质特征。即面向对象的观点认为,一个系统是由若干对象和这些对象间的交互构成。对象间的交互是建立在对象的自治性基础上,即一个对象发送消息请求另一个对象时,其结果完全取决于第二个对象所处的状态。这样也容易理解对象的多态性含义。Visual FoxPro 程序内置的类库及类的属性和方法庞大,本章的重点是介绍一般原理。表单和控件特性在后续章节中加以介绍。Visual FoxPro 中如何理解实例化概念,如新建表单,就是将 Visual FoxPro 类库中的表单实例化为一个表单实例,在表单设计器中将一个控件从表单控件工具栏拖放到表单的过程就是实例化一个控件类实例。设置表单或控件的各种属性实际上是设置相应实例的属性。

第八章　表单设计与应用

　　重点:表单设计器,表单常见属性和事件,常见控件的属性和事件。

　　难点:表单和控件的各种事件、事件触发的顺序、方法的使用。

　　讲授提示:由于表单设计器的复杂性,以及表单和控件属性、事件(方法)较多,讲授过程容易只见树木不见森林。即只讲授表单设计器的使用,而没有介绍其后面的原理。建议对常见属性和方法加以重点介绍,对其他事件和方法则教学生自行查阅帮助文件的方式。最好的方式是在熟悉表单设计器的基础上,给出一些简单可以运行的例子讲授,并提供例子要学生阅读、分析。具体来说,就是构成面向对象程序的对象实例名称是什么?这些对象实例所属的类是什么?如果是用户自定义的类,其对应的类文件是什么?面向对象程序的对象实例间的包含关系是怎样的?如何引用具有包含关系的对象属性或方法?对象实例的哪些事件编写了代码,如何测试这些代码?只有这样,学生才能够理解面向对象编程思想。本书中所使用的面向对象编程方法中,几乎全部是编写对象实例间的交互,第八章没有涉及类的继承部分的特性。基于这样的观点来说,只能够说是低层次的面向对象编程。

第九章　菜单设计

　　重点:菜单设计器。

　　难点:菜单的种类和适用范围。

　　讲授提示:虽然菜单命令和某个表单通常绑定在一起,但对"打印"等命令必须使用面向对象中的多态性等方法。建议通过具体可运行实例的源程序分析来帮助学生对菜单设计器的理解。

第十章　报表设计

　　重点：报表设计器。

　　难点：报表设计器中的各种概念。

　　讲授提示：通过具体可运行实例的源程序分析来帮助学生对报表设计器的理解。

第十一章　系统开发实例

　　重点：系统开发总体过程。

　　难点：软件工程思想的灌输。

　　讲授提示：理解软件开发过程中，软件编码只是总体过程的一部分。

索　引

按章索引

按拼音顺序索引

参 考 文 献

龚沛曾，陆慰民，杨志强. 2003. Visual Basic程序设计简明教程. 第二版. 北京：高等教育出版社

凌传繁，舒蔚. 2004. 计算机应用基础. 北京：中国科学技术出版社

刘卫国. 2003. Visual FoxPro程序设计教程. 北京：北京邮电大学出版社

缪淮扣，顾训穰. 2002. 数据结构——C++实现. 北京：科学出版社

萨师煊，王珊. 2000. 数据库系统概论. 第三版. 北京：高等教育出版社

万常选. 2005. XML数据库技术. 北京：清华大学出版社

万常选，凌传繁，曾雅琳，等. 2000. 数据库应用. 北京：中国商业出版社

万常选，舒尉，骆斯文，等. 2005. C语言与程序设计方法. 北京：科学出版社

王珊. 2004. 数据库系统简明教程. 北京：高等教育出版社

杨琪，黎升洪，李云洪. 2001. 计算机文化基础. 北京：中国商业出版社, 275

张长富，李匀. 1998. PowerBuilder 6.0 开发人员指南(修订本). 北京：希望电脑公司